Prof. Dr. Ernst Pöppel | Dr. Beatrice Wagner

Je älter, desto besser

Die Autoren

Prof. Dr. Ernst Pöppel (geb. 1940) ist einer der führenden Hirnforscher in Deutschland mit weltweiter Anerkennung. Als Wahrnehmungsforscher hat er wichtige Entdeckungen darüber gemacht, wie wir sehen und wie wir die Zeit erleben. Seine wissenschaftliche Prägung erhielt er in den Max-Planck-Instituten für Verhaltensphysiologie und für Psychiatrie, und am Massachusetts Institute of Technologie in den USA. Pöppel ist Mitglied der Deutschen Akademie der Naturforscher Leopoldina, der nationalen Akademie der Wissenschaften. Seit langem befasst er sich mit Fragen des demographischen Wandels; so hat er in Bad Tölz des universitäre Projekt »Generation Research Program« aufgebaut. Sein Anliegen ist es, auf die Chancen hinzuweisen, die sich für die älter werdende Gesellschaft ergeben.

»... grandios und mit souveränem Charisma ...«
sueddeutsche.de über Ernst Pöppel

Dr. Beatrice Wagner (geb. 1963) ist selbstständige Buchautorin und Medizinjournalistin aus München. Sie arbeitet für nationale und internationale Publikationen, mit den Schwerpunkten Gerontologie, Liebe und Sexualität sowie Hirnforschung. Sie promovierte bei Prof. Pöppel in der theoretischen Medizin. Seit 2007 ist sie Lehrbeauftragte an der LMU München, am Institut für Medizinische Psychologie.

Impressum

ISBN 978-3-8338-1867-7

Projektleitung: Anja Schmidt
Lektorat: Ulrike Auras
Umschlaggestaltung: Hilden Design, München/www.hildendesign.de; unter Verwendung einer Illustration von Markus Weber, München
Innenlayout: Sabine Krohberger, ki 36 Editorial Design, München
Satz: Knipping Werbung GmbH, Berg am Starnberger See
Druck und Bindung: GGP Media GmbH, Pößneck

Bildnachweis:
Vignetten: GettyImages: S. 30, 61, 86, 112, 133, 152, 179, 203, 226, Fotolia: S. 10. Interviewpartner: Mario Adorf (S. 120): Nik Konietzny; Verona Pooth (S. 108): KiK; Bernhard Vogel (S. 149): Konrad Adenauer Stiftung; alle übrigen: privat

1. Auflage 2010
www.graefeundunzer-verlag.de

GRÄFE UND UNZER

Ein Unternehmen der
GANSKE VERLAGSGRUPPE

Prof. Dr. Ernst Pöppel
Dr. Beatrice Wagner

Je älter, desto besser

Überraschende Erkenntnisse
aus der Hirnforschung

INHALT

Vorwort ... 8

1.

ICH WERDE ÄLTER UND LERNE IMMER NOCH DAZU

Forschung – Vom wandernden Projektil zum Gehirntraining ... 10
Selbstreflexion – Lyrik, Sport und Gehirntraining ... 19
Tipps für die Leser – Wie Sie das Lernen lernen können ... 24
Interview mit der Kammersängerin Frau Professor Edda Moser ... 27

2.

ICH WERDE ÄLTER UND ENTDECKE DIE GEGENWART

Forschung I – Die Entdeckung des Gegenwartsfensters ... 30
Forschung II – Sehen im Drei-Sekunden-Takt ... 42
Forschung III – Am Anfang war das Meer ... 46
Selbstreflexion – Ich ruhe in mir und stehe in Kontakt ... 53
Tipps für die Leser – Wie Sie den Grundrhythmus im Gehirn festigen ... 56
Interview mit dem russischen Arzt Professor Victor M. Shklovsky ... 59

3.

ICH WERDE ÄLTER, UND MEIN DENKEN WIRD GRÜNDLICHER

Forschung – Schwingungen in einigen Tausendstelsekunden ... *61*
Selbstreflexion – Ein Zugewinn an Denkfähigkeit ... *77*
Tipps für die Leser – Wie Sie Ihre inneren Rhythmen stärken ... *80*
Interview mit dem Ethnomediziner Professor Wulf Schiefenhövel ... *83*

4.

ICH WERDE ÄLTER UND SEHE GUT AUS

Forschung – Von Jogginghosen und Clochards ... *86*
Selbstreflexion – Die Schönheit des Wissens ... *95*
Tipps für die Leser – Wie Sie zu innerer und äußerer Schönheit finden ... *103*
Interview mit der Schönheitskönigin und Werbe-Ikone Verona Pooth ... *108*

5.

ICH WERDE ÄLTER UND ERREICHE EIN MAXIMUM AN HISTORISCHER PRÄSENZZEIT

Forschung – Drei Generationen und noch viel mehr ... *113*
Selbstreflexion – Weltbürger für eine friedliche Revolution ... *126*
Tipps für die Leser – Wie Sie Ihre historische Präsenzzeit verlängern können ... *128*
Interview mit dem Schauspieler Mario Adorf ... *131*

6.

ICH WERDE ÄLTER UND WEISS, DASS SCHEITERN ZUM LEBEN GEHÖRT

Forschung – Vom Maat der Reserve zum Prinzip der Parallelaktion ... *133*
Selbstreflexion – Man erreicht mehr, als man denkt ... *144*
Tipps für die Leser – Wie Sie das Scheitern als Chance nutzen *147*
Interview mit dem Politiker Dr. Bernhard Vogel ... *149*

7.

ICH WERDE ÄLTER UND ÖFFNE MICH FÜR DAS RÄTSELHAFTE DER WELT

Forschung – Das Verhältnis von Rationalität und Spiritualität ... *152*
Selbstreflexion – Spiritualität als treibende Kraft ... *165*
Tipps für die Leser – Wie Sie Achtsamkeit und Staunen in Ihr Leben bringen ... *172*
Interview mit dem Architekten und Stifter Peter Schilffarth ... *175*

8.

ICH WERDE ÄLTER UND KOMME MIR SELBST IMMER NÄHER

Forschung – Über die Balance von ich-nahen und ich-fernen Zuständen ... *179*
Selbstreflexion – Mit Empathie und Vertrauen zu gemeinsamer Verantwortung ... *194*
Tipps für die Leser – Wie Sie ich-nahe Tätigkeiten entdecken und genießen lernen ... *196*
Interview mit dem Sexualaufklärer Oswalt Kolle ... *199*

9.

ICH WERDE ÄLTER – UND HOFFENTLICH AUCH WEISE

Forschung – Wie kreative Müllbeseitigung zu Weisheit führt *203*

Selbstreflexion – Die Mitte finden zwischen Lust und Schmerz *215*

Tipps für die Leser – Wie Sie die Worte von weisen Menschen in Ihr Herz lassen *217*

Ein Beitrag von dem buddhistischen Mönch und Würdenträger Dharma Master Hsin Tao *221*

10.

ICH WERDE ÄLTER UND BEGINNE ETWAS NEUES

Forschung – Von der letzten Vorlesung zum interkulturellen Dialog *226*

Selbstreflexion – Über die Nähe von Kunst und Wissenschaft *241*

Tipps für die Leser – Neues rechtzeitig planen *247*

Interview mit dem Unternehmer Professor Jochen Tschunke *250*

Die Reise ins Altern – *Essay von Professor Michael von Brück* *253*

Nachwort und Danksagung *260*

Anhang

Adressen *265*

Literaturhinweise *265*

Register *268*

Liebe Leserin, lieber Leser,
das Wort »Professor« kommt vom lateinischen »professio« und meint ein öffentliches Bekenntnis. In diesem Buch gibt es ein großes Bekenntnis. Es lautet: Das Alter ist eine Bereicherung für das Leben jedes Einzelnen und für die Gesellschaft.

Dass dies oft anders gesehen wird, müssen wir hier nicht betonen. Dem öffentlichen Vorurteil stehen allerdings moderne Erkenntnisse aus der Hirnforschung sowie Erfahrungen aus Jahrtausenden gegenüber. Sie alle besagen: Ältere Menschen haben gegenüber den jungen auch viele Vorteile. Allerdings müssen sich die Menschen anstrengen, wenn sie in den Genuss dieser Vorteile kommen möchten. Dies ist – neben der positiven Sichtweise auf das Alter – unsere zweite Botschaft.

Das Buch enthält zehn Kapitel, von dem jedes einer bestimmten Aussage gewidmet ist, zum Beispiel, dass man auch als älterer Mensch noch lernen oder gut aussehen kann. In jedem Fall geht es darum, warum sich das Leben mit zunehmendem Alter durchaus verbessert. Dieser einleitenden These folgt ein Forschungsbericht, für den die Koautorin des Buches, die Medizinjournalistin, die Funktion einer Chronologin einnimmt und dem Erstautor, dem forschenden Professor, über die Schulter schaut und in sein Leben Einblick nimmt. Die Verknüpfung von (Gehirn-)Forschung und Lebensgeschichte spielt dabei eine wichtige Rolle, denn Thesen und Ideen entstehen nicht aus dem Nichts, sondern sind immer mit dem Leben verknüpft, auch in der Wissenschaft.

Der Forschungsbericht wird jeweils durch eine Selbstreflexion des Erstautors ergänzt, um zu zeigen, ob die aufgestellten Thesen auch praktisch umsetzbar sind. Damit es Ihnen leichter fällt, die wertvollen Erkenntnisse in Ihr eigenes Leben zu integrieren, schließen sich konkrete Tipps an die Berichte und Reflexionen an. Abschließend wurde eine Persönlichkeit des öffentlichen Lebens dazu eingeladen, sich zum jeweiligen Thema beziehungsweise zum Thema »älter werden« allgemein zu äußern. So werden alle Kapitel durch individuelle Sichtweisen auf das Alter abgerundet.

Apropos abgerundet: Die zehn Kapitel stehen nicht allein für sich, sondern sie schließen sich zu einem Kreis und repräsentieren so auch den Lebenslauf des Menschen: Das Leben beginnt, und wir müssen lernen. Wir erkennen die Gegenwart und den Moment. Wir legen Wert auf unsere Erscheinung und erweitern durch Taten und Erzählungen unsere Lebenszeit. Nicht alles gelingt uns, aber indem wir lernen, uns selbst zu akzeptieren, gelingt es uns auch, mit dem Scheitern umzugehen. Wir staunen und setzen eigene Maßstäbe. Und mit all diesen Fähigkeiten werden wir eventuell sogar weise. Aber damit ist das Buch nicht beendet, sondern es folgt noch Kapitel zehn: etwas Neues beginnen. In jedem Alter. Und somit geht das letzte Kapitel wieder in Kapitel eins über. Diesen Kreislauf des Lebens erkennen wir im Alter, somit nennen wir ihn einfach salopp: das Alten-Rad, aus dem – so hoffen wir – ein Alten-Rat wird.

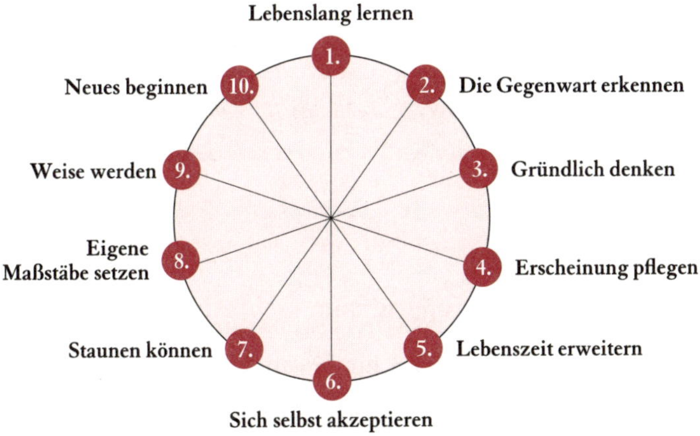

In diesem Sinne wünschen wir Ihnen eine kurzweilige und erkenntnisreiche Lektüre.

Ernst Pöppel und Beatrice Wagner

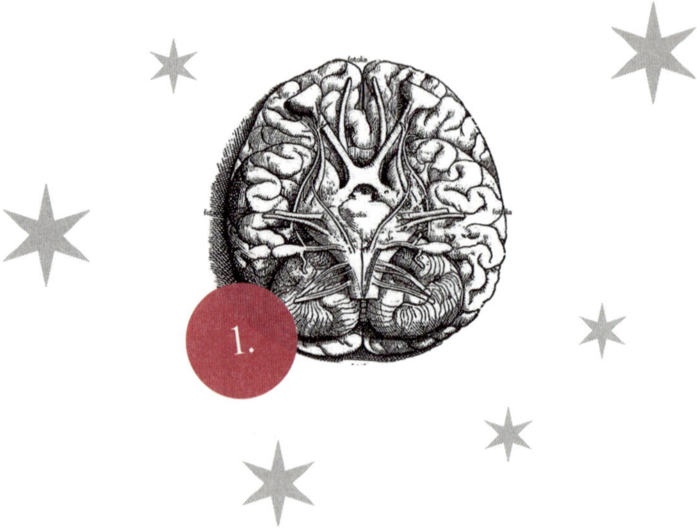

1.

ICH WERDE ÄLTER UND LERNE IMMER NOCH DAZU

»Ich werde alt – und lerne immer noch dazu«, sagte Solon, einer der sieben Weisen der Antike, und das gilt heute noch. Ergebnisse der Hirnforschung zeigen, dass wir auch mit 100 Jahren noch lernen können; wir müssen uns nur ein Ziel setzen. Das Gehirn macht mit.

FORSCHUNG – Vom wandernden Projektil zum Gehirntraining

Es war ein kühler, regnerischer Sommer im Jahr 1974. Deutschland war damals noch zweigeteilt. Franz Beckenbauer, Gerd Müller, Sepp Maier und Helmut Schön hießen die Helden der »BRD«, denn sie hatten das Land zum Weltmeistertitel im Fußball geführt. Aber abgesehen davon gab es nicht so viel Grund zur Freude. Die Nachwirkungen der Ölkrise waren zu spüren, sie verstärkten die Wirtschaftskrise und führten zu Kurzarbeit, Arbeitslosigkeit und Insolvenzen von Unternehmen. Es war auch ein Jahr der Rücktritte: In den USA trat Präsident Richard Nixon aufgrund der Watergate-Affäre zurück, in Israel Golda Meir wegen des Jom-Kippur-Krieges. Und bei uns stolperte Willy Brandt über die Guillaume-Affäre, den bedeutendsten deutsch-deutschen Spionagefall.

Aus der Störung lernt man das Normale

Doch all diese Nachrichten drangen kaum bis in die dunkle Versuchskammer des Max-Planck-Instituts für Psychiatrie in München durch. Hier war ein junger Forscher tätig, der immer wieder mit einem Gefühl des Schauderns an einen bestimmten Patienten denken musste. Dieser Patient, ein ehemaliger Soldat, hatte seit dem Zweiten Weltkrieg ein Projektil in seinem Kopf spazieren getragen. Es schmerzte nicht und störte nicht. So hatte man es damals im Kopf belassen. Dann aber, 30 Jahre später, begann das Projektil zu wandern und hinterließ eine Spur der Zerstörung. Wo auch immer es hindrückte, wurden Neuronen zerquetscht und Blutgefäße verletzt. Der Versuch, es herauszuholen, hätte den sofortigen Tod zur Folge gehabt. So lebte der Ex-Soldat mit seinem langsam wandernden Geschoss im Kopf weiter und stellte sich in seinen letzten Lebensmonaten der Wissenschaft zur Verfügung. Da das Projektil vor allem die Sehbahn streifte, führte der junge Wissenschaftler immer wieder Sehtests mit dem Patienten durch. Und nachdem dieser verstorben war, wurde schließlich sein Gehirn seziert. Das bedeutet, der Schädel wurde geöffnet, das Gehirn herausgenommen und in Scheiben geschnitten. Auch das hatte der junge Forscher miterlebt und weitreichende Erkenntnisse daraus gewonnen.

Er war damals 34 Jahre alt. Zuvor hatte er in Cambridge am Massachusetts Institute of Technology (MIT) gearbeitet und sich dann in der Sinnesphysiologie habilitiert. Jetzt war er Leiter einer Arbeitsgruppe Neuropsychologie in München. Hier hatte er entdeckt, dass das Gesichtsfeld in einen zentralen und einen peripheren Bereich aufgeteilt ist. Jeder kennt das von sich: Der zentrale Bereich ist dafür zuständig, etwas genau in den Blick zu nehmen und Objekte zu erkennen. Die Peripherie des Gesichtsfeldes dient der Orientierung im Raum, hier erkennt man die Gegenstände nur schemenhaft, der Blick kann dann aber dorthin gezogen werden. Das Gehirn des ehemaligen Soldaten zeigte, dass der zentrale und der periphere Bereich in verschiedenen Regionen des Gehirns verarbeitet werden. »Die normalen Funktionen des Gehirns lernt man nur von Patienten, die Funktionsausfälle haben. Aus der Störung lernt man das Normale, Pöppel«, redete der Forscher vor sich hin. Er hatte nämlich die merkwürdige Angewohnheit, laut zu denken und sich dabei selbst mit seinem Nachnamen anzureden. (Seine Mitarbeiter freute die Angewohnheit, so konnten sie selbst ungeniert vom »Pöppel« reden.) Manchmal erinnerte er sich auch in der dritten Person an sich selbst: »Das hat doch der Pöppel neulich publiziert.« Aus der Erkenntnis über die unterschiedliche Verarbeitung des zentralen und peripheren Sehens war ein außerordentlich kontrovers diskutierter wissenschaftlicher Artikel entstanden, den Pöppel in der Zeitschrift NATURE veröffentlichte, wo jeder Forscher gerne als Autor vertreten sein möchte. Wohl aufgrund dieses Artikels wurden ihm immer wieder Patienten mit interessanten Sehstörungen ins Labor gebracht.

Sehbehindert nach einem Schlaganfall

Einmal war es ein auf den ersten Blick sofort sympathisch wirkender älterer Herr, der hilflos am Arm eines Begleiters das Labor betrat. Der Herr war korrekt gekleidet und freundlich. Aber er wirkte verunsichert, weil ihm niemand glaubte, dass er nach seinem Schlaganfall fast nichts mehr sehen konnte. Es galt auszuschließen, dass der Patient womöglich nur simulierte, um von der Versicherung Geld zu bekommen. Dass die Untersuchung dieses Mannes letztlich aber die Geburtsstunde der Neuro-Rehabilitation des Sehens bilden würde, hat in dem Moment sicher niemand geahnt. Und auch nicht, dass »H.H.« – unter diesem Kürzel ging der Patient in die wissenschaftliche Literatur ein – den Beweis dafür erbringen würde, dass die Fähigkeit des Lernens lebenslang in einem hohen Umfang erhalten bleiben, aber auch unwiderruflich verloren gehen kann. Je nachdem, ob man sein Gehirn trainiert oder nicht.

Der Schlaganfall hatte die beiden Gehirnhälften im hinteren Bereich getroffen. Hier befindet sich unter anderem der visuelle Kortex, der Teil der Großhirnrinde, der die optischen Informationen verarbeitet. H.H. hatte deshalb eine starke Sehbehinderung, obwohl seine Augen gesund waren. Alles, was er noch sehen konnte, war auf ein stark reduziertes Gesichtsfeld beschränkt, so, als würde er durch eine Küchenrolle hindurchschauen. Rechts und links der Öffnung herrschte blindes Nichts. ›Das kleine Licht am Ende des langen Tunnels, das ist unsere Hoffnung‹, dachte sich Pöppel. Aber zuerst musste das Anliegen der Krankenkasse erfüllt werden. Herauszufinden, ob H.H. simulierte oder nicht, ging mit einem einfachen Experiment. Pöppel zeigte ihm Gegenstände in zwei verschiedenen Distanzen. Jemand, der simulieren möchte, würde vermutlich davon ausgehen, dass man den Gegenstand in einem kleinen Gesichtsfeld schlechter sehen würde, wenn er etwas weiter weg ist, und entsprechend antworten. Doch das Gesichtsfeld verhält sich nach den einfachen geometrischen Regeln des Strahlensatzes: Ein gegebener Winkel führt zu einer größeren Fläche, wenn diese weiter weg ist. Es ist so, als gingen vom Auge zwei Strahlen aus, die einen bestimmten Winkel einschließen, zum Beispiel von zehn Grad. Ein Grad entspricht etwa der Breite des Daumens auf Armeslänge. Zehn Grad sind also zehn übereinandergelegte Daumenbreiten. Wenn man die zehn übereinandergelegten Daumen aus einem Meter Abstand misst, dann ist die Fläche nur halb so groß, als wenn man sie aus einem Abstand von zwei Metern misst. Genau danach hatte Pöppel den Patienten gefragt – und der hatte richtig geantwortet. H.H. war also kein Simulant, bei ihm lag tatsächlich eine Störung mit einer extremen Einengung des Gesichtsfeldes vor.

Ein bahnbrechender Versuch

Nun begann die eigentliche Arbeit. Es war ja offenbar noch etwas Hirnsubstanz vorhanden. Das Bild des toten Soldaten mit seinem Projektil war plötzlich wie weggewischt. Hier stand ein lebender Patient, dem Pöppel helfen konnte. Es müsste doch möglich sein, hier mehr Sehleistung rauszuholen. Angeregt wurde Pöppel durch die Erfahrung mit Tieren, deren Sehfunktion er nach einer Verletzung an der Sehrinde tatsächlich wieder verbessern konnte. H.H. aber wäre der erste Mensch, bei dem dies je versucht würde. Bislang dachten die Forscher, dass ein geschädigter Hirnbereich für immer funktionsuntüchtig sei und im besten Fall andere Hirnbereiche manchmal deren Aufgaben übernehmen könnten. »Wenn Sie mitmachen, dann können wir es gemeinsam schaffen, Ihr Augenlicht zurückzuholen. Ich will etwas ganz Neues versuchen«, erklärte der Pöppel seinem Patienten. Seine Idee: Wenn Baumkronen beschnitten werden, sprießen danach junge dünne Zweige nach. Nach einem Schlaganfall findet im Gehirn ebenfalls ein Nachsprießen statt, das sogenannte axonale Sprossen oder *sprouting*. Dabei vergrößert sich der Dendritenbaum einer jeden einzelnen Nervenzelle – Dendriten sind die »Antennen« der Nervenzelle, mit welchen sie hereinkommende Signale aufnimmt. Allerdings war es noch ungewiss, ob die jungen Sprossen oder Dendriten je eine andere Synapse, also die Kontaktstelle zwischen den Nervenzellen, erreichen würden; nur dann könnte nämlich auch eine Informationsübertragung stattfinden. »Von alleine geschieht dies jedenfalls nicht, nur durch systematisches Training. Und das ist anstrengend. Es erfordert viel Disziplin.« H.H. sollte über Monate hinweg nahezu täglich trainieren. Dazu musste er den Kopf so still wie möglich halten und während der gesamten Übungsdauer einen bestimmten Punkt anstarren, um die Augen nicht zu bewegen. Dass er die Augen wirklich auf den Punkt gerichtet hielt, kontrollierte Pöppel mit einem Perimeter, einem Gerät, das zur Vermessung des Gesichtsfeldes dient. Mit dem Computer wäre die Kontrolle damals noch nicht machbar gewesen. Doch das hatte auch etwas Gutes: Die Interaktion mit Pöppel motivierte den Patienten sehr stark, bei den anstrengenden Übungen mitzumachen. Der Trick bestand nun darin, Lichtsignale auszusenden, und zwar dorthin, wo H.H. gerade noch mit viel Anstrengung etwas erkennen konnte. Damit wollte Pöppel die Verbesserung der Informationsverarbeitung im neuronalen Netz gezielt in eine bestimmte Richtung locken. H.H. durfte erst dann mit dem Üben aufhören, wenn er richtig erschöpft war. Denn beim Neuronentraining muss sich genau wie beim Muskeltraining innerhalb einer Übungsstunde eine zentrale Erschöpfung einstellen. Damit werden Muskeln wie auch Neuronen an den Rand ihrer Leistungsfähigkeit gebracht und somit – bildlich ausgedrückt – in Existenznot zum Aufbau neuer Substanz animiert. Das heißt, H.H. musste in einer Übungseinheit so lange trainieren, bis seine Leistungen merklich nachließen. Erst dann durfte er wieder gehen.

Die Neuro-Rehabilitation des Sehens

Die erste Zeit war frustrierend: keine Veränderung, keine Verbesserung. Das tunnelartige Gesichtsfeld blieb eng und klein, der umgebende tote Raum groß und deprimierend. Immer wieder sprach Pöppel seinem Patienten Mut zu. Da H.H. früher einmal sportlich gewesen war, erinnerte er sich, dass auch beim Muskeltraining aller Anfang schwer ist. Aber das Gehirn arbeitet doch nicht wie ein Muskel. Oder doch?

Die Wende trat nach etwa drei Wochen ein. Als Pöppel an diesem Tag H. H.s Gesichtsfeld neu ausmaß, stellte sich heraus: Es war deutlich größer geworden! Das bedeutete, dass sich das Gehirn tatsächlich wie ein Muskel verhält: Wenn man es ordentlich strapaziert und benutzt, wird es leistungsfähiger, sprich, es werden die synaptischen Kontakte zu anderen Nervenzellen deutlich gestärkt. Das bedeutete weiter, dass vermutlich neue Dendriten wachsen und möglicherweise auch die Aktivität der Nervenbotenstoffe erhöht wird. Jetzt ging es bergauf! In der darauffolgenden Übungsstunde setzte H.H. bereits auf einem höheren Level ein. Er lernte, immer mehr zu sehen. Als er nach drei Monaten sein ursprüngliches eingeschränktes Gesichtsfeld verdreifacht hatte, versprach er dem Hirnforscher, von nun an täglich zu Hause allein weiterzuüben.

Leider nahm die persönliche Geschichte von H.H. ein nicht so erfolgreiches Ende. Als er nämlich zur Nachuntersuchung nach drei Monaten wieder seinen Fuß in die Tür zum Max-Planck-Institut setzte, benahm er sich wie ein Blinder. Er hatte einen Stock bei sich, mit dem er sich vorantastete. Und als Pöppel ihn ansprach, konnte H.H. ihm nicht in die Augen sehen. Das tägliche eiserne Training war ihm zu anstrengend geworden, und so hat er es beendet.

Von dem Moment an schrumpfte sein Gesichtsfeld wieder zusammen. Bei der Nachuntersuchung war es wieder genauso klein wie zu Beginn des Trainings. Und daran hat sich zu Lebzeiten nichts mehr geändert, auch nicht durch den zweiten Versuch einer Therapie. Denn mittlerweile war zu viel Zeit verstrichen, die Hirnfunktionen lassen sich am besten so schnell wie möglich nach einem Schlaganfall oder einem Gehirntrauma wieder aufbauen.

›Schon wieder ein unglückliches Patientenschicksal‹, musste Pöppel sich eingestehen. Doch für die Wissenschaft war der Fall H.H. von großem Wert, denn mit ihm begann die Erforschung der Neuro-Rehabilitation des Sehens.

Andere Forscher ließen sich von dem Fall inspirieren und haben das Pöppelsche Sehtraining weiterentwickelt. In Deutschland und den USA gibt es heute mehrere Firmen, die das Trainingsprogramm kommerziell anbieten. Damit ist es möglich, das Gesichtsfeld von Schlaganfallpatienten mit Sehstörungen, von denen es jedes Jahr alleine in Deutschland viele Tausende gibt, zu erweitern.

Älterwerden – kein Lernhindernis

Und mehr noch: Was bei den Kranken geht, funktioniert auch bei den Gesunden. Der Fall H.H. hat zu neuen Erkenntnissen in der Lerntheorie geführt, nämlich dass das Gehirn lebenslang dazu fähig ist, die Effizienz der Zusammenarbeit zwischen seinen Abermilliarden Nervenzellen zu verbessern und zwischen ihnen möglicherweise auch neue Verbindungen aufzubauen. Dabei ging Pöppel von der Idee aus, dass innerhalb umgrenzter Hirnbereiche alle Neuronen eines zusammengehörigen Netzwerkes mehr oder weniger gut dazu gebracht werden können, gegenseitig ihre Aufgaben zu übernehmen. Dies ist das »Prinzip der neuronalen Plastizität«, auf dessen Grundlage der Patient H.H. so erstaunliche Fortschritte machen konnte. Und aufgrund dieses Prinzips kann jeder Mensch jeden Alters neues Wissen aufnehmen und neue Kenntnisse erwerben. Man kann heute also sagen: Das Lernen ist im Alter immer noch sehr gut möglich, aber man lernt anders als in der Jugend.

Später haben dann Forscher wie Dr. Rüdiger Ilg vom Klinikum rechts der Isar in München, übrigens ein Doktorand von Pöppel, mit bildgebenden Verfahren zeigen können, dass sich bei älteren

Menschen tatsächlich die Hirnmasse in den jeweils beanspruchten Hirnbereichen verdichtet, wenn sie etwas Neues lernen. Das kann man sich vermutlich wohl mit Dendritenwachstum erklären. Andere Untersuchungen haben gezeigt: Ältere Menschen schneiden bei allen Lernaufgaben, die Konzentration erfordern, sogar besser ab als jüngere. Allerdings ist die Jugend dem Alter in puncto Lerngeschwindigkeit voraus. Doch unter dem Strich gewinnen die älteren Menschen an Ausdauer und Konzentrationsvermögen mehr, als was sie an Lernschnelligkeit einbüßen.

Herausforderungen für die Zukunft

Das Erstaunliche beim Lernen ist übrigens, dass es zu einer wohlgeordneten Anreicherung von Wissen kommt. Das bedeutet, im Gehirn gibt es offenbar eine Art Überwachungsinstanz, die dafür sorgt, dass das Gelernte gleich in einem Bedeutungsrahmen untergebracht oder von sogenannten Attraktoren angezogen und nicht einfach irgendwo eingespeichert wird. Es werden, je nach Bedeutungsinhalt, semantische Schubladen geöffnet, in welche die Überwachungsinstanz das neu Gelernte hineinlegt. Wie aber kann man sich die Überwachungsinstanz vorstellen? Das zu erforschen, ist eine große Herausforderung für die Zukunft.

Gar nicht wohlgeordnet ist hingegen die Kreativität. Kreativität bedeutet, das, was man weiß, neu miteinander zu verknüpfen. Man lernt also getrennte Sachverhalte, speichert sie in geordneten Bedeutungsrahmen – und kann sie trotzdem miteinander in Verbindung bringen.

Der Übergang von der Kreativität zum Chaos ist fließend, denn Chaos würde herrschen, wenn alles mit allem verknüpft wäre. Bei manchen Patienten mit Denkstörungen ist dies auch tatsächlich der Fall. Aber warum ist die Überwachungsinstanz in manchen Fällen rigider, in anderen Fällen toleranter? Auch das ist – bis jetzt noch – rätselhaft.

Fazit für das Älterwerden

Das Gehirn ist lebenslang dazu fähig, die Effizienz der Zusammenarbeit zwischen seinen Abermilliarden Nervenzellen zu verbessern und zwischen ihnen möglicherweise auch neue Verbindungen aufzubauen. So wird mit zunehmendem Alter die Fähigkeit zu denken und zu lernen nicht unbedingt schlechter, und in mancherlei Hinsicht sogar besser. Vor allem in puncto Konzentration und Ausdauervermögen schneiden ältere Menschen deutlich besser ab als jüngere. Aber wichtig ist: Beim Neuronentraining muss sich genau wie beim Muskeltraining innerhalb einer Übungsstunde eine zentrale Erschöpfung einstellen. Nur so findet effektives Lernen statt.

SELBSTREFLEXION – Lyrik, Sport und Gehirntraining

Das Lernen fällt mir heute deutlich leichter als früher. Allerdings habe ich schon immer viel und gerne gelernt. Und wenn man viel lernt, lernt man zu lernen. Und erst im trainierten Zustand ist das Gehirn auch gut vorbereitet auf alle möglichen Herausforderungen – ganz ähnlich wie ein Muskel. Ich habe allerdings festgestellt, dass ich nicht auf Halde oder auf Vorrat lernen kann, sondern immer nur zielorientiert. Das Lernen nur um des Lernens willen funktioniert nicht. Man lernt immer nur für einen bestimmten Zweck. Sonst wäre das Lernen überflüssig. Und wenn ich keinen vorgegebenen Zweck habe, denke ich mir einen aus. Denn »wer vom Ziel nichts weiß, kann den Weg nicht finden«, besagt ein bekanntes Sprichwort. Das ist auch ein Prinzip des Gehirns, dass es sich nur anstrengt, wenn es einen Sinn dahinter sieht. Aber es gilt ebenfalls: Wer vom Weg nichts weiß, kann das Ziel nicht finden. Das bedeutet: Man muss wissen, dass es den Weg des Lernens gibt, den man auch dann noch beschreiten kann, wenn man alt oder sogar uralt ist.

Wir brauchen Ziele, sonst lernen wir nicht

Als Wissenschaftler, der sich mit dem Gehirn beschäftigt, habe ich natürlich einen gewissen Vorteil. Denn ich weiß, was in jahrelanger Forschungsarbeit entdeckt wurde, nämlich dass es beim zielgerichteten Lernen, das einen innerlich ganz in Anspruch nimmt, zu einer vermehrten Produktion der chemischen Botenstoffe (Neurotransmitter) Dopamin und BDNF (»Brain-derived neurotrophic factor«) kommt. Dies geschieht vor allem in den Arealen, die etwas mit dem Gefühl der Belohnung und der Befriedigung zu tun haben.

Nun könnte man natürlich sagen, und von vielen wird das sogar propagiert, dass durch die Einnahme bestimmter Medikamente, die auf den Botenstoffwechsel des Gehirns einwirken, die Fähigkeit zu lernen und die Freude am Lernen gesteigert würden. Unter dem Schlagwort »Neuro-Enhancement« wird – natürlich nicht offiziell – entsprechend experimentiert: Verschiedene Medikamente, die vor allem gegen Krankheiten wie Narkolepsie oder Hyperaktivität wirken, sollen die Wachheit des Gehirns vergrößern. Ich sehe das aber sehr skeptisch: Denn es kommt nur dann zu einem Ausstoß von glücklichmachenden Botenstoffen des Belohnungssystems, wenn man sich ein Ziel gesetzt hat, das man hoch motiviert zu erreichen versucht und schließlich auch erreicht. Anders gesagt: Ich selbst bin dafür verantwortlich, ob ich diesen Zustand der Beglückung durch Lernen erfahre. Nur wenn ich ein klares Ziel mit hoher Motivation, manchmal mit Inbrunst, erreichen will und weiß, wozu Wissensanreicherung notwendig ist, kommt es in mir zu diesem Zustand der inneren Zufriedenheit. Ich kann das auch deshalb so gut abschätzen, weil ich häufig daran scheitere. Ich merke, wenn ich in meiner Tätigkeit unbefriedigt bleibe, wenn ich ziellos geschäftig und beschäftigt bin, dass sich ein Zustand der Frustration einstellt. Dies ist für mich immer ein klares Signal, mit neuen Zielen jeweils lernend in das

Gefüge meines Gehirns einzugreifen und mein Wissen dementsprechend zu erweitern.

Eine innere Bibliothek schaffen

Um den »Muskel« Gehirn zu trainieren, hat es sich für mich so ergeben, Gedichte zu lernen. Natürlich lerne ich sie nicht einfach nur so, sondern verfolge damit ein Ziel: Gedichte haben mich schon immer angesprochen, weil sie voller Bilder sind und einen besonderen Sprachrhythmus besitzen. Nachdem ich mich intensiver mit Lyrik befasst hatte, merkte ich, dass sich in Gedichten meist typische Lebenssituationen widerspiegeln, also Einsamkeit, Enttäuschung, Verlust eines Menschen, Ungewissheit, innere Verletzung, aber auch schöne Gefühle wie Freude, Liebe oder innerer Friede. Gedichte sprechen mich an, wenn ein Dichter mit einer gewissen Ich-Nähe einen Gedanken ausdrückt, mit dem ich mich identifizieren kann. Ich-Nähe bedeutet, dass man innerlich beteiligt ist. Abstraktes Wissen zum Beispiel ist nicht ich-nah, denn man betrachtet es distanziert, es ist ich-fern. Man kann davon ausgehen, wenn ein Dichter lange um einen bestimmten Ausdruck, eine Sprachrhythmik oder auch nur um einen Reim ringt, dann betreibt er diesen Aufwand nur für solche Botschaften, die ihm auch wichtig sind und daher Ich-Nähe besitzen. Ein solches Gedicht möchte ich dann auswendig können. Ich möchte es in meine innere Welt aufnehmen, um diese damit zu gestalten. So baue ich mir ein inneres Museum auf oder eine innere Bibliothek von verschiedenen Lebenssituationen. Auf diese kann ich dann zugreifen, wenn ich selbst in eine solche Situation hineingerate.

Der innere Bezug zu einem Gedicht stellt sich allerdings nur dann her, wenn ich es laut spreche. Für das Auswendiglernen ist entscheidend, dass ich es nicht nur sinngemäß, sondern Wort für Wort lerne, um auch die Sprachmelodie aufzunehmen. Wenn mir das Wort-für-Wort-Lernen schwerfällt, dann befindet sich vielleicht in der Sprachmelodie ein Fehler. Man kann dann das Lernen natürlich bleiben lassen. Oder der Zeile seine eigene Sprachmelodie aufoktroyieren. Bei mir erwacht an solchen Schwierigkeiten der Ehrgeiz, es trotzdem zu schaffen. Ich lerne dann gegen den Widerstand trotzdem weiter.

Eine weitere Motivation für mich, ein Gedicht zu lernen, ist: Ich stelle damit einen zeitübergreifenden sozialen Bezug her. So ist zum Beispiel der Anfang des Liedtextes »Der Mond ist aufgegangen« von Matthias Claudius die Übersetzung eines Gedichtes der griechischen Dichterin Sappho, die vor über 2500 Jahren lebte. Allerdings geht das Gedicht bei Sappho anders weiter als bei Claudius, es wird erotisch.

Man stellt aber mit älteren Gedichten generell immer einen Zeitbezug zu heute und zu unserem Kulturkreis her und merkt, dass all unsere grundsätzlichen Lebensfragen die Menschen schon immer beschäftigt haben. Das ist auch ein tröstlicher Gedanke. Aus diesem Grunde lerne ich auch nicht nur Gedichte einer bestimmten Zeitepoche, etwa nur der Romantik oder nur moderne Gedichte, denn damit würde mir viel entgehen. Vielmehr verinnerliche ich etwas über verschiedene Epochen. Die Kür besteht dann darin, Gedichte in anderen Sprachen zu lernen, um auch etwas über andere Kulturen zu erfahren. »Omnia mea mecum porto«, »alles, was ich habe, trage ich mit mir«. Darum geht es auch bei der inneren Bibliothek.

Neben dem Erstellen einer inneren Bibliothek geht es mir beim Gedichtelernen noch um etwas anderes: Gedichte kann ich auch in ein Gespräch einflechten und gebe diesem damit eine neue Richtung. Ein Thema erhält durch Gedichte eine würdige Bedeutung, und ich kann es damit gleichzeitig elegant beenden, weil mein Gegenüber dann meist lieber über Gedichte und das Phänomen des Auswendiglernens spricht. Und auf diese Weise bediene ich auch meine – allzumenschliche – Eitelkeit.

Der Squashprofessor

Aber nicht nur die Lyrik, sondern auch der Sport ist für mich immer eine besondere Herausforderung gewesen. Als ich Professor wurde und Medizinstudenten unterrichten musste, habe ich beschlossen, einen neuen Sport zu lernen. Es war Squash, was man vor allem in England und an der Ostküste der USA spielt. Ich habe jeden Tag trainiert, woran zu sehen ist, dass ein Professor durchaus auch Zeit für andere Tätigkeiten hat. Daran ist weiterhin zu sehen, dass man auch im Erwachsenenalter neue Bewegungsabläufe lernen kann, obwohl das immer als schwierig gilt. Eine Voraussetzung ist allerdings, dass man als Kind viel Sport betrieben hat. Dann fällt es einem im Alter und sogar im hohen Alter umso leichter, sich noch einmal neue Bewegungsabläufe anzueignen. Bei mir hat es jedenfalls so gut geklappt, dass ich den Studenten regelmäßig folgendes Angebot gemacht habe: Sie müssen keine Prüfung in medizinischer Psychologie ablegen, wenn sie mich im Squash schlagen. Das ist allerdings niemandem gelungen. In der Münchner Abendzeitung stand dann irgendwann einmal ein Bericht über den »Squashprofessor«.

Jetzt, da ich älter bin, lasse ich mich vermehrt auf die für mich faszinierendste Sportart und die schwierigste Sportart überhaupt ein, nämlich das Golfspielen. Bislang ist meine Lernkurve jedoch leider eher flach. Vor allem das Einlochen des Balls fällt mir schwer. Nun habe ich erst einmal einen wissenschaftlichen Artikel darüber geschrieben, mit dem Titel »Putting is impossible« – »Einlochen ist unmöglich«: Was leicht aussieht, muss nicht leicht sein, und einen liegenden Ball mit einer exakt abgestimmten Geschwindigkeit in eine präzise Richtung zu stoßen, bei unterschiedlichen Oberflächen des Rasens oder unterschiedlichen Neigungswinkeln des Grüns, ist außerordentlich kompliziert. Das alles zu lernen, ist eine wirkliche Herausforderung, die ich aber mit sehr viel Freude annehme.

TIPPS FÜR DIE LESER Wie Sie das Lernen lernen können

Lernen muss immer ein aktiver Prozess sein, der mit einem Ziel und mit Sinn verbunden ist. Gleichgültig ob es sich um ein Sehtraining im Max-Planck-Institut handelt oder um Schule, Vorlesung oder Gedichtauswendiglernen. Wichtig ist – und dies mag paradox klingen –, dass Sie sich so lange anstrengen, bis das Lernen schwerer fällt. Wenn diese Ermüdung auftritt, haben Sie sich Ruhe verdient.

Jetzt können Sie sowieso nichts mehr erzwingen. Ruhen Sie sich also aus, oder beschäftigen Sie sich mit irgendetwas anderem – und lassen Sie Ihr Gehirn ungestört weiterarbeiten, denn das tut es, sogar im Schlaf.

Die neueste Forschung hat ergeben, dass der Tiefschlaf wichtig für das Lernen ist, dass man also tatsächlich »im Schlaf lernt«. Wenn Sie am nächsten Tag wieder mit dem Lernen starten, werden Sie merken, dass Sie besser geworden sind – mehr Vokabeln wissen, die Fingerübung auf dem Klavier besser beherrschen oder eine schwierige Rechenaufgabe plötzlich verstehen. Oder Sie finden wie von alleine die Lösung für ein Problem. Auf jeden Fall merken Sie, dass das Lernen eine Grundlage geschaffen hat, die Sie nun erweitern können. Und noch etwas: Körperliche Fitness wirkt sich fördernd auf die Hirnleistung aus. Wenn Sie regelmäßig schwimmen, Golf spielen, ins Fitnessstudio gehen, dann trainieren Sie damit auch das Denkvermögen.

☞ Ein Gedicht lernen in sechs Stufen

Erste Stufe – Kontext: Lesen Sie etwas über den Dichter. So stellen Sie einen Bezug zu seiner Person, seiner Zeit und seinen Lebensumständen her.

Damit fällt es Ihnen wesentlich leichter, das Gedicht in Ihrem Wissen zu verankern.

Zweite Stufe – Inhalt: Lesen Sie das Gedicht mehrmals leise. Dabei stellten sich weiteres Wissen über den Inhalt und eine gewisse Faszination von abstrakter inhaltlicher Art ein.

Dritte Stufe – Klang: Lesen Sie das Gedicht laut, denn dann »klingt« es. Spielen Sie mit verschiedenen Betonungen. Wenn Sie der Klang und die Sprachrhythmik des Gedichtes ansprechen, dann wollen Sie es auch lernen. Wenn nicht, ist es besser, ein anderes Gedicht auszusuchen.

Vierte Stufe – Bilder: Teilen Sie das Gedicht in Sinneinheiten ein und stellen Sie sich dazu innerlich Bilder vor. Lesen Sie das Gedicht also nicht nur einfach automatisch herunter; damit ist zwar auch ein Auswendiglernen zu erzielen, dies geschieht dann aber mehr über sinnentleerte automatische Sprechbewegungen, und es stellt sich kein Bezug zwischen Ihnen und dem Gedicht ein.

Fünfte Stufe – Regelmäßigkeit: Lernen Sie jeden Tag mindestens vier oder vielleicht sogar acht Zeilen (mehr ist nicht verboten). Diese sollten natürlich eine Sinneinheit oder eine Strophe bilden. Es ist eine überschaubare Menge, die zu schaffen ist und Sie nicht frustriert. Am Anfang fällt es schwer, mit der Zeit geht es immer leichter.

Sechste Stufe – Beharrlichkeit: Wenn Sie einen Passus immer wieder vergessen, dann ist das ein Hinweis darauf, dass mit der inneren Struktur des Gedichtes vielleicht etwas nicht stimmt. Der Dichter Gottfried Benn hat einmal gesagt, dass jeder Dichter, und sei er auch noch so bedeutend, in seinem ganzen Leben nur sehr wenige vollkommene Gedichte geschrieben hat, weniger als zehn. Dichter sind also nur Menschen, verzweifeln Sie nicht an sich selbst. Geben Sie dem Gedicht Ihren eigenen Rhythmus, wie ein Schauspieler, der eine Rolle auf sich überträgt. Vielleicht passt das Gedicht in dem

Moment auch einfach nicht in Ihre innere Bibliothek. In dem Fall suchen Sie besser ein anderes aus.

Für den Anfang sind humorvolle Gedichte, wie von Christian Morgenstern oder Joachim Ringelnatz, leichter zu lernen als schwere, tragende Gedichte. Damit Sie nicht lange nach Gedichten zum Auswendiglernen suchen müssen, steht am Ende eines jeden Kapitels ein Vorschlag. Ein erstes Gedicht finden Sie hier: Es ist das Gedicht, das Pöppel bislang am häufigsten vorgetragen hat. Denn seine Kinder liebten es und wollten es immer und immer wieder von ihm hören:

Im Park

Ein ganz kleines Reh stand am ganz kleinen Baum
Still und verklärt wie im Traum.
Das war des Nachts elf Uhr zwei.
Und dann kam ich um vier
Morgens wieder vorbei,
Und da träumte noch immer das Tier.
Nun schlich ich mich leise – ich atmete kaum –
Gegen den Wind an den Baum,
Und gab dem Reh einen ganz kleinen Stips.
Und da war es aus Gips.

Joachim Ringelnatz

INTERVIEW MIT

der Kammersängerin Frau Professor Edda Moser

Die Sopranistin Edda Moser ist in der internationalen Musikwelt durch ihre Darstellungen der großen dramatischen Mozartpartien bekannt geworden. Die von ihr gesungene Arie der Königin der Nacht, »Der Hölle Rache kocht in meinem Herzen«, aus Mozarts »Zauberflöte« wird an Bord der Raumsonde Voyager II auf der »goldenen Platte« für eine Billion Jahre bewahrt und als Botschaft der menschlichen Opernstimme über das Sonnensystem hinausgetragen. Heute ist Edda Moser Professorin für Gesangstechnik an der Hochschule für Musik und Tanz Köln.

Frau Moser, wir wollen uns heute über das lebenslange Lernen unterhalten. Inwieweit gilt das auch für die Musik?

Edda Moser: Singen ist ein Singenmüssen. Aus diesem zutiefst drängenden Gefühl ergibt sich das Lebensmotto »Übe immer!«. Insofern ist das Praktizieren von Musik per se ein lebenslanges Lernen.

Für eine Sopranistin ist die aktive Zeit des Gesangs begrenzt. Wir haben es alle bei Maria Callas erlebt: Sie ist in der Metropolitan Opera sogar ausgepfiffen worden, als ihre Stimme versagte. Wie ist das, wenn die Stimme nicht mehr mitmacht?

Eine Stimme entwickelt sich etwa bis zum 36. Lebensjahr, ab diesem Zeitpunkt muss das Wissen um die Gesangstechnik vollendet sein. Maria Callas, eine der ganz großen Interpretinnen, hat wahrscheinlich um diese Entwicklung zu wenig gewusst und konnte sich vor ihren emotionalen Attacken nicht früh genug in die Sicherheit der Gesangstechnik retten. Natürlich kommt der Tag, an dem man sein Versagen erlauscht, bevor es das Publikum bemerkt, und vor diesem Tag fürchtet sich jeder Sänger. Die Grenzenlosigkeit der Kraft scheint lange Zeit selbstverständlich, aber man soll wach bleiben, sich mit den Ohren der Feinde prüfen und die Stunde des Beendens einer Karriere früh genug selbst bestimmen. Nie darf es heißen »Sie singt noch immer«, sondern es muss heißen »Schade, dass sie nicht mehr singt«. Das ist wichtig, denn so bleibt man dem Publikum in guter Erinnerung.

Sie haben dann nicht etwa die Hände in den Schoß gelegt, sondern etwas Neues gelernt. Sie sind Professorin für Gesangstechnik an der Hochschule für Musik und Tanz Köln geworden.
Ja, ich habe – zeitbedingt – begonnen, mein Wissen weiterzugeben, junge Begabungen zu informieren. Denn das Einzige, das mit dem Älterwerden besser wird, ist, dass man viel mehr Übersicht hat. Mir ist bewusst, dass die Menschen heute mehr Möglichkeiten zum Lernen haben, aber ihnen fehlen die Grunddisziplinen: Bescheidenheit, Fleiß, Demut.

Ich versuche als Professorin hauptberuflich davor zu warnen, diese Disziplinen zu vernachlässigen. Dieses Wissen schützt meine Studenten davor, ihr Talent zu vergeuden.

Denn kaum einem ist es vergönnt, den Weg zu gehen, den ihm sein Talent vorschreibt, da die Demut, die sich aus Fleiß und Disziplin zusammenfügt, heute ein Fremdwort geworden ist. Ich lehre sie, sich auf das Wesentliche der Kunst einzulassen, und gebe weiter, was ich im Laufe des Lebens selbst gelernt habe.

Wie gehen Sie dem Älterwerden entgegen?
Da ich das Altwerden als schlechte Angewohnheit kategorisch ablehne, suche ich neue Herausforderungen, Wissen und Erfah-

rungen, was Sie auch mit lebenslangem Lernen übersetzen können. So habe ich das Festspiel der Deutschen Sprache in der Goethestadt Bad Lauchstädt gegründet, denn darum geht es mir jetzt in meiner neuen Lebensphase auch: Deutsch als Sprache in seiner Reinheit und Schönheit zu bewahren.

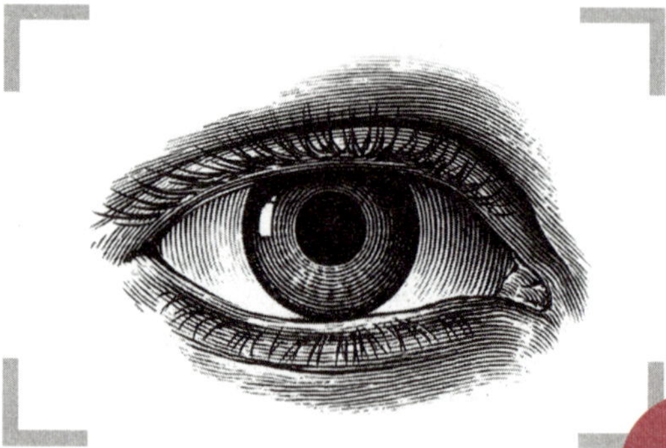

2.

ICH WERDE ÄLTER UND ENTDECKE DIE GEGENWART

Augustinus schrieb vor 1600 Jahren, dass es nur die Gegenwart gibt; Vergangenheit sind Erinnerungen. Zukunft sind Erwartungen. Und tatsächlich: Die moderne Hirnforschung hat festgestellt, dass das menschliche Gehirn ein Zeitfenster der Gegenwart von etwa drei Sekunden Dauer bereithält. Diese zeitliche Bühne kann im Alter trainiert werden, um die Konzentrationsfähigkeit zu erhalten.

FORSCHUNG I –
Die Entdeckung des Gegenwartsfensters

»Genial!« – Fast andächtig sagte Pöppel dieses Wort, klappte das Heft zu. »Die angeborenen Formen möglicher Erfahrung« war nach »Er redete mit dem Vieh, den Vögeln und den Fischen« der zweite Text von Konrad Lorenz, den er nun gelesen hatte. Oder besser verschlungen. Es ging im ersten Buch um die Instinkte von Tieren, mit denen sich die Verhaltensforscher Konrad Lorenz und Nikolaas Tinbergen in den 1930er-Jahren beschäftigt hatten. Das hatte Pöppel auch schon gut gefallen. Aber kein Vergleich zu dem, was er jetzt gelesen hatte. In den »möglichen Erfahrungen« gab Konrad Lorenz Einblick in die natürlichen Grundlagen dessen, was den Menschen ausmacht. So sind wir einerseits kulturell eingebettet, haben Regeln des Umgangs miteinander erworben. Aber andererseits gehört zu uns auch ein angeborenes Repertoire an Verhaltensweisen. ›Das heißt doch, dass man das eine nicht gegen das andere ausspielen kann, wie das so gerne gemacht wird‹, dachte sich Pöppel. ›Das Prägungslernen, das Lorenz bei seinen Beobachtungen mit Tieren entdeckt hat, kann dann bedeuten, dass beim Menschen die genetischen Programme durch kulturelle Erfahrung bestätigt werden; in dem Augenblick kann man nicht mehr zwischen Umwelt und Anlage unterscheiden. Unser Verhalten ist notwendigerweise beides.‹ Während Pöppel sich diese Gedanken zu den Werken von Konrad Lorenz machte, wurde der für ihn zur Idealfigur eines Wissenschaftlers.

Von Freiburg nach Seewiesen

›Forschen bei Konrad Lorenz. Das wäre das Richtige. Aber ist das nicht zu gewagt?‹ Pöppel wusste nicht so recht, wie es weitergehen sollte. Er studierte nun Psychologie und Biologie in Freiburg. Aber das Studium war einfach langweilig geworden. »Unter den Talaren, der Muff von 1000 Jahren.« Es war 1964, und die Studenten begannen sich über die Weltfremdheit ihres Studiums zu beschweren. Dann hatte er diesen Aufsatz von Konrad Lorenz gelesen. ›Bei diesem Mann ein Praktikum zu machen und vielleicht sogar ein paar Monate an der Forschung teilzunehmen, das bringt doch viel mehr, als sich weiter in die engen, staubigen Hörsäle zu zwängen‹, dachte er sich. Und bevor ihn der Mut verließ, setzte er sich in sein Auto, einen VW Käfer, und fuhr nach München. Nicht weit davon entfernt lag in Seewiesen an dem kleinen Eßsee das Max-Planck-Institut für Verhaltensphysiologie, wo sich Konrad Lorenz mit den Graugänsen und mit der Psyche von Tieren beschäftigte, was ihm den Namen »Einstein der Tierseele« eingebracht hatte.

›Ich fahre da jetzt hin, er wird schon ein paar Minuten für mich Zeit haben, und dann weiß ich ja, ob er mich nimmt oder nicht. Am Abend bin ich wieder zurück in Freiburg.‹ So lautete der Plan. Nur damit hatte Pöppel nicht gerechnet: dass der Forscher gar nicht in Seewiesen war. Konrad Lorenz nahm ausgerechnet an diesem Tag in Wien eine Auszeichnung entgegen. Was tun? Da fiel Pöppel ein, dass an diesem Institut noch jemand anderes tätig war, jemand, der ebenfalls interessante Experimente machte. Es war Jürgen Aschoff, der Begründer der modernen Chronobiologie, der Menschen für einige Wochen von der Welt isolierte, um deren innere Uhr und den Tagesrhythmus zu verstehen. Und so bat Pöppel – mit Erfolg – Jürgen Aschoff um eine Praktikumsstelle, brach sein Studium ab und zog als Jungforscher in den Süden von München.

Pöppels Forschungsthema in einem Stapel Papier

Was er nicht ahnte: Diese Entscheidung legte den Grundstein für ein Forschungsthema, das ihn sein Leben lang begleiten würde. Pöppel entwickelte in seiner neuen Umgebung nämlich ein Konzept von der Gegenwart und dem Umgang mit ihr. Dieses Konzept konnte er über Jahrzehnte hinweg beständig um neue Aspekte und Nuancen bereichern. Und schlussendlich würde das Gegenwartskonzept ihm im Alter sogar dabei helfen, seine Konzentrationsfähigkeit zu behalten und weiter auszubauen. Aber damit diese Entwicklung in Gang kam, musste erst noch ein weiteres Mal der Zufall ins Spiel kommen.

Dieser ereignete sich im Studierzimmer von Jürgen Aschoff. Der Chronobiologe hatte schon die ganze Zeit, seit Pöppel ihn das erste Mal besucht hatte, auf seinem Schreibtisch einen hohen Stapel von Papieren liegen. Diese Papiere waren ziemlich verstaubt und vergilbt. Nun kam dem Forscher die pragmatische Idee, jemand anderem die Verantwortung für den Stapel zu übertragen, und er bat Pöppel, sich darum zu kümmern. Pöppel schaute mit einem skeptischen Blick auf den Stoß Papier. ›Das ist ja fast wie an der Uni‹, dachte er.

Gelangweilt blätterte er die Papiere durch. Es ging um die Zeit, die Zeitwahrnehmung und ob bestimmte Drogen diese verändern. Plötzlich fiel ihm etwas auf. Die Zeitwahrnehmung wurde immer auf reichlich merkwürdige Art und Weise gemessen. Zum Beispiel sollte ein Proband immer wenn er meinte, dass zehn Sekunden vorbei wären, einen Knopf drücken. Oder es wurde ihm eine Zeitstrecke vorgegeben, also etwa ein Ton oder ein Lichtsignal mit einer Länge von mehreren Sekunden; dann wurde er gefragt, wie lang diese Signale denn gedauert hätten. Das heißt, der Proband musste sein Zeitempfinden in Worte fassen. Diese Messungen wurden bei verschiedenen Probandengruppen durchgeführt, wobei den einen zuvor Drogen verabreicht worden waren, den anderen nicht. Aber war das wirklich die richtige Methode, um erlebte Zeit zu messen?

»Ich möchte die Zeitwahrnehmung anders messen, Herr Aschoff«, sagte Pöppel. Er hatte den Stapel relativ flott gesichtet, sich dann aber viele Gedanken zur Zeitwahrnehmung gemacht. Diese stellte er nun, ein paar Wochen später, den Mitarbeitern des gesamten Instituts, inklusive Konrad Lorenz und Jürgen Aschoff, vor. Unter Konrad Lorenz war es üblich, dass sich alle Mitarbeiter des Instituts für Verhaltensphysiologie an einem festen Tag in der Woche zusammensetzten und über Projekte und Ergebnisse diskutierten. Diese Mittwochskolloquien bedeuteten für denjenigen, der seine Ideen vorstellte, Stunden höchster Anspannung. Jede gedankliche Nachlässigkeit kam dabei zutage. Vor allem Jürgen Aschoff schonte seine jungen Mitarbeiter nicht. Auch Konrad Lorenz war außerordentlich kritisch, doch er fand auch immer etwas Positives, das einen ermunterte, weiterzumachen.

Pöppel misst die innere Zeit

Und nun stand Pöppel vor den Wissenschaftlern. »In den Verfahren, die in der Literatur beschrieben werden, ist immer die Sprache im Spiel. Doch wenn wir etwas erleben, dann denken wir nicht in Sekunden oder Minuten. Wir erleben es einfach. Erst hinterher stellen wir uns die Frage, wie lange etwas gedauert hat. Könnte es nicht sein, dass wir eine innere Zeit haben?« – Jürgen Aschoff sprang Pöppel erst einmal bei. Schließlich arbeitete auch er gerade an der Frage, wie sich die biologische Uhr verhält. »Eine Art innere Zeit oder biologische Uhr haben wir ganz sicher. Zum Beispiel schwingt sich unsere Körpertemperatur stets gegen Abend auf den höchsten Wert hoch und sinkt am frühen Morgen auf den niedrigsten Wert.« – Doch Konrad Lorenz hakte nach: »Wie willst du die Zeitwahrnehmung messen, Pöppel, wenn nicht mithilfe der Sprache?« Lorenz duzte seine Mitarbeiter grundsätzlich, auf eine nette, väterliche Art. Aber das hieß nicht, dass man ihn zurückduzen durfte. Auf diese Idee kam aber ohnehin niemand, auch Pöppel nicht. »Zum Beispiel, Herr Lorenz, indem ich ein Tonsignal eine Zeit lang abspiele oder ein Lichtsignal in einer bestimmten Dauer zeige. Anschließend bitte ich den Probanden, das Signal in der gleichen Dauer zu wiederholen. Dann muss er das nicht erst in Sprache übersetzen, sondern kann auf derselben Ebene bleiben.« – »Mhm.« Konrad Lorenz dachte aber offenbar nicht daran, den jungen Kollegen schon zu erlösen. Er schwieg und schaute Pöppel einfach nur mit einem intensiven Blick an. Der schwitzte schon seit geraumer Zeit. Eigentlich hatte er nur die herkömmliche Methode zur Messung der Zeitwahrnehmung kritisieren wollen. Dass man seine Worte so ernst nahm und wirklich auf die Goldwaage legte, das war er nicht gewohnt. Vielleicht sollte er den Versuch weiter erläutern, um Zeit zu gewinnen? »Eine andere Möglichkeit besteht darin, dem Probanden zwei Zeitstrecken vorzugeben, wieder mit Licht oder Ton, und ihn dann zu fragen, welche länger dauerte oder ob sie gleich lang waren. Der Proband muss die beiden Zeitstrecken also einfach vom Empfinden her vergleichen und muss nicht deren Länge in eine sprachlich ausgedrückte Länge umrechnen.« – »Und was ist deine Arbeitshypothese hinter dem Versuch?« Lorenz ließ nicht locker. – »Dass es eine innere und eine äußere Zeit gibt. Denn schließlich erleben wir die Zeit, auch wenn wir nicht auf die Uhr schauen.« – Volltreffer! Denn Lorenz nickte und begann schließlich zu sprechen: »Ja, das gefällt mir. Und du arbeitest schon an dem Versuch, wie ich gehört habe?« In der Stimme des Institutsleiters schwang etwas Wohlwollendes mit. Puh! Jetzt hatte Pöppel gewonnen. »Ja, unser Feinmechaniker baut die Maschine schon auf, die ich skizziert habe. Sie gibt Töne und Lichtsignale von sich, deren Dauer ich bestimmen kann«, erklärte Pöppel. »Es gibt eine Stoppuhr, um die Dauer der Signale zu messen. Der Proband bekommt einen Ton zu hören. Oder ein Licht geht für eine bestimmte Zeit an. Dann muss der Proband die Dauer des Tones oder des Leuchtens reproduzieren, indem er einfach einen Knopf drückt und ihn dann wieder loslässt. Ich messe auch diese Zeiten. Der Proband hat also nichts anderes zu tun, als nach seinem inneren Zeitgefühl die Signaldauer wiederzugeben.« – Lorenz nickte anerkennend. »Eigentlich eine wirklich gute Idee«, brummte er.

Nach dem Kolloquium war Pöppel am ganzen Körper angespannt. Und am nächsten Tag hatte er richtig starken Muskelkater. Aber die Anerkennung durch sein großes Vorbild war dies allemal wert.

Die Basis des Verstehens

Zunächst probierte Pöppel seine Maschine an sich selbst aus. Eine Kollegin wollte ihm dabei helfen: Jane, eine attraktive Doktorandin aus England, mit der er sich gerne unterhielt. Sie war Medizinerin und behauptete von sich, telepathische Fähigkeiten zu besitzen. Außerdem war sie schlank und sehr sportlich – aber leider für Pöppels Geschmack ein bisschen zu prüde. Er hatte in den vergangenen Wochen schmerzhaft lernen müssen, dass Komplimente von Jane schnell als sexuell aufdringlich fehlgedeutet wurden. So freute er sich besonders, dass sie mit ihm zusammen den Versuch durchführen wollte. Ihre Aufgabe war es, mit der Maschine unterschiedlich lange Signale vorzugeben, und Pöppel wollte diese reproduzieren.

»Aber da gibt es doch eine einfache Gesetzmäßigkeit, schau doch mal«, fiel Pöppel beim Sichten der ersten Ergebnisse auf. Denn alle Signale, egal ob akustisch oder visuell, konnte er nur dann gut wiedergeben, wenn sie nicht länger als zweieinhalb bis drei Sekunden dauerten. Ab fünf Sekunden wurde es ungenauer, und ab einer Dauer von zehn Sekunden schlichen sich grobe Abweichungen ein. – »Jetzt tauschen wir, setz du dich doch mal an meinen Platz«, forderte Jane ihn auf. Aber am Ende kam das Gleiche heraus. Fast wie mit einem Rasiermesser konnten die genauen von den ungenauen Ergebnissen getrennt werden. Genau waren alle Zeitstrecken bis zu drei Sekunden und ungenau alle, die darüber lagen.

»Vielleicht verstehen wir uns deshalb so gut, weil wir beide gleich oder gleich lang ticken?«, meinte Jane. – Pöppel war irritiert. War das jetzt provokativ oder wissenschaftlich gemeint? Sollte er das nun aufgreifen und sie abends doch einmal auf einen gemeinsamen Wein einladen? Oder würden bei ihr dann sofort wieder die Alarmglocken läuten? »Ja, das ist möglich«, antwortete er ausweichend. »Ich will jetzt beginnen, andere Mitarbeiter des Instituts zu testen«, sagte er und machte sich schnell auf die Suche nach weiteren Freiwilligen.

So viele Menschen er auch testete, das Ergebnis wurde immer wieder bestätigt. Und zwar bei Jung und Alt, Mann und Frau. Pöppel gab den Probanden zuerst Zeitstrecken zwischen einer und sieben Sekunden vor, und danach auch zwischen elf und 17 Sekunden. Im oberen Bereich gab es keine Regelmäßigkeit mehr zu beobachten. Und nur im Bereich bis zu drei Sekunden konnten die Menschen die Zeitdauer exakt wiedergeben.

»Das ist ja wirklich erstaunlich. Warum ist das so?« Jane war unbemerkt an seinen Schreibtisch gekommen und schaute ihm über die Schulter. – Pöppel übertrug gerade die Messdaten in eine Verlaufskurve, auf der die Schätzungsgenauigkeit der ersten Sekunden mit einem Blick zu erkennen war. »Ich weiß es noch nicht, Jane. Es kommt mir vor, als ob sich für eine kurze Zeit ein Fenster öffnet, für ein exaktes Zeitgedächtnis, und danach geht das Fenster wieder zu. Und dann kommen wir an die Zeiterinnerung nicht mehr richtig heran.« – »Was meinst du denn mit Fenster?«, fragte die Kollegin. – »Ja, so eine Art Zeitfenster, oder ein Gegenwartsfenster. Vielleicht war deine Bemerkung gar nicht so falsch neulich, auch wenn du es etwas anders gemeint hast. Wenn alle Menschen einen verlässlichen inneren Maßstab von drei Sekunden haben, dann ist das möglicherweise die Basis des Verstehens.« Was hatte er da gerade gesagt? Ein Drei-Sekunden-Fenster als Basis des Verstehens? Pöppel war aufgeregt. Normalerweise kamen ihm solche Gedanken, wenn er mit sich selbst sprach, und dann auch eher bei einem strammen Spaziergang, der Schwung in die Gedanken brachte. Jetzt hatte er einmal ganz assoziativ geredet. Das musste er direkt festhalten. Und so schrieb er unter die Verlaufskurve »Drei-Sekunden-Fenster als Basis des Verstehens?« Aber jetzt wollte er erst einmal das aktuelle »Fenster des Verstehens« noch ein bisschen weiter öffnen und

Jane zumindest vorschlagen, wieder einmal gemeinsam Tennis zu spielen. Und morgen würde er nach München zur Unibibliothek fahren, um zu schauen, ob andere Forscher auch schon etwas zur inneren Zeit im Gehirn herausgefunden hatten.

Swingt das Gehirn?

»Tatsächlich. Es wäre ja zu schön gewesen.« Pöppel musste schlucken. Er hatte sich aus dem Magazin der Bibliothek der Ludwig-Maximilians-Universität München einige Studien geben lassen, saß jetzt im Leseraum und las sie durch. Hier gab es doch tatsächlich eine Veröffentlichung mit dem Titel »Der Zeitsinn nach Versuchen«. Vor 100 Jahren hatte ein Forscher namens Karl Vierordt schon einmal ähnliche Experimente gemacht wie Pöppel! Wie hypnotisiert las der nun quasi seine eigenen Messergebnisse. Vierordt hatte beschrieben, dass die Abweichungen bei Wiederholungen von Tast- und Höreindrücken im Bereich von zwei bis vier Sekunden Dauer am geringsten sind. Und Pöppel hatte soeben noch vom frisch erdachten »Drei-Sekunden-Gegenwartsfenster« gesprochen. Er war enttäuscht. Was sollte er jetzt machen? »Pöppel! Hättest du mal zuerst gelesen und dann experimentiert. Dann wäre das jetzt nicht passiert«, ärgerte er sich. Aber hätte er dieses Phänomen dann mit demselben Eifer verfolgt? Wahrscheinlich nicht. Und die Begründung und Bedeutung der Drei-Sekunden-Portionen hatte auch Vierordt noch nicht gefunden. Der Ausgangspunkt dieses Physiologen aus Tübingen war nämlich ein anderer. Er hatte sich mit der Psychophysik beschäftigt und nach einer Wechselbeziehung zwischen einem objektiv messbaren Reiz und dem subjektiven psychischen Erleben gesucht. Pöppel hingegen ging es darum, ob das Gegenwartsfenster einen Einfluss auf das Denkvermögen und das Verstehen hat. Wenn das kein Anreiz war, es trotzdem weiter zu erforschen? Und Jane schien sich ja auch brennend für dieses Thema zu interessieren. Also gleich zwei Gründe, nicht aufzugeben. Und schließlich lag über allem das Gefühl, etwas Wichtigem auf der Spur zu sein. Mit der Gewissheit, dass seine Forschungsergebnisse richtig sind, da sie auch schon ein anderer Forscher beschrieben hatte, kehrte er in das Institut zurück.

»Das ist ja ein Mist. Was wirst du jetzt tun?« Jane hatte ihn wieder besucht und sich nach seinem Münchenausflug erkundigt. Als sie von Vierordts Aufsatz erfuhr, zeigte sie vollstes Mitgefühl. Pöppel hatte sich mittlerweile viele Gedanken zu allem gemacht. Wenn er dieses Thema weiterverfolgen wollte, musste er auch wissenschaftliche Aufsätze veröffentlichen. Wenn er etwas veröffentlichen wollte, musste er promovieren, vielleicht sogar sich habilitieren. Und deswegen verkündete er: »Auch wenn ich kein Diplom habe, ich werde trotzdem meinen Doktor machen und bald auch eine Arbeit über das Thema schreiben.« – »Da hast du ja einiges vor«, sagte sie skeptisch. »Und die weitere Forschung über das Gegenwartsfenster?« – Gute Frage. »Dass es das gibt, habe ich bewiesen, und es wurde im Nachhinein durch Vierordts Arbeit bestätigt. Aber ich will jetzt herausfinden, wofür es gut ist. Ich möchte schauen, ob es auch in anderen Lebensbereichen zu finden ist.« – »Und was hast du davon?«, fragte sie. – »Nun ja, vielleicht ist es ja ein Arbeitsbereich des Gehirns. Wir gehen immer davon aus, dass die Arbeit der Neuronen gleichmäßig verläuft. Aber vielleicht arbeiten sie in einer Art von Drei-Sekunden-Takten, und unser Gehirn swingt sich sozusagen in verschiedene Zustände hinein.« Pöppel dachte sich, dass er auch mit ihr gerne einmal swingen würde, aber nicht nur neuronal, sondern so richtig, mit Musik und Anfassen. Jane war vielleicht wirklich paranormal begabt. Oder ihr gefiel Pöppels Erfolg. Jedenfalls kam eine unerwartete Frage: »Ich habe eine Einladung zu einem Faschingsfest, da wird mit Sicherheit auch geswingt. Es soll recht lustig zugehen. Aber auch ein bisschen kuschelig, glaube ich. Deswegen heißt das

Motto auch ›Reise nach Kosien‹. Ich würde mich freuen, wenn du mich begleitest.« Und was soll man auf eine so charmante Anfrage anderes antworten als »ja, gerne« – mit den üblichen jugendlichen Konsequenzen.

Zwischenbefund

Pöppel hatte tatsächlich einige Jahre später, im Jahr 1968, auch ohne sein Studium mit einem ordnungsgemäßen Diplom zu beenden, in Innsbruck eine externe Promotion geschafft, indem er seine bereits veröffentlichten Untersuchungen über die Zeitwahrnehmung knapp zusammenfasste. Und im Übrigen begann er sofort nach dem Faschingsfest wirklich überall nach dem Gegenwartsfenster zu suchen und fand zig Beispiele in allen Bereichen des Lebens. In seinem Buch »Lust und Schmerz« hat er diese 1982 erstmals beschrieben:

- Unser Kurzgedächtnis kann Eindrücke ungefähr drei Sekunden speichern, bevor die Informationen entweder weiterverarbeitet werden oder unwiederbringlich entschwinden.
- Gedankengänge im freien Redefluss, der Spontansprache, dauern drei Sekunden.
- Eine Verszeile eines Gedichtes, in normalem Tempo gesprochen, dauert drei Sekunden. Bei längeren Gedichtzeilen, etwa in einem Alexandriner oder Hexameter von Balladen, ist nach drei Sekunden eine Sprechpause oder Zäsur vorgesehen.
- Die Zeilen von Zeitungen und Zeitschriften sind meist so lang, dass man sie innerhalb von drei Sekunden lesen kann. Die früher längeren Zeilen waren drucktechnisch nicht anders zu gestalten, aber auch entsprechend schwerer zu lesen.
- Musikstücke sind auf der ganzen Welt so komponiert, dass ihre Motive meist etwa drei Sekunden dauern. Wenn sie kürzer sind, hat man das Gefühl, sie werden zu schnell gespielt. Dauern sie länger, erscheint einem das Musiktempo als zu langsam.

- Auch die Bewegungsabläufe von Menschen finden auf der Drei-Sekunden-Bühne statt: Das gegenseitige Händeschütteln ist in drei Sekunden abgeschlossen, ebenso wie das bedenkliche Sich-am-Kopf-Kratzen oder das Kopfschütteln.
- Beim Zappen entscheiden wir uns innerhalb von drei Sekunden zum Umschalten, und unsere Aufmerksamkeit selbst schwankt in diesem Zeitfenster. Dies wurde aufgrund einer Anfrage des ZDF untersucht. Der Fernsehsender hätte am liebsten eine »Antizapping-Pille« auf den Markt gebracht, was aber mit der angeborenen Neugierde des Menschen unvereinbar ist.
- Eine Bewegung bei Squash, Golf und prinzipiell beim Sport korrekt vorzuplanen, geht mit einem Antizipationsfenster einher, das – wen wundert es – drei Sekunden dauert. Das innere Bezugssystem erstreckt sich also auch auf die Zukunft.
- Beim Autofahren können wir korrekt voraussehen, an welchem Punkt der Strecke wir uns nach drei Sekunden befinden werden.
- Allgemein gilt: Wenn wir etwas vergleichen, gelingt uns dies nur dann gut, wenn es im Zeitfenster passiert!

Forscher der Uni San Diego haben später diese Idee von Pöppel aufgegriffen und das Zeitfenster bei anderen Arten untersucht. Demnach haben die sogenannten höheren Tiere ein ähnliches Zeitfenster in ihren Bewegungsabläufen. Also Hunde, Katzen und Affen, nicht aber Eichhörnchen, Tauben oder Meerschweinchen. Dies ist übrigens der Grund dafür, dass wir zu manchen Haustieren eine Ich-Nähe herstellen können. Wir fühlen uns ihnen nahe, können sogar zu ihnen sprechen und meinen, verstanden zu werden, während dies bei anderen Tieren nicht funktioniert.

Das Gerät, mit dem experimentell das Gegenwartsfenster entdeckt wurde, steht heute übrigens im Deutschen Museum in Bonn, wo wichtige Erfindungen und Entdeckungen aus beiden Teilen Deutschlands aufbewahrt werden.

FORSCHUNG II – Sehen im Drei-Sekunden-Takt

Sechs Jahre später, 1974, Tate Gallery in London: Pöppel – mittlerweile auf dem Weg zum Prof. Dr. phil. Dr. phil. habil. Dr. med. habil. Pöppel – hatte sich von den Chronobiologen aus dem Max-Planck-Institut verabschiedet und war in die Abteilung Neurophysiologie des Max-Planck-Instituts für Psychiatrie in München gewechselt. Auch privat hatte sich einiges getan: Er war mehrfacher Vater geworden, was aber nichts mit der netten Kollegin damals in Seewiesen zu tun hatte. Jedenfalls war er nun mit seinen Kindern – einem Sohn und zwei Töchtern – in England und wollte ihnen die Kunst nahebringen.

Dass kleine Kinder nicht gerne in Museen gehen, war ihm bewusst. Und um ihrem Genörgel vorzubeugen, legte er in einer Art paradoxer Intervention fest, sie dürften zehn Bilder im Museum anschauen, aber auf gar keinen Fall auch nur ein einziges mehr. Um den Kindern aber die besten Bilder zeigen zu können, besuchte Pöppel die Tate Gallery schon einen Tag vorher.

Spannende Erkenntnis im Kunstmuseum

Da stand er nun alleine im Rothko-Raum. Der war 1970 eröffnet worden, kurz nachdem sich Mark Rothko, der bedeutende lettisch-amerikanische Maler, für einen freiwilligen Tod entschieden hatte. Pöppel betrachtete die großformatigen Ölgemälde mit den großen farbigen Flächen genau so, wie es Rothko empfohlen hatte, nämlich im Abstand von etwa 45 Zentimetern. Mit einem Mal bemerkte Pöppel etwas ganz Verrücktes. Sein Blick schweifte nicht gleichmäßig über das Bild, sondern hangelte sich von Farbfeld zu Farbfeld. Wie gesteuert durch einen inneren Mechanismus, war er erst fasziniert von dem tiefen Blau, dann schweifte sein Blick zum Orange, zum Braun. Konnte es sein, dass sich sein Blick alle drei Sekunden auf ein neues Detail konzentrierte? Es war schwer, weiter unbefangen das Bild zu betrachten und gleichzeitig auf sich selbst einen Forscherblick zu werfen. Aber er versuchte es und gewann den Eindruck, dass sein Blick nach ein paar Sekunden wie von selbst weiterwanderte, um dann wieder stehen zu bleiben. Im nächsten Raum, bei Andy Warhol, war es das Gleiche. Dessen Werke wurden ebenfalls gerade in der Tate Gallery ausgestellt, auch das Bild »100 Cans«. Zigfach die gleiche Suppendose der Firma Campbell. Obwohl Pöppel wusste, dass alle abgebildeten Konserven gleich sind, konnte er nicht verhindern, dass der Blick wanderte, um vielleicht doch einen Unterschied zu entdecken.

Mit einem Mal ging es Pöppel erst einmal nicht mehr um Kunst, sondern um Wissenschaft. Das hieß ja, dass das Gegenwartsfenster von drei Sekunden tatsächlich vom Innern des Gehirns gesteuert wird. Müsste das Gehirn unentwegt alle Einzelheiten aufnehmen und verarbeiten, würde es wahrscheinlich in Arbeit ersticken. Die Fähigkeit der Abstraktion und der Konzentration auf das Wesentliche sind charakteristische Merkmale des Gehirns. Ändert sich womöglich im Drei-Sekunden-Rhythmus die Sensitivität der Nerven, etwas Neues aufzunehmen? Könnte es demnach sein, dass das Gehirn alle drei Sekunden von sich aus fragt, ob es etwas Neues gibt? Und ansonsten das, was sich nicht verändert, gar nicht mehr richtig wahrnimmt? Pöppel vermutete, dass er hier dem physiologischen Prinzip des Drei-Sekunden-Fensters auf der Spur war. Wie sollte er das nur überprüfen?

Perspektivensprung im Restaurant

Der Londonurlaub war vorbei, und Pöppel saß in München mit seinem tschechischen Freund Tomáš Radil in einem italienischen Lokal in der Nähe des Instituts. Sie sprachen über Zukunftspläne. Radil kam aus Prag, hatte als Jude die Konzentrationslager Auschwitz und Theresienstadt überlebt und war nun ein bekannter Neurophysiologe in der damaligen Tschechoslowakei. Im Nachhinein hatte er sich wissenschaftlich mit den schrecklichen Erlebnissen befasst, die er als 13-Jähriger durchleben musste. Dabei hatte er festgestellt, dass sich in den Konzentrationslagern das Gesetz entwickelt hatte, nach dem man anderen helfen soll, ohne sich selbst damit zu schaden.

Radil betonte immer auch die Bedeutung von psychologischen Phänomenen. So erzählte ihm Pöppel von den Versuchen mit dem Drei-Sekunden-Fenster und ebenso das, was er in der Tate Gallery erlebt hatte. Und wie erhofft: Für Radil war dies ein psychologisches Phänomen, das ihm gefiel. »Man ist also nur alle drei Sekunden auf etwas Neues getrimmt. Das ist interessant«, so Radil. – »Das Problem, Tomáš, besteht darin, wie ich das beweisen soll. Ich selbst bin mir sicher, dass der menschliche Geist alle drei Sekunden nach den Änderungen da draußen fragt. Ich habe es selbst erlebt. Und das passt auch als Erklärung für die verschiedenen Phänomene, von denen ich mittlerweile eine ganze Sammlung habe. Aber wie soll man das überprüfen?« Eine Angewohnheit von Pöppel war es auch, Menschen nur selten direkt um etwas zu bitten. Außer wenn es ihm persönlich besonders wichtig war, also ans Eingemachte ging, reichte es erfahrungsgemäß, das Problemfeld zu definieren. Menschen fühlten sich dann in den allermeisten Fällen dazu eingeladen, sozusagen von sich aus und freiwillig etwas dazu beizutragen. So auch Radil heute. »Teste dein Fenster doch mit Kippbildern. Da hast du nur zwei Möglichkeiten des Sehens, du kannst den Rhythmus im Wechsel der Perspektive leicht feststellen«, sagte Radil auf Englisch, wobei er das R nach tschechischer Manier mit der Zunge rollte. Kippbilder sind diese Skizzen, die gleichzeitig eine Maus und einen glatzköpfigen Herrn zeigen. Oder eine sehr alte Dame mit langem Kinn und ein hübsches junges Mädchen mit einer Feder am Hut. »Tomáš, daran habe ich auch schon gedacht. Es ist unmöglich, beide Motive gleichzeitig zu erkennen. Sondern immer nur wechselweise das eine und dann wieder das andere«, antwortete Pöppel begeistert.

Er faltete eine Papierserviette auf und zog seinen Füller aus der Tasche. Wie ging diese alte Dame beziehungsweise das junge Mädchen noch einmal zu zeichnen? Sehr schwer. – »Mal doch den Necker'schen Würfel«, wandte sein Freund ein. Richtig, so ein Würfel, bei dem alle Linien, also auch die eigentlich unsichtbaren, durchgezogen sind, war schnell gezeichnet.

Dann nahm Pöppel seine Taschenuhr, die auch einen Sekundenzeiger hat, und fragte seinen Freund, ob er die Zeit stoppen wolle. Man kann den Würfel von links unten oder von rechts oben sehen. Der Versuch beginnt, sobald man einmal beide Möglichkeiten erkannt hat. Pöppel fing an. Immer wenn der Perspektivwechsel eintrat, sagte er »jetzt«, und Tomáš drückte die Stoppuhr und schrieb die Zeiten auf. Nach einer gewissen Zeit wechselten sie. Radil gab die Kommandos, und Pöppel schrieb die Zeiten auf. Es war natürlich wie vermutet. Nach zwei bis drei Sekunden wurde immer gedrückt. Das heißt, nach längstens drei Sekunden tritt der Perspektivensprung ein.

»Prost!« Mittlerweile war unbemerkt der Kellner gekommen und hatte beiden Männern einen Averna hingestellt. Der Kellner wusste, dass Pöppel den Kräuterlikör gerne zum Abschluss eines Essens trank. Pur, ohne Zitrone, ohne Eis. Aber er fand auch, dass es jetzt, mittlerweile weit nach Mitternacht, Zeit zum Aufbruch für die Herren war und Zeit für seinen wohlverdienten Feierabend. Pöppel steckte die Rechnung ein und nahm auch die Serviette mit dem Kippbild und den gestoppten Zeiten an sich. Es war ein schöner Abend gewesen, ganz nach seinem Geschmack. Freundschaft und Arbeit, beides vereint. So sollte das Leben sein. Die sogenannte Arbeit untrennbar verbunden mit dem, was ihm am Herzen liegt. Das, was man gerne macht, vereint mit dem, was notwendig ist.

Kommunikation durch Synchronisation

Die Ergebnisse des tschechisch-italienischen Abends wurden immer wieder bestätigt. Es folgten zum Beispiel akustische Testreihen: Bei fortlaufender Aneinanderreihung der Silben KU und BA hört man entweder KUBA oder BAKU, wobei die jeweilige Hörweise nach jeweils drei Sekunden in die andere umschlägt. Unter anderem mit dieser Testreihe verifizierten viele Hunderte von Probanden den Drei-Sekunden-Takt.

Und so schrieb Pöppel eines Tages an seinen Freund einen Brief: »Lieber Tomáš, das Gehirn ist tatsächlich ökonomisch im Drei-Sekunden-Takt organisiert. Ich habe dies mithilfe unserer Würfelkippbilder beim Italiener an vielen anderen Menschen getestet. Es fragt alle drei Sekunden nach, ob es draußen in der Welt etwas Neues gibt. Dies heißt philosophisch: Die Ich-Nähe zu anderen Menschen funktioniert im Wesentlichen darüber, dass sie sich in bestimmten Situationen auf einen gemeinsamen Rhythmus von drei Sekunden synchronisieren können. Wenn man sich gut versteht – im Gespräch, beim gemeinsamen Musikhören, beim Sex – ist man in der Tat in derselben Zeit. Man ist nicht mehr getrennt, sondern man bildet eine Einheit. Das ist wirklich Kommunikation: Gemeinsamkeit zu erzeugen in derselben Zeit. Diese stellt sich nicht her, wenn man in anderen Gedanken verhaftet ist oder wenn man doziert oder von oben herab spricht. Zur Kommunikation gehört der Gleichklang.«

FORSCHUNG III – Am Anfang war das Meer

»Wo mag das Gegenwartsfenster bloß herkommen?« Es war 1972, Pöppel lag am Strand von Nantucket, einer Insel vor der Nordostküste der USA. Von hier war im 18. Jahrhundert der Walfang ausgegangen. »Call me Ishmael«, so beginnt der Roman »Moby Dick«. Pöppel dachte an den großen weißen Wal und den einbeinigen Kapitän Ahab, der das Tier mit blindem Hass verfolgt, weil es ihm ein Bein abgerissen hat. Als ehemaliger Seefahrer (siehe Seite 155) hatte Pöppel schon immer eine Sehnsucht danach verspürt, einmal hierher zu kommen. Und jetzt lag er am Strand und gab sich der Natur, dem einlullenden Spiel der Wellen und der wärmenden Sonne hin. Das Rauschen des Meeres kam ihm vor wie ein Wiegenlied mit einem altvertrauten Rhythmus. War hier etwa auch der Drei-Sekunden-Rhythmus des Lebens zu finden? Eine Uhr hatte er nicht mit zum Strand genommen. So begann er die Sekunden zwischen dem Anbranden der einzelnen Wellenberge zu zählen. 21, 22, 23 – Rauschen – 24, 25, 26 – und wieder ein neues Rauschen.

Was hat denn der Rhythmus des Meeres mit dem Gehirn des Menschen zu tun?

Der Ursprung allen Lebens

Dösend betrachtete Pöppel die wild durcheinandergewürfelten Bilder, die aus seinem Innern emporstiegen. Ein Halbkreis, warum musste er jetzt an einen Halbkreis denken? Ach ja, der Satz des Thales – ein Dreieck, das in einen Halbkreis eingebettet ist, ist immer ein rechtwinkliges Dreieck. Ja und? ›Moment, Thales von Milet hat doch noch etwas gesagt. Nämlich: Alles kommt aus dem Meer! Ja, das ist es.‹ Pöppel wagte ein verwegenes Gedankenspiel: ›Hat uns vielleicht die Grundfrequenz des Meeres geprägt? Sind die molekularen Prozesse, die unserer Erfahrung zugrunde liegen, eine evolutionäre Anpassung an die Grundfrequenz des Meeres? Und wenn das so wäre, woher käme dann die Anpassung? Vollzog sich etwa die Prägung ganz früh in der Evolution, als die Tiere noch gar nicht auf dem Land lebten, sondern im Meer, dem Ursprung allen Lebens?‹ Pöppel war klar, dass er wild spekulierte. Aber wenn sich solche Assoziationen doch förmlich aufdrängten, dann wollte er ihnen auch nachgehen. Es war spannend und irgendwie auch folgerichtig. Jedenfalls wollte er diese Gedanken im Gehirn behalten.

Die nächste Gelegenheit, dem Ursprung des Gegenwartsfensters näher zu kommen, ergab sich jedoch erst 20 Jahre später. Pöppel war wieder einmal am Meer, und zwar in der Küstenstadt St. Andrews in Schottland. St. Andrews gilt als der Entstehungsort des Golfspiels. Auch Pöppel hatte inzwischen das Golfen entdeckt und spielte gerade mit seinem Kollegen Keith Sillar. – »So verrückt ist das gar nicht.« Keith Sillar, Professor für Neurowissenschaften in St. Andrews, schwang energisch den Golfschläger. Er untersuchte die molekularbiologischen Grundlagen der zeitlichen Organisation bei sehr einfachen Meerestieren und hatte dabei einen ganz ähnlichen Rhythmus entdeckt wie Pöppel. Er konnte spontane Schwankungen der neuronalen Sensitivität im Wechsel von drei Sekunden beobachten. Dies hatte er neulich auf einem Kongress vorgestellt. Darauf bezog sich Pöppel nun. »Es könnte sein, dass das Grundprinzip des zeitlichen Rhythmus bis auf die Ebene unseres Lebens und Verhaltens durchschlägt. Wenn das Gegenwartsfenster aus dem Meer kommt, ist das ein weiteres Zeichen für unser Eingebettetsein in die Natur«, antwortete er. »Wir sind nicht Herrscher der Natur, wie es in der Bibel steht, sondern wir sind Teil der Natur. Was wir wahrnehmen, wird von der Biologie bestimmt. Und nichts macht in der Biologie Sinn, außer im Rahmen der Evolution.« Ein schöner Gedanke. Aber wenn er sich weiter auf die Wissenschaft konzentrierte anstatt auf seinen Abschlag, würde Pöppel sein Handicap nie verbessern.

Das Gehirn swingt!

Pöppel hatte in den letzten 30 Jahren so viele Anzeichen für die Existenz des Gegenwartsfensters gefunden, dass er fest davon überzeugt war, einem Grundrhythmus des Lebens auf der Spur zu sein. So erstaunte es ihn nicht, als er eines Tages diesen Anruf aus

Helsinki bekam. Professor Mikko Sams war am Apparat. Er hatte zusammen mit seiner Kollegin Professor Riitta Hari, ebenfalls von der Universität Helsinki, mit Hilfe einer besonderen Technik, der Magnetenzephalografie (MEG), die magnetischen Signale aufgezeichnet, die durch die Aktivität der Neuronen in der Großhirnrinde generiert werden. Dabei hatte er den Probanden Töne vorgespielt. Die Töne waren immer gleich, nur zwischendurch, nach dem Zufallsprinzip, war ein leicht unterschiedlicher Ton zu hören. Das sensationelle Ergebnis: Die Ströme der Großhirnrinde verliefen immer recht gleichmäßig auf einer Linie. Nur nach den Veränderungen bildeten sich im Magnetenzephalogramm (MEG) kleine Gipfel aus, und zwar noch bevor die Probanden den Fehlton bewusst zur Kenntnis genommen haben konnten. Man geht davon aus, dass das Bewusstsein etwa 250 bis 500 Millisekunden (ms) nach einem Reiz erreicht wird. Die Reaktionen, ein Ausschlagen der Kurve im MEG, waren bei dem Versuch in Helsinki aber bereits nach 50 ms registriert worden! Das heißt, das Gehirn ist darauf angelegt, Veränderungen des Gewohnten zu registrieren. Mismatch-Negativität (MMN) nennt man dieses Phänomen, das mittlerweile allgemein bekannt ist. Der eigentliche Grund, weshalb aber der finnische Professor seinen Kollegen in München anrief, war folgender: Er hatte festgestellt, dass die stärkste Reaktion im MEG immer dann eintrat, wenn das Intervall aufeinanderfolgender Reize drei Sekunden betrug. Bei kürzeren oder längeren Intervallen fiel die Reaktion deutlich geringer aus. Für Pöppel war eines sofort offensichtlich: Immer nach drei Sekunden ist das Gehirn in hohem Maß bereit, neue Informationen aufzunehmen. Das ist genau das Prinzip des Gegenwartsfensters. Wenn alle drei Sekunden das Gehirn sowieso besonders empfänglich für etwas Neues ist und in diesem Moment tatsächlich ein unerwarteter Ton zu hören ist, dann fällt der Ausschlag im MEG besonders hoch aus.

Pöppel hatte nun wirklich den Beweis dafür, dass das Gegenwartsfenster nicht vom Bewusstsein beeinflusst wird. Vielmehr wird das Gehirn beständig auf einem bestimmten Niveau mit Elektrizität versorgt. Aber alle drei Sekunden gibt es eine »Stromspitze«. Dann sind die Neuronen besonders aktiv und empfangsbereit, speziell in den Teilen des Gehirns, welche die Sinnesreize verarbeiten. An diesen Spitzen ist das Gehirn von sich aus bereit, trotz des gewohnten Trotts nachzufragen, ob es »draußen« etwas Neues gibt. Da die Reaktionen auf die Reize immer schon vor dem Bewusstwerden auftreten, ist eines nur zu logisch: Die Segmentierung der Gehirnströme im Drei-Sekunden-Takt verläuft unbewusst. Es gibt also das Swingen des Gehirns, genauso, wie er es vor drei Jahrzehnten beim Flirten mit Jane gesagt hatte. Es gehört sogar so untrennbar zum Gehirn, wie ein Betriebssystem zum Computer. Endlich konnte man das Gegenwartsfenster auch für Zweifler technisch nachweisen.

Wenn das Gehirn nicht swingt

In seinem eigenen Institut, dem Institut für medizinische Psychologie an der Ludwig-Maximilians-Universität in München, wurde das Drei-Sekunden-Fenster ebenfalls weiter erforscht. Vor allem die 1990er-Jahre waren sehr ergiebig. Die polnische Professorin Elsbieta Szelag kam damals als Gastwissenschaftlerin ans Institut für Medizinische Psychologie (IMP). Sie war eine Humboldt-Stipendiatin und übernahm am IMP das Gebiet der Zeitforschung. Dabei entdeckte sie: Auch bei Kindern ist das Zeitfenster schon zu beobachten, auch wenn es noch nicht so gefestigt ist wie bei Erwachsenen. Töne in der Dauer von ein bis drei Sekunden geben sie ziemlich genau wieder, längere Töne nur ungenau. Das ist allerdings nicht so bei autistischen Kindern. Das sind Kinder mit einer Kontaktstörung. Sie ziehen sich zurück, kapseln sich ab – daher der Name Autismus (griechisch: »für sich sein«). Zudem können sie schlecht Gefühle und Absichten anderer Menschen erkennen und sich schwer in andere hineinversetzen. Das Besondere aber, das Elsbieta Szelag entdeckt hat: Egal, ob die vorgegebenen Töne eine Sekunde, zwei Sekunden, drei, vier oder fünf andauerten, die Kinder gaben immer eine Zeitdauer von drei Sekunden wieder; oder genau doppelt so viel, nämlich sechs Sekunden. Und dies bedeutete für Pöppel: Autisten können sich aufgrund dieser Funktionsweise ihres Betriebssystems im Gehirn überhaupt nicht auf andere Menschen einstellen. Denn normalerweise ist das Gegenwartsfenster trotz des Drei-Sekunden-Taktes so flexibel, dass man sich damit auf den Rhythmus des anderen einswingen kann. Autisten gelingt dies nicht.

Eine andere Krankheit lässt sich ebenfalls mit dem Gegenwartsfenster erklären, die Schizophrenie. Damit beschäftigte sich Mehrnoush Kashabi aus Teheran. Sie hatte am Institut von Professor Pöppel promoviert und im Jahr 1990 ihre Doktorarbeit über das Thema Zeitwahrnehmung, Reaktionszeiten und Aufmerksamkeit bei Schizophrenen geschrieben. Sie entdeckte, dass manche Schizophrene mit einer formalen Denkstörung überhaupt keine Zeitmodulation im Gehirn haben. Das heißt, dass diese Menschen eigentlich pausenlos auf alles reagieren, was ihnen in den Kopf kommt oder was sie sehen. Damit ist kein normales Gespräch und kein normales Denken möglich. Ähnliches geschieht auch beim Trinken von Alkohol. Ein aufgelöstes Zeitfenster bewirkt, dass wir nur noch assoziativ denken und ständig abgelenkt sind. Man bringt keine Konstanz mehr in seine Gedanken, kann die einzelnen Ideenfetzen nicht mehr miteinander verknüpfen und hat übrigens auch keine Kontrolle über seine Emotionen.

Das Drei-Sekunden-Fenster in der Musik

Aber das Gegenwartsfenster kann sich auch verändern. Sowohl zum Guten als auch zum Schlechten. Mit »gut« ist dabei das

Strukturierte gemeint, mit »schlecht« das Aufgelöste. Bei Kindern beispielsweise ist das Gegenwartsfenster noch nicht gefestigt, deswegen springen sie dauernd von einer Sache zur anderen, denn ihnen fällt dauernd etwas ein. Im Laufe der Zeit aber festigt sich das Gegenwartsfenster. Dies geschieht von alleine, aber wir können den Prozess fördern, indem wir Dinge tun, die dem natürlichen Rhythmus des Menschen entsprechen, zum Beispiel aktiv Musik machen. Denn die Motive in der Musik sind auf der ganzen Welt mehr oder weniger genau drei Sekunden lang. Wie gut ein entsprechendes Training funktioniert, zeigte die Hofer Musikstudie. Sie wurde im Jahr 2007 unter der Leitung von Pöppel und dem Musikwissenschaftler Lorenz Welker durchgeführt. Probanden waren Schüler in der bayerischen Stadt Hof, die schulbegleitend eine Musikausbildung bei den Hofer Symphonikern machten. Dabei lernten sie nicht nur ein Instrument zu spielen, sondern ganz nebenbei auch sich über einen längeren Zeitraum besser zu konzentrieren sowie Emotionen differenzierter und intensiver wahrzunehmen als nichtmusizierende Kinder einer Vergleichsgruppe. Dies sind Unterschiede, die sich aufgrund eines durch die Musik trainierten Zeitfensters ergeben.

Fazit für das Älterwerden

Die subjektive Gegenwart eines jeden Menschen dauert etwa drei Sekunden. Danach findet eine Art kurze Aufmerksamkeitszäsur statt. Je nach Lebensbereich besteht diese in einer Pause beim Sprechen, einem neuen Takt in der Musik oder einem Zeilenwechsel bei Gedichten. Auch das Handgeben, der Augenaufschlag oder das Vorausdenken bei Bewegungen dauert etwa drei Sekunden. Dies korrespondiert mit dem Kurzzeitgedächtnis, hat aber noch eine andere Dimension. Denn wenn wir uns rhythmisch nach dem Takt des Gegenwartsfensters verhalten, können wir uns gut auf andere Menschen einstellen, gut denken und uns gut konzentrieren. Deswegen ist das Trainieren des Gegenwartsfensters wichtig (siehe Seite 57/58, die Tipps). Dann ist im Alter das Gegenwartsfenster auch markanter ausgeprägt als in der Kindheit und Jugend. Das strukturierte Denken sowie das effektive Arbeiten und Lernen können damit immer besser werden.

SELBSTREFLEXION – Ich ruhe in mir und stehe in Kontakt

Die Beschäftigung mit der Zeit – der Zeit des Menschen und der Zeit überhaupt – hat für mich immer eine große Faszination gehabt, und diese Faszination lässt nicht nach. Ich muss allerdings bekennen, und das geht vielen Wissenschaftlern so, die sich mit komplexen Problemen befassen, dass mit dieser Beschäftigung eigentlich mehr Fragen entstehen, als Antworten gefunden werden. Das hält mich aber nicht davon ab, weiter danach zu suchen.

Zum Beispiel nach einer Antwort auf die Frage, was eigentlich mit »Gegenwart« gemeint ist. Man verwendet dieses Wort tagtäglich, ohne sich über seine Bedeutung recht Gedanken zu machen. Aber man sollte es tun. Ist Gegenwart die ausdehnungslose Grenze zwischen Vergangenheit und Zukunft, oder hat sie für uns eine Dauer? Wenn Gegenwart eine Dauer in unserem Erleben hat, wie lang ist diese dann? Die Forschung über das Drei-Sekunden-Fenster gibt uns die Möglichkeit, Gegenwart in ihrer Dauer zu bestimmen. Die Gegenwart eines jeden Menschen – das, was wir als gegenwärtig erleben – dauert zwischen zwei und drei Sekunden. Damit haben wir eine experimentelle Antwort auf diese Frage, wie lange die subjektive Gegenwart dauert.

Das Gegenwartsfenster spüren

Die subjektive Gegenwart erleben wir auch, und zwar sowohl unbewusst – das ist der Normalfall – als auch bewusst – das gelingt mit Training. Über das unbewusste Erleben haben Sie im Forschungsbericht zu Beginn des Kapitels viel gelesen. So ist etwa unsere Sprache, im Übrigen alle Sprachen der Welt, rhythmisch gegliedert. Ohne dass wir es bewusst spüren, lässt sich unsere Sprache in zeitliche Segmente von etwa drei Sekunden Dauer einteilen. Während ich diese Sätze schreibe, bin ich gerade in China, wo ich an der Universität von Peking Gastprofessor bin. Zum Glück – im Hinblick auf diese Problematik – kann ich kein Chinesisch, und so achte ich darauf, wenn sich Chinesen unterhalten, in welchem Rhythmus ihre Sprache strukturiert ist. Das ist im Chinesischen genauso wie im Arabischen oder Hopi (was ich auch nicht kann) oder wie im Deutschen, Englischen oder Spanischen. Der Rhythmus der Sprache, ihre zeitliche Gliederung, gehorcht einem allgemeinen Prinzip, das für alle Menschen gilt. Das Gegenwartsfenster des Menschen stellt eine Bühne bereit, auf der sprachliche Äußerungen gleichsam gespielt werden.

Von diesem natürlichen Rhythmus zu wissen, ist in vielen Lebenslagen hilfreich. Ich setze das Gegenwartsfenster beispielsweise dazu ein, um in Situationen von Stress und Anspannung zu mir selbst zurückzufinden. Ich versuche dann, bewusst im Drei-Sekunden-Rhythmus zu atmen oder doppelt so schnell zu gehen oder den Bewegungsablauf beim Golfschlag entsprechend zu gestalten. Dies ordnet mein Gehirn im Zeitbereich, was sich sofort in Ruhe, Sicherheit und einem stärkeren Selbstvertrauen bemerkbar macht (siehe dazu die Tipps Seite 57/58). Das Gewahrwerden des eigenen Gegenwartsfensters bewirkt ein Gefühl des In-sich-Ruhens. Denn dank des Gegenwartsfensters kann ich mich mit mir selbst identifizieren: Ich kann mich darauf verlassen, dass das Gehirn immer für drei Sekunden etwas Konstantes schafft. Das Wort, das ich spreche, das Bild, das ich sehe, der Gedanke, den ich denke, das Gefühl, das ich habe, die Erinnerung, die mich überkommt, die Absicht, die mich überfällt – alle diese Inhalte meines

Seelenlebens bleiben mit sich selbst identisch, sodass sie fast greifbar präsent sind und ich mit ihnen arbeiten kann. Gleichzeitig riegelt das Gehirn mich nicht ab, weder von der Welt außen noch von der Welt in meinem Innern, sondern fragt alle drei Sekunden, ob es etwas Neues gibt. Auf diese Weise erzeugt das Gegenwartsfenster Identität, es schafft Verlässlichkeit und somit auch Ruhe in mir. Und nur wenn ich in mir selbst ruhe, kann ich auch Kontakt zur Welt aufnehmen, ohne mich instrumentalisieren zu lassen.

Kontakte durch das Gegenwartsfenster

Dass ich meinen eigenen Rhythmus spüre, ist überhaupt die Voraussetzung dafür, andere Menschen mit dem, was ich sage, auch zu erreichen. Dies ist für mich als Professor wichtig, da ich viele Vorträge halte. Wenn ich den Vortrag vorbereite, dann plane ich ihn immer so, dass meine Zuhörer und ich uns auch miteinander synchronisieren können. Synchronisieren bedeutet, dass ich das Zeitfenster etwas verschieben und so an den anderen anpassen kann – ich kann es also unbewusst verändern. Wenn der Vortrag zum Beispiel genau 45 Minuten dauern soll, verteile ich vorab meine Informationen bildlich auf verschiedene kleinere Zeitblöcke. So speichere ich die Struktur des Vortrags im Kopf und ich muss nichts ablesen. Auf diese Weise kann ich während des Vortrags das Auditorium anschauen und eine Beziehung zu den Zuhörern herstellen. Dann stellt sich durch das Drei-Sekunden-Fenster des Sprechens eine Synchronisation mit den Zuhörern ein. Wir teilen damit eine gemeinsame Gegenwart. Dies wird von beiden Seiten, also vom Sprecher und von den Hörern, als ich-nah erlebt, also als besonders zu uns gehörig.

Ich schreibe auch lieber etwas an die Tafel, als einfach eine PowerPoint-Präsentation anzuknipsen. Denn dann erleben die Zuhörer die Entstehung eines Gedankens mit und können die Idee besser nachvollziehen. Nach einem solchen Vortrag bin ich allerdings so erschöpft, dass erst einmal überhaupt nichts mehr möglich ist. Wenn jemand nur vom Blatt abliest oder die Erklärungen der PowerPoint-Präsentation vorträgt, ist der Vortrag weniger anstrengend, aber es stellt sich auch überhaupt keine Ich-Nähe ein. In dieser Situation bleiben der Vortragende und die Zuhörer in verschiedenen Geisteswelten, denn der Vortragende ist viel zu sehr mit dem Ablesen beschäftigt, als dass er sich um die innere Gegenwart der Zuhörer kümmern könnte. Eine ähnlich misslungene Kommunikation ist gegeben, wenn jemand einen anderen zu Tode redet und nicht mehr darauf achtet, ob sich die Zeitfenster noch synchron öffnen. Dann spricht man aneinander vorbei, der andere gibt kein Zeichen des Verstehens mehr. Auch viele Beziehungsgespräche gehören in die Kategorie der missglückten Ich-Nähe: Man sagt immerzu dasselbe und bewegt sich nicht vom Fleck.

Sobald ich mich aber in den Rhythmus meines Gegenwartsfensters einpendle, finde ich wieder zu mir zurück und kann damit auch den anderen erkennen. Dies ist eine Sache des Trainings – und es ist ein Wunder der Natur, denn sie sorgt dafür, dass Menschen einander verstehen können, zum Beispiel Jung und Alt, obwohl die Inhalte ihres Denkens völlig unterschiedlich sind.

TIPPS FÜR DIE LESER Wie Sie den Grundrhythmus im Gehirn festigen

Um Ihre im Gehirn innewohnende Zeitstruktur – den Drei-Sekunden-Rhythmus – zu festigen und damit Ihre Konzentrationsfähigkeit zu verbessern, stehen Ihnen viele Möglichkeiten zur Verfügung. Im Allgemeinen gelingt es durch solche Tätigkeiten, die dem Grundrhythmus im Gehirn entsprechen oder ihm den Rhythmus vorgeben. Aber zwei Bedingungen sind dafür wichtig. Erstens:

Haben Sie keine Angst vor Neuem. Zweitens: Wagen Sie es, die Chancen zu nutzen, die Ihnen das Gehirn bietet.

☞ Sport treiben: Das Zeitfenster lässt sich gut trainieren, wenn man sich rhythmischen Einflüssen aussetzt, zum Beispiel beim Sport. Sport hält nicht nur den Körper fit, sondern verbessert auch die Denkfähigkeit; man trainiert nicht nur die Muskeln, sondern auch Konzentration und Koordination – und beides ist an den Drei-Sekunden-Zeittakt gebunden. Man muss bei allen Sportarten immer auch vorausdenken, etwa drei Sekunden lang. Durch diese Antizipation wird das Drei-Sekunden-Fenster trainiert.

☞ Aktiv musizieren: Lernen und üben Sie ein Instrument zu spielen oder singen Sie, egal ob allein oder im Chor. Durch das Musizieren festigt sich der Drei-Sekunden-Rhythmus, der schließlich auch den Musikstücken innewohnt. Eine passive Berieslung mit Musik aus dem iPod oder der Stereoanlage erzielt allerdings nicht diese Wirkung, es braucht die Aktivität.

☞ Gehen und denken: Sitzen Sie nicht, wenn Sie über etwas nachdenken, sondern gehen Sie dabei. Vier stramme Schritte ergeben die Zeitdauer von einem Gegenwartsfenster. Die Synchronisation (siehe oben) muss also nicht immer im Verhältnis 1:1, sondern kann auch in einem anderen Verhältnis erfolgen, wie etwa 1:4. Dies nennt man »Demultiplikation in der Synchronisation«. Das Gehen steigert zudem die Durchblutung und damit auch die lebenswichtige Sauerstoffversorgung Ihrer grauen Zellen. Damit bringt das Gehen auch die Gedanken in Schwung.

☞ Tanzen: Beim Tanz vereinen sich Sport und Gehirndurchblutung mit der Rhythmisierung Ihres Gehirns. Denn beim Tanzen kommt es auf die Antizipation von Bewegungen im Drei-

Sekunden-Bereich an, das stärkt das Gegenwartsfenster. Gehen Sie also regelmäßig tanzen.

☞ Auto und Rad fahren: Benutzen Sie Ihr Fahrzeug regelmäßig. Das stabilisiert in natürlicher Weise den Grundrhythmus des Gehirns, weil Situationen der Straße jeweils vorweggenommen werden müssen, ebenfalls etwa für drei Sekunden.

☞ Dem Meer lauschen: Fahren Sie immer wieder einmal ans Meer. Dort erholt man sich besonders gut, denn der rhythmische Wellenschlag bestätigt den Grundrhythmus des Gehirns – den »Atem der Seele«.

Viel mit der Gegenwart hat sich auch der Dichter Friedrich Rückert beschäftigt. Lesen Sie dieses Gedicht von ihm laut und achten Sie dabei auf den Drei-Sekunden-Rhythmus, der den Zeilen innewohnt.

Leb in der Gegenwart!

Leb in der Gegenwart! Zu leer ist und zu weit
Der Zukunft Haus, zu groß das der Vergangenheit.
In beiden weißt du nicht den Hausrat einzurichten
Der ungeschehnen und geschehenen Geschichten.
Doch daß die Gegenwart nicht eng dir sei und klein,
Zieh die Vergangenheit und Zukunft mit herein.
Die beiden mögen dir erfüllen und erweitern
Die Wohnung und mit Glanz die dunkle schön erheitern.

Friedrich Rückert,
aus Die Weisheit des Brahmanen.
Siebente Stufe. Erkenntnis

INTERVIEW MIT

dem russischen Arzt Professor Victor M. Shklovsky

Victor M. Shklovsky (geb. 1930) ist der Leiter des Zentrums für Neuro-Rehabilitation in Moskau. Dieses untersteht dem staatlichen Gesundheitsministerium. Das heißt, es wird staatlich finanziert und steht somit auch ärmeren Menschen offen. Nur auf diese Weise kann in Russland ein Großteil der hirnverletzten Menschen überhaupt adäquat therapiert werden. Die meisten Patienten haben einen Schlaganfall erlitten, aber es sind auch viele junge Menschen mit schweren Hirnschädigungen dabei, bedingt durch Unfälle und Kriegsverletzungen.

Herr Shklovski berichtet hier, mit welcher Kraft er das Zentrum für Neuro-Rehabilitation gründete und aufbaute.

Herr Professor Shklovsky, unser Thema soll heute das Gegenwartsfenster sein. Das heißt, in allen Bereichen des Lebens gibt es einen Rhythmus von drei Sekunden, der sich aus der Wirkweise unseres Gehirns herausgebildet hat. Hat das auch für Ihre Therapie eine Bedeutung?

Meine Patienten müssen sich so organisieren, dass jeder Tag eine Einheit ist, eine empfundene Gegenwart. Die Gegenwart ermöglicht den Blick aus dem Bewusstsein auf den ganzen Tag, was man schon gemacht hat, was noch zu tun ist, um dann am Abend sagen zu können: »Es war anstrengend, aber gut«. Dabei sind natürlich die Gegenwartsfenster im Drei-Sekunden-Rhythmus von Bedeutung. Ich spreche gerne mit meinen Patienten, wir schaffen im Gespräch ein gemeinsames Gegenwartsfenster. So erkläre ich auch den Erfolg meiner Therapie. Und selbst wenn diese Patienten sich wegen ihrer Sprachstörungen manchmal nicht äußern können, so zeigt mir doch der Blick, dass wir unsere gemeinsame Gegenwart teilen.

Ist es so, dass wir durch das gemeinsam geteilte Gegenwartsfenster auch Mitgefühl für andere entwickeln können?
Es ist tatsächlich die Empathie, die mich antreibt. Ich arbeite mit jungen Menschen zusammen, die eine Hirnverletzung haben. Sie waren gesund, erlitten dann mit 20 oder 30 plötzlich einen Unfall oder eine Verletzung am Gehirn und sind jetzt krank. Da kann man nicht emotional unbeteiligt bleiben. Indem ich vor Jahrzehnten das Zentrum für Neuro-Rehabilitation gründete und aufbaute, habe ich dafür gesorgt, dass jeder Mensch in Russland, unabhängig von seinem Einkommen, nach einer Hirnverletzung eine gute, staatlich finanzierte Therapie bekommt. Dass ich das erreicht habe, macht mich glücklich.

Haben Sie noch weitere berufliche Ziele, oder planen Sie, sich doch zur Ruhe zu setzen?
Ich bin 80, und die Arbeit nimmt immer noch die meiste Zeit im Leben ein. Sie erfüllt mich und hat großen Anteil an meinem Glück. Sie gibt mir Kräfte. Ich habe immer das Gefühl, dass mich viele Sachen interessieren und ich fachlich immer noch zu wenig weiß. Jetzt möchte ich noch zwei Dinge erreichen: dass mein Team auch seinen Fähigkeiten entsprechend bezahlt werden kann und dass mein Zentrum das beste in der ganzen Welt wird. Danach könnte ich mich eventuell zur Ruhe setzen.

3.

ICH WERDE ÄLTER, UND MEIN DENKEN WIRD GRÜNDLICHER

Kaiser Augustus hatte folgendes Motto: Festina lente – eile gemächlich, oder salopp gesagt »Eile mit Weile«. Auf das Denken übertragen bedeutet es, dass wir langsamer und gründlicher überlegen sollen. In der Jugend ist das anstrengend. Aber wenn wir älter werden, sorgen die Hirnfunktionen wie von alleine dafür, dass sich das Leben entschleunigt und das Denken gründlicher wird. Dies muss man jedoch erkennen und wertschätzen, um diese Fähigkeit voll einsetzen zu können.

FORSCHUNG – Schwingungen in einigen Tausendstelsekunden

Der Weg zum Hang ist moosbewachsen, und die schwere Stahltür vor dem Eingang zum Berg verschlossen. Spinnweben hängen davor. Doch das war nicht immer so. Bis 1989 war das Innere des Berges bewohnt. Und immer wenn Pöppel heute daran vorbeifährt, drängen sich die Bilder aus jener Zeit vor sein geistiges Auge. Zum Beispiel der Moment, als sich die Schallschutz-Stahltür mit einem satten Klang hinter ihm schloss und Totenstille sich ausbreitete. Er war damals erst einmal wie betäubt stehen geblieben, verwundert, dass es in der Welt überhaupt einen Ort gab, an dem nichts außer dem eigenen Herzschlag zu hören war. Hatte er damals angefangen, mit sich selbst zu sprechen? Jedenfalls tat er es, um die plötzliche Stille zu vertreiben, als die Tür zugefallen war. »Pöppel, worauf hast du dich da nur eingelassen?«, fragte er sich zweifelnd.

Pöppels Zeit im Bunker

Er befand sich im Bunker von Andechs, der zum Max-Planck-Institut für Verhaltensphysiologie gehörte. Hier würden in den nächsten 23 Jahren insgesamt 474 Menschen, genau wie er, mehrere Wochen in Abgeschiedenheit leben, um körpereigene Rhythmen an sich erforschen zu lassen. Das hieß erst einmal: kein Geräusch von außen; kein Sonnenstrahl, kein Mondlicht, kein Geruch, keine Nachrichten, nicht einmal die eventuellen Vibrationen, die andere verursachen könnten, wenn sie allmorgendlich mit ihren Autos zur Arbeit ins Forschungslabor fuhren.

Eines von Pöppels Grundprinzipien lautete, alle Experimente zuerst an sich selbst auszuprobieren, bevor er sie anderen zumutete. Und da er dafür zuständig war, die Versuche psychologisch zu betreuen, befand er sich jetzt als einer der Ersten im Innern des Berges und versuchte gegen die klaustrophobischen Gefühle, die in ihm aufkommen wollten, anzukämpfen.

»Du kannst doch jederzeit den Versuch abbrechen und hier raus. Die Möglichkeit der Flucht ist bereits die Therapie«, sagte er sich energisch und schaltete erst einmal alle elektrischen Lichter an.

Den Raum konnte er mit wenigen großen Schritten durchmessen. Ein gemütlicher Sessel, hier würde er lesen. Ein großer Schreibtisch, genug Platz, um zu schreiben. Ein schmales Bett, aber er würde in den nächsten Wochen sowieso keinen Besuch bekommen. In einem kleinen Extraraum befanden sich Dusche und Toilette. Auch eine Kochnische war vorhanden. Pöppel ging in den Hauptraum zurück und hob die Matratze hoch. Wie erwartet, war der Lattenrost mit Sensoren verdrahtet. Denn wenn auch kein Lebenszeichen von außen nach innen drang, wurden doch Lebenszeichen von innen nach außen geleitet. Die Körperdaten der Probanden im Bunker sollten schließlich Aufschluss darüber geben, ob den Menschen so etwas wie ein natürlicher Rhythmus innewohnt.

Pöppel hatte die Zeit im Bunker gut zum Lernen und Studieren nutzen können. Außerdem – es hatte irgendwie Spaß gemacht, den Tag so absolut selbstbestimmt zu verbringen. Wenn er Hunger hatte, musste er einfach nur die Durchreiche zur Schleuse öffnen und dann stand dort immer, wie von Heinzelmännchen gebracht, das Essen für einen ganzen Tag, das er sich dann selbst zubereiten konnte. Er konnte lernen, so lange er wollte, lesen, so lange er wollte, und schlafen, so lange er wollte.

Ein ganz neues Gefühl von Gegenwart stellte sich ein: Weil ihn niemand ablenkte, verdichteten sich seine Gedanken auf unglaubliche Weise. Konzentriertes Arbeiten – das konnte man hier drinnen wahrhaftig lernen. Dabei stellte Pöppel auch fest, dass vieles von ihm abfiel, was ihm draußen so wichtig war, zum Beispiel das Bedürfnis, immer über alles informiert zu sein.

Diese Wochen im Bunker waren definitiv als eine Zeit der Läuterung zu bezeichnen. Und so fühlte er sich geradezu erhaben, als er nach einigen Wochen wieder ins Freie treten konnte. Er hatte etwas ganz Besonderes erlebt, was ihm wahrscheinlich nie mehr im Leben widerfahren würde.

Die innere Uhr des Menschen

Als er tief die frische, reine Luft draußen einatmete, stellte sich dennoch auch ein Gefühl der Befreiung ein und Freude darüber, jetzt wieder mit der Welt verbunden zu sein. Allerdings war er auch etwas überrascht: Er hatte nämlich nicht gedacht, dass die vereinbarte Zeit im Bunker schon vorüber wäre, und geglaubt, noch länger dort bleiben zu müssen. Dies war nichts Ungewöhnliches, wie sich später in den weiteren Versuchen zeigen sollte.

Fast alle Menschen hatten sich, als sie wieder ans Tageslicht geholt wurden, verrechnet. Der natürliche Rhythmus von Menschen weist nämlich etwa 25 Stunden auf, ist also circadian – das heißt ungefähr wie ein Tag. Das entdeckte der Institutsleiter Jürgen Aschoff an seinen Probanden. Wenn die Probanden einen Tag mit 25 Stunden erleben, hinken sie auf ihrem Bunkerkalender nach 24 Tagen genau einen Tag hinter dem tatsächlichen Kalender her und sind deswegen erstaunt, dass die Zeit schon vorbei sein soll, wenn man sie herausholt. Aber abgesehen davon wurden die Teilnehmer des Experiments auch ohne zeitgebende Reize, wie Uhr oder Tageslicht, immer zur ungefähr gleichen Zeit müde, schliefen immer etwa gleich lang und wachten immer zur etwa gleichen Zeit auf. Mit diesen Erkenntnissen wurde Aschoff zum Mitbegründer der Chronobiologie, die das zeitliche Funktionieren von Zellen, Organen und Lebewesen untersucht.

Die Tatsache, dass der Mensch auch ohne Tageslicht nicht aus dem Ruder läuft, sondern offenbar einen eigenen Rhythmus besitzt, öffnete Pöppel die Augen, und er erkannte einen ganz anderen Bereich als rhythmisch strukturiert, einen Bereich, den man bislang überhaupt nie auch nur ansatzweise mit einer Art von Takt, Zeitordnung oder periodischem Wechsel in Verbindung gebracht hatte. Pöppel entdeckte nämlich einen Rhythmus des Gehirns. Dieser bildet die Grundlage für etwas, was wir als den Augenblick empfinden.

Wann reagieren wir am schnellsten?

Monate nachdem er wieder aus seiner freiwilligen Einzelhaft befreit war, untersuchte er eine Gruppe von zwölf jungen Soldaten, die in Fürstenfeldbruck, in der Nähe von München, stationiert waren. Es handelte sich um Offiziersanwärter, die sich einschließlich ihres Vorgesetzten dazu bereit erklärt hatten, ihre Reaktionszeiten auf visuelle und akustische Reize messen zu lassen. Markige Sprüche flogen hin und her, vorwiegend über Blinde und Lahme: »Du bist doch langsamer als ein Blinder mit Krückstock! Dich werde ich noch im Schlaf übertrumpfen«, alles begleitet von viel Lachen und noch mehr Schulterklopfen. Es war ganz offensichtlich: Sich von einem Hirnforscher untersuchen zu lassen, und das noch im Beisein ihres Vorgesetzten, machte die jungen Männer nervös, was sie laut zu überspielen versuchten.

Doch nun zum Experiment: Die Soldaten bekamen in unregelmäßigen Abständen ein Signal zu sehen oder zu hören und sollten daraufhin so schnell wie möglich einen Knopf drücken. Jeder wollte der Schnellste sein. Und so kam es zu einem regelrechten Wettbewerb, bei dem die Soldaten ihr Bestes gaben, um die Kameraden zu übertreffen – und natürlich auch, um den Vorgesetzten zu beeindrucken.

Die Reaktionstests wurden an mehreren Tagen immer wieder zu verschiedenen Zeiten durchgeführt. Pöppel wollte herausfinden, zu welcher Tageszeit die Reaktion am schnellsten ist. Und es stellte sich auch wirklich heraus, dass die Reaktionen einen tagesrhythmischen Verlauf nahmen. Wir Menschen reagieren morgens und abends langsamer als mittags. Bereits im Bunker hatte Pöppel an sich selbst festgestellt, dass er ein paar Stunden nach dem Aufstehen, also etwa gegen 11 Uhr, am schnellsten denken konnte. Seine wissenschaftlichen Texte, die er zum Studium in den Bunker mitgenommen hatte, konnte er in dieser Zeit am schnellsten lesen und begreifen. ›Wir würden die Produktivität unseres Landes potenzieren, wenn alle Menschen in Deutschland zwischen 11 und 12 Uhr eine Telefon- und Meetingsperre bekämen und eine Stunde absolut effektiv arbeiten könnten‹, musste er denken, als er vor einem Blatt Millimeterpapier saß und die Reaktionszeiten der Soldaten Wert für Wert exakt in ein Histogramm übertrug. »Aber irgendwas stimmt doch hier nicht!« Plötzlich wurde Pöppel hellwach, obwohl es schon fast Mitternacht war. »Was sind das hier für Zahlen?« Die meisten Soldaten reagierten entweder nach etwa 200 ms, 230 ms oder 260 ms auf die optischen Reize. War das Zufall? Oder ein Fehler im Versuchsaufbau? Schneller hatten die Soldaten nicht reagieren können, denn die schnellste Reaktionszeit auf ein visuelles Signal beträgt etwa 200 ms. Das ist der fünfte Teil einer ganzen Sekunde. Diese Zeit braucht das Gehirn, um den Reiz in der Sehrinde zu interpretieren und den Befehl an die Muskeln – Knopf drücken! – rauszuschicken. Aber woher kam dieser immer gleiche Abstand von etwa 30 ms zwischen den Werten?

Aufregende Messergebnisse

Pöppel bekam Herzklopfen, als er die Ergebnisse sah. Das eigentliche Ziel des Versuchs, herauszufinden, zu welcher Tageszeit die Reaktion am schnellsten erfolgt, war vergessen. Er nahm ein neues Blatt und übertrug die Ergebnisse eines anderen Tages in ein Histogramm. Wieder das gleiche Muster. Auch an diesem Tag reagierten die Soldaten nach 200 ms, 230 ms oder 260 ms. Und wenn er die Werte aller Teilnehmer eines Versuchs in das Histogramm übertrug, dann ergab sich jeweils im Abstand von 30 ms (bis manchmal auch 40 ms) eine Häufung von Reaktionen. ›Das Ultrakurzzeitgedächtnis umfasst doch auch nur etwas über 30 ms‹, erinnerte sich Pöppel. Hatten die beiden Dinge vielleicht etwas miteinander zu tun? War er hier womöglich einem größeren Prinzip auf der Spur? »Ganz ruhig! Wie sehen denn die Reaktionen auf die akustischen Reize aus?«, ermahnte sich Pöppel. Hier beträgt die schnellstmögliche Reaktionszeit etwa 160 ms. Und dann wieder dasselbe Phänomen. Häufungen im Abstand von 30 bis 40 ms. Das Herz schlug ihm fast bis zum Hals vor Aufregung. Er musste hier raus, sich erst einmal abreagieren. Die Euphorie dämpfen. Ohne ein Wort griff Pöppel nach seinem Mantel und stieg so schnell wie möglich den steilen »Bunkerberg« hinauf. Das Herz hörte zu flattern auf, es hatte jetzt genug Arbeit damit, den Blutkreislauf zu versorgen. ›Das Histogramm spiegelt offenbar eine Art von Schwingungen wider: Oszillationen. Immer im Abstand von 30 bis 40 ms ist der höchste Ausschlag zu sehen, weil hier die meisten Reaktionen stattfinden. Wenn es kein Messfehler ist, was hat das zu bedeuten?‹ Trotz seiner Ungeduld war diese Frage erst einmal nicht zu beantworten. Aber sie begleitete Pöppel nun Tag und Nacht.

Pöppel begann, alles mit einer »Rasterbrille von 30 bis 40 ms« zu untersuchen. Mindestens zehn weitere Versuche bestätigten den oszillatorischen Bereich von 30 bis 40 ms. Das heißt, die Reaktionszeiten sind auch bei anderen Menschen im gleichen Abstand gehäuft. Phoneme, die kleinsten bedeutungsunterscheidenden sprachlichen Einheiten, dauern ebenfalls etwa 30 ms. Die schnellen ruckartigen Augenbewegungen, die wir machen, um einen Gegenstand zu fixieren, sind bei Mensch und Affe zeitlich getaktet und zwar – wen wundert es jetzt noch – im Rhythmus von 30 bis 40 ms.

Intuitive Erkenntnis: Zeitlose Zonen

Aber warum ist das so? Es gibt eine Antwort auf die Frage, und Pöppel fand sie auch. Doch wenn er im Nachhinein begründen sollte, wie er auf die Lösung gekommen ist, konnte er nur mit den Schultern zucken. Es gibt einen Moment im Forscherleben, den man von außen nicht mehr nachvollziehen kann. Er fällt in den Bereich der Intuition, was nichts anderes bedeutet, als dass in einem Moment alles Wissen, das über einen Sachverhalt vorhanden ist, wie von selbst zusammengefügt wird. Das ist ein unbewusster Vorgang, und es wird auch das Wissen hinzugezogen, auf welches wir keinen ausdrücklichen Zugriff haben. Bei manchen Forschern tritt diese intuitive Erkenntnis im Schlaf ein, wenn das Gehirn von außen unbeeinflusst an dem Problem weiterarbeitet. Bei anderen geschieht die Zusammenführung des Wissens unter der Dusche, wenn sie gerade an etwas völlig anderes denken. Und Pöppel war wieder einmal unterwegs auf einem strammen Spaziergang über den Bunkerberg. Plötzlich war es ihm klar: ›Die 30 bis 40 ms bilden für das menschliche Gehirn eine Periode als Antwort auf einen Reiz, innerhalb dessen wir kein Früher oder Später mehr unterscheiden können.‹ Oder anders gesagt: Eine Art zeitlose Zone, innerhalb derer räumlich und zeitlich verteilte Informationen eingesammelt und als gleichzeitig wahrgenommen werden. Er hatte sich immer gewundert, wieso wir ein akustisches Signal und ein visuelles Signal, also etwa ein gleichzeitiges Rufen und Winken von einer Person, als gleichzeitig wahrnehmen können, obwohl die Übertragungszeiten von Schall und optischer Erscheinung und auch die entsprechenden Verarbeitungszeiten im Gehirn unterschiedlich lang sind. Die Signale kommen also zu unterschiedlichen Zeiten in unserem Bewusstsein an. Und trotzdem nehmen wir sie als gleichzeitig wahr. ›Ist das etwa eine Schlamperei der Schöpfung?‹, hatte er sich immer gefragt. Und jetzt auf einmal, im Zusammenhang mit den gestaffelten Reaktionszeiten im Gehirn, wusste er die Antwort. Nach jedem Reiz werden Schwingungen oder Oszillationen im Gehirn ausgelöst. Aufgrund der Verschaltung im Gehirn, bei der sich neuronale Elemente nacheinander jeweils erregen oder hemmen, entstehen automatisch die Oszillationen, welche die zeitlosen Zonen generieren. Oder bildlich ausgedrückt: Der Anfang einer jeden neuen Oszillation ist eine Art Taktstrich. Alles, was sich sozusagen zwischen den Taktstrichen abspielt, erkennen wir als gleichzeitig an. Deswegen erscheinen uns die unterschiedlich eintreffenden Signale von Optik und Akustik als gleichzeitig. Das ist für das Leben auf der Erde sehr sinnvoll. Denn würden wir verschiedene Informationen nicht als zusammengehörig begreifen können, würden wir in zusammenhanglosen Einzelheiten ersticken. Damit hatte Pöppel einen zweiten Rhythmus des Gehirns entdeckt. Erst das »Gegenwartsfenster« in der Dauer von drei Sekunden, also sozusagen die Erlebniseinheit des Bewusstseins (siehe Kapitel 2). Und nun die »zeitlosen Zonen«, die in einer Dauer von 30 bis 40 ms oszillieren und die Grundeinheiten bilden, aus denen die Erlebniseinheiten zusammengesetzt werden.

Das menschliche Zeitmaß

Viel später, als Pöppel sich neben der reinen Biologie auch mit der Philosophie beschäftigte, konnte er seiner Entdeckung auch einen übergeordneten Aspekt verleihen. Durch die Oszillationen im Gehirn erschaffen sich die Menschen ihr eigenes Zeitmaß. Und dieses ist nicht als Kontinuum angelegt, wie man denken könnte, wenn man die klassische Physik zugrunde legt. Er erinnerte sich an die berühmte Definition der Zeit von Isaac Newton. Diese lautet: Die absolute wahre und mathematische Zeit fließt gleichförmig dahin und ohne Beziehung zu etwas Äußerem. Was Pöppel entdeckt hatte, war Folgendes: Das Gehirn des Menschen verhält sich nicht nach der physikalischen Definition von Zeit. Vielmehr gibt es eine innere Zeit des Menschen, welche offenbar nicht kontinuierlich fließt, sondern getaktet ist. Immer wenn wir reagieren, wenn wir Sprache verarbeiten, wenn wir schnelle Bewegungen ausführen, wenn wir unser Gedächtnis durchmustern, dann geschieht das in zeitlichen Schritten von etwa 30 bis 40 ms.

Damit treten wir aus dem kontinuierlichen Fluss der Zeit heraus. Unser Gehirn sorgt mit seiner Arbeitsweise auf unbewusster

Ebene dafür, dass wir Ereignisse als gleichzeitig wahrnehmen, obwohl feine Messinstrumente zeitliche Unterschiede erkennen könnten. Diese Arbeitsweise prägt natürlich auch unser Bewusstsein. Denn würde das Gehirn diese Gleichzeitigkeit nicht herstellen, kämen die Informationen zwar richtiger, aber weniger übersichtlich in unserem Bewusstsein an. Und jetzt wird es philosophisch: Das Bewusstsein der Menschen – vielleicht auch von anderen Lebewesen, aber darüber können wir nichts sagen – ist also nicht mehr dem zweiten Hauptsatz der Thermodynamik ausgeliefert, nach welchem alles der größtmöglichen gleichmäßigen Verteilung zustrebt. Vielmehr schaffen wir mit dem Grundtakt in unserem Gehirn eigene neue Inhalte, die für uns wichtig sind, um der Welt entgegenzutreten. Wir sind auf die Welt bezogen, haben aber auch das Werkzeug, uns zu distanzieren. Das bedeutet Freiheit: Das Leben ist aus der physikalisch definierten Natur herausgenommen.

Später haben andere Forscher diese Erkenntnis auch auf neurophysiologischer Ebene bestätigt. Sie untersuchten die Funktionsweise der Neuronen (Nervenzellen) und prüften, ob hier eine Erklärung für die Oszillationen zu finden sei. Und tatsächlich beschrieb Nikita Podvigin aus St. Petersburg, ein Professor der Neurophysiologie, dass viele Nervenzellen aus unterschiedlichen Arealen im Gehirn immer gleichzeitig aktiv sind und sich dann auch wieder gleichzeitig auf einer niedrigen Reizschwelle befinden. Nur wenn die Nervenzellen aktiv sind, nehmen sie Reize auf. Eine Massenaktivität von Neuronen kommt und geht in etwa 30 ms.

Die Tiefe einer Narkose im Gehirn erkennen

Pöppel hatte später Weiteres über die Oszillationen entdeckt, so etwa ihre außerordentliche praktische Bedeutung bei Operationen. Dies wurde ihm klar, als er sich im Jahr 1995 im Gespräch mit Anästhesisten befand. »Intraoperative Wachzustände sind gar nicht so selten«, erklärte Christian Madler. Er war damals noch Assistenzarzt am Klinikum Großhadern der Ludwig-Maximilians-Universität München gewesen, jetzt ist er Chefarzt im Westpfalz-Klinikum in Kaiserslautern. Es ging um die Bewertung, ab wann eine Narkose tief genug ist, damit der Patient von der Operation nichts spürt und nichts miterlebt. »Der seltenste, aber auch schlimmste vorstellbare Fall ist die bewusste Wachheit mit Schmerzempfinden«, erläuterte er weiter. »Der Patient liegt regungslos da, er kann keinen Muskel bewegen, nichts sagen, nicht einmal die Augen öffnen. Er ist völlig hilflos und erlebt große Schmerzen. Und er kann überhaupt nichts tun, um seinen Zustand zu ändern. Narkoseärzte können oft nur über Angstreaktionen des vegetativen Nervensystems wie Schweiß, Tränen, Blutdruck oder Pulsanstieg den Zustand des Patienten erahnen.« Angstreaktionen treten nur dann auf, wenn der Patient etwas von seiner Operation mitbekommt, das heißt, wenn er die Unterhaltung der Operateure versteht, wenn er das kalte Skalpell an seiner Haut spürt und dann, wie es scharf in seinen Körper eindringt, oder wenn er das Sirren der Knochensäge hört und natürlich, wenn das alles unglaublich schmerzt. Vor allem sind davon Menschen betroffen, bei denen die Narkose aus Sicherheitsgründen nicht so tief verläuft, also ältere Menschen, aber auch Menschen, bei denen eine Operation am offenen Herzen oder ein Kaiserschnitt durchgeführt wird. »Die richtige Dosis zwischen zu viel und zu wenig beruht also nur auf Erfahrungswerten?«, fragte Pöppel. Diesen Aspekt hatte er sich bislang gar nicht bewusst gemacht. »Es gibt keine sichere Möglichkeit, die Narkosetiefe direkt am Gehirn zu erkennen? Es ist doch das Zielorgan einer Vollnarkose! Deswegen müsste man hier, genau gesagt in der Großhirnrinde beziehungsweise im Kortex, nachschauen, ob eine Narkose tief genug ist.« In der Großhirnrinde werden die über das Zwischenhirn eingeleiteten Reize verarbeitet. Erst dann werden uns die Reize – also auch Schmerzen – bewusst. Mit einem Elektroenzephalogramm (EEG) müsste man doch auf einfache Weise die Veränderungen messen können, die sich bei der Narkose in der Großhirnrinde bemerkbar machen. Denn das Gehirn arbeitet auch während einer Narkose: Es gibt ständig elektrische Signale ab und befindet sich nicht einfach auf einer Nulllinie. – »Wir benutzen während einer Operation kein EEG, denn wir wissen nicht, auf welche Signale wir hier achten sollten«, wandte Madler ein, »könnte man nicht einen genauen Indikator entwickeln, um festzustellen, dass eine Narkose nicht zu tief, aber auch nicht zu flach ist?« – Pöppel hatte die ganze Zeit schon die Oszillationen im Kopf. Sie sind nach seiner Erkenntnis ein Zeichen dafür, dass eine Verarbeitung von Sinnesreizen stattfindet. Nur wenn die Nervenzellen aktiv sind, nehmen sie Reize auf. Wie wir wissen, dauert eine aktive Periode etwa 30 bis 40 ms. Und dieser Rhythmus lässt sich mit dem EEG sichtbar machen. »Man müsste einfach nur einen akustischen Reiz ins Gehirn leiten und die Reaktionen des auditorischen Kortex, also der Hörrinde, darauf messen. Ich sage dir voraus, Christian, wenn jemand eine Vollnarkose bekommt, verlangsamen sich die Oszillationen, sie werden flacher, und dann verschwinden sie vollkommen. Und das ist genau der Zustand, der eine hinreichende Narkosetiefe angibt.«

Die Narkosetiefe kann überprüft werden

Die Vorhersage war ein Volltreffer! Zehn Jahre später wurde sogar eine große Multicenterstudie mit weit über 1000 Patienten durchgeführt, initiiert von Pöppel und dem Münchner Anästhesisten Dierk Schwender. Hier wurden die Oszillationen gemessen, die sich nach einem akustischen Reiz an der Hörrinde ergeben. Die Studie bahnte den Weg dafür, dass die Narkosetiefe in absehbarer Zeit routinemäßig über Oszillationen während einer Reizung der

Hörbahn überprüft werden kann. Bei einer gelungenen Operation haben Patienten nicht die geringste Erinnerung an die vergangene Zeit im Operationssaal. Alle haben vielmehr den Eindruck, dass überhaupt keine Zeit vergangen sei. Dieser Zustand ist ganz anders als im Schlaf, in dem gleichzeitig eine Kopfuhr läuft, sodass man beim Aufwachen immer ungefähr weiß, wie spät es ist. Im Gegensatz zum Schlafzustand verarbeitet die Großhirnrinde bei einer erfolgreichen Narkose offenbar wirklich keine Reize mehr. Dann werden nicht einmal implizite Erinnerungen gesammelt. Das sind solche Erinnerungen, die dem Bewusstsein nicht zugänglich sind. Dieser Narkosezustand wird durch die üblichen Narkosemittel erreicht, wie beispielsweise Propofol, das 2009 durch den Tod von Michael Jackson weltweit bekannt geworden ist.

Manchmal verlangt es jedoch die medizinische Situation, das Narkosemittel Ketamin anzuwenden, bei dem die Oszillationen nicht unterdrückt, sondern sogar noch verstärkt werden. Die betreffenden Patienten sind ebenfalls voll narkotisiert, allerdings haben manche von ihnen nach dem Aufwachen belastende Erinnerungen oder später schlechte Träume, deren Herkunft sie sich nicht erklären können. Diesen Sachverhalt haben Pöppel und Dierk Schwender für eine weitere Studie genutzt: Während der Operationen las die Münchner Hypnotherapeutin Agnes Kaiser einen Abschnitt aus dem Roman »Robinson Crusoe« vor. Keiner der Patienten konnte sich später bewusst daran erinnern. Aber als sie gebeten wurden, spontane Assoziationen zu dem Wort »Freitag« zu nennen, zeigten sich Unterschiede. Die Patienten, die mit Ketamin narkotisiert worden waren und bei denen während der Operation noch Oszillationen vorhanden gewesen waren, antworteten überrascht, dass ihnen merkwürdigerweise die Geschichte von Robinson Crusoe dazu einfalle – obwohl sein Mitstreiter Freitag in dem vorgelesenen Romanauszug gar nicht vorgekommen war. Die anderen Patienten, denen die Geschichte nicht vorgelesen wurde, assoziierten dagegen nur den Wochentag. Diese Beobachtungen zeigen, dass es eine Erinnerung ohne Bewusstsein gibt. Sie zeigen auch, dass eine Unterdrückung der Oszillationen in der Tat auch jegliche Art von neuronaler Informationsverarbeitung unterdrückt, wie sie für den Aufbau des Bewusstseins und auch für das implizite Gedächtnis wichtig ist.

Die Weisheit des Alters

Aus diesen Beobachtungen ersieht man, dass Grundlagenforschung auch einen enormen praktischen Nutzen haben kann, und es ist immer auch ein Anliegen von Pöppel gewesen, wissenschaftliche Überlegungen und experimentelle Ergebnisse in die Alltagswirklichkeit zu übertragen. Dies gelang ihm mit Hilfe der Oszillationen gleich noch ein weiteres Mal. Denn etwa 30 Jahre nach ihrer Entdeckung konnte Pöppel mit ihnen sogar die sprichwörtliche Gelassenheit des Alters erklären. In seinen jungen Jahren, als Doktorand, hatte er dafür noch keinen Sinn, obwohl die Erkenntnis auf der Hand lag, beziehungsweise auf dem Millimeterpapier mit den Histogrammen verzeichnet. Allerdings braucht jeder neue Gedanke seine eigene Zeit, um zu reifen und dann nach außen zu drängen. Bei Pöppel war die Zeit reif, als er schon jahrzehntelang Professor. Er merkte, dass er immer noch so gut und genau nachdenken konnte wie früher. Auch sein Erinnerungsvermögen hatte bislang in keiner Weise gelitten, wobei er es allerdings auch trainierte wie wohl kaum jemand anderes. Doch trotzdem, etwas änderte sich: Seine Ideen, die sich früher fast überschlugen, hielt er länger als früher zurück. Es wurden zwar nicht weniger, aber es gab mehr Facetten zu bedenken, bevor er eine neue Theorie formulierte. Wenn jemand – wie er selbst früher – übersprudelnd Forschungsergebnisse präsentierte, fragte er mehrfach genauer nach. Nicht dass er es nicht verstanden hätte, aber er wollte es einfach ganz genau wissen. Was war das? Ganz offenbar eine Alterserscheinung, da machte er sich nichts vor. Ob es auch anderen Menschen so erging? Und so nahm er sich die alten Histogramme wieder vor und studierte sie noch einmal. Neben sich legte er ein Blatt Papier und dünne Filzstifte in Rot, Grün und Blau. Er hatte sich im Laufe der Zeit angewöhnt, verschiedene Aspekte einer Sache mit verschiedenen Farben kenntlich zu machen. Denn man sollte es dem Gehirn nicht unnötig schwer machen. Die Evolution hat es schließlich im Laufe von Jahrmillionen darauf getrimmt, unnötige von wichtigen Informationen zu trennen. Damit verbunden ist das Gehirn darauf angelegt, klare Strukturen als schön und richtig zu empfinden. Also überlegte sich Pöppel eine Farbstruktur, um die alten Forschungsergebnisse neu auszuwerten: Mit Rot kennzeichnete er die Probanden zwischen 20 und 40. Mit Grün die zwischen 40 und 60. Und mit Blau die über 60. Und er stellte fest, was er auch erwartet hatte: Je älter die Probanden, desto länger die Oszillationen. Die Dauer der Oszillationen zwischen 30 und 40 ms war nach Altersgruppe unterschiedlich verteilt. Bei jüngeren Probanden dauerten sie eher 30 ms und bei älteren eher 40 ms und mehr. Spätere Messungen zeigten dann, dass sich die Oszillationen bei älteren Menschen sogar bis 50 und 60 ms ausdehnen können. Das heißt: Mit dem Älterwerden laufen die Oszillationen langsamer ab, es kommt anscheinend zu einer Entschleunigung. Oder sinnbildlich gesprochen: Die Dauer bis zum neuen Taktstrich verlängert sich, und es haben mehr Noten zwischen zwei Taktstrichen Platz. Aus der Sicht des Hirnforschers bedeutet dies schlichtweg: Es werden mehr Informationen in eine Oszillation integriert. ›So einfach ist die sogenannte Weisheit des Alters zu erklären‹, dachte sich Pöppel. ›Man denkt zwar langsamer, aber gründlicher. Denn die Wahrnehmung wird genauer und man bedenkt mehr Einzelheiten.‹

Jung oder Alt – was ist besser?

Als Pöppel an diesem Tag einschlief, fügte das Unbewusste im Traum das Erleben von vielen Jahrzehnten zusammen: Der Bunker damals. Die Wochen der Einsamkeit und die Läuterung. Die lauten Soldaten mit ihrer jugendlichen Ungeduld. Die Entdeckung der Oszillationen. Die Entdeckung der Langsamkeit. Das Älterwerden. Er sah sich selbst von außen wie im Film, als Zuschauer seines eigenen Lebens. Und es stimmte alles, das Jungsein und das Altsein. Die Jugend ist dazu da, schnell und überschäumend viele neue Ideen in die Welt zu setzen. Das Alter ist dazu da, die Ideen reifen zu lassen, zu durchdenken und zu verifizieren. Man braucht beides gleichermaßen, Jugend und Alter. Wer will es sich schon anmaßen zu entscheiden, was besser ist – das Junge und Spritzige oder das Ältere, Gereifte und Langsamere. Der frische Prosecco oder der gelagerte Rotwein? Gibt es also wirklich ein Besser oder Schlechter in Bezug auf Jung und Alt? Und mit diesem Fragezeichen fiel Pöppel in den traumlosen Tiefschlaf.

Fazit für das Älterwerden

Das »Ultrakurzzeitgedächtnis« beträgt etwa 30 ms und entsteht aus Schwingungen oder Oszillationen in neuronalen Strukturen. Diese Zeitdauer bildet für das menschliche Gehirn eine Art zeitlose Zone, innerhalb derer räumlich und zeitlich verteilte Informationen eingesammelt und als gleichzeitig wahrgenommen werden. Da wir verschiedene Informationen, die zu versetzten Zeiten im Gehirn eintreffen, im Zeitraum von 30 bis 40 ms als gleichzeitig erkennen, können wir sie als zusammengehörig begreifen und ersticken nicht in zusammenhanglosen Einzelheiten.

Mit dem Älterwerden verlängern sich diese Oszillationen. Damit werden mehr Informationen in einer solchen »Gleichzeitigkeitszone« verarbeitet und bedacht. Deshalb denken ältere Menschen langsamer, aber dafür gründlicher.

SELBSTREFLEXION – Ein Zugewinn an Denkfähigkeit

Im Prinzip haben wir zwei unterschiedliche Zeitbegriffe. Zum einen geht es um die gelebte Zeit, also die Jahre, die wir bereits gelebt haben und wie diese Zeit uns geprägt hat. Zum anderen gibt es den biologischen Zeitbegriff, mit dem sich Philosophen, Physiker und neuerdings auch Hirnforscher beschäftigen. Und in diesem Bereich möchte ich wiederum zwei Domänen unterscheiden. Nämlich jene biologischen Zeiten, die uns an die Umwelt anpassen. Dies sind die inneren Uhren, die sich in der Tages- und Jahresperiodik zeigen; so sorgen die inneren Uhren beispielsweise dafür, dass wir abends müde werden, morgens aufwachen oder dass etwa die Leber ihre unterschiedlichen Aufgaben auf die Tages- und Nachtstunden verteilen kann. Und dann gibt es die inneren Zeiten, welche die Selbstorganisation des Gehirns kennzeichnen. Aufgrund der inneren Zeiten haben wir überhaupt erst eine Gegenwart – das bezieht sich auf das bereits besprochene Drei-Sekunden-Fenster (Kapitel 2). Und nur aufgrund der inneren Zeit können wir Ereignisse strukturieren oder als gleichzeitig erkennen, indem ein Sinnesreiz Schwingungen von 30 bis 40 ms auslöst. Letzteres sind die in diesem Kapitel beschriebenen Oszillationen.

Licht – der Gegenspieler depressiver Verstimmung

Meine eigene Erfahrung zeigt nun, und hier bin ich kein Außenseiter, dass sich in den beiden Zeitbereichen, einmal in der tagesperiodischen Organisation meines Verhaltens, und zum anderen bei den »Hirnzeiten«, mit dem Älterwerden interessante Veränderungen einstellen. Das eine empfinde ich als negativ, das andere als durchaus positiv.

Negativ fällt mir auf, dass ich mit dem Älterwerden die einzelnen Lebensfunktionen, wie das durchgehende Schlafen, nicht mehr so einfach bewerkstelligen kann wie in der Jugend. Es kommt auch schneller zum plötzlichen Müdewerden, was ich mit einem kurzen Schlaf von zehn Minuten aber wieder beheben kann. Es kommt leichter zu Desynchronisationen, zum Beispiel beim Reisen über verschiedene Zeitzonen hinweg. Während ich früher schnell mit dem Jetlag zurechtkam, fällt es mir heutzutage leider schwerer, mich an die Zeitverschiebungen anzupassen, und ich brauche länger, um mich umzustellen. Weiterhin habe ich auf negative Weise eine Verflachung des tagesperiodischen Rhythmus bemerkt: Ich werde früh müde, gehe früh ins Bett, wache um drei oder vier Uhr morgens wieder auf, arbeite ein bis zwei Stunden, und falle dann in einen traumschweren Morgenschlaf. Dies mag entweder mit dem Alter zusammenhängen oder auch daran liegen, dass mein Tagesrhythmus nicht angemessen von außen durch das Licht synchronisiert wird. Denn das helle Tageslicht dient dazu, unsere inneren Uhren zu justieren und an den Tagesrhythmus anzupassen.

Als ich damals im Bunker war, konnte diese Justierung nicht stattfinden, deswegen ist der Körper in seinen eigenen, zu ihm gehörenden Tagesrhythmus verfallen. Der dauert bei den Menschen etwa 25 Stunden, auch bei mir war es so. Als ich dann aus dem Bunker wieder herauskam, war nach meiner eigenen inneren Uhr die vorgesehene Zeit noch nicht vorbei, weswegen ich auch erstaunt wieder ans Tageslicht trat. Aber im täglichen Leben müssen wir uns natürlich an zeitliche Verabredungen halten und können nicht nach unserem eigenen inneren Rhythmus leben. Und dafür ist das Tageslicht wichtig. Aber weil ich, wie viele andere Menschen auch, viel Zeit in Innenräumen verbringe, bekomme ich manchmal einfach zu wenig Licht ab, und meine inneren Uhren werden nicht justiert.

Abgesehen davon ist das Tageslicht auch für die seelischen Funktionen entscheidend. Licht ist der Gegenspieler von depressiven Verstimmungen. Indem ich einen ganzen Nachmittag draußen auf dem Golfplatz verbringe, bekämpfe ich damit die manchmal aufsteigenden Depressionen und den Unmut, den ich über mich selbst empfinde.

Langsamere Schwingungen, größere Komplexität

Kommen wir zu den positiven Veränderungen. Denn abgesehen von den genannten Desynchronisationen habe ich nicht den Eindruck, dass sich in meinen Denk- und Entscheidungsfindungsprozessen etwas zum Negativen verändert hat. Ganz im Gegenteil: Ich finde, dass diese sogar präziser und gründlicher geworden sind. Ich vermute, dass dies eine natürliche Konsequenz der Entschleunigung ist. Diese ergibt sich möglicherweise daraus, dass die Oszillationen langsamer werden und ich somit pro Schwingung mehr Information integrieren und verarbeiten kann. Durch die Integration von mehr Informationseinheiten pro Einheit kann eine höhere Komplexität erreicht werden. Und das bedeutet möglicherweise eine günstigere Ausgangslage für Denkprozesse und Entscheidungen. Diese Schlussfolgerungen sind ohne Frage reine Spekulation, die aber nicht falsch sein muss. Verlangsamung bedeutet auf jeden Fall nicht Verlust von Kompetenz; vielmehr kann das Gegenteil der Fall sein.

Eine erhebliche Verlangsamung des Denkens kann natürlich auch Zeichen eines Abbaus sein. Ich habe Menschen in meinem Umfeld damit beauftragt, mir zu signalisieren, wenn die Gründlichkeit meines Denkens erkennbar nachlässt. Dann sollte ich beispielsweise keine Ämter mehr bekleiden oder mich nicht mehr öffentlich zu Wort melden. Ich möchte niemandem zur Last fallen, und ich möchte auch mein Selbstbild nicht zerstören, wenn ich körperlich oder geistig in einer Weise erscheine, die sozial aus dem Rahmen fällt. Man braucht also Freunde oder Partner, die ehrlich und offen sind und uns, wenn nötig, einen Spiegel vorhalten.

TIPPS FÜR DIE LESER

Wie Sie Ihre inneren Rhythmen stärken

Menschen sind den Rhythmen des Tages und des Jahres angepasst, das heißt, sie sind mit der Welt synchronisiert. Kleinste Vorgänge im Gehirn, wie die innere Uhr und die Oszillationen (siehe oben), sorgen dafür. Wenn dies nicht mehr funktioniert, kommt es zu Desynchronisationen. Diese sind eine Belastung für den Körper. Sie merken das, wenn Sie nach einem langen Flug an einem fernen Ort angekommen sind und der innere circadiane Rhythmus noch nicht an den äußeren Rhythmus des Tages angepasst ist. Wachheit und Müdigkeit, die Arbeit der Organe und der gesamte Stoffwechsel sind durcheinandergeraten. Gerade bei älteren Menschen gerät der circadiane Rhythmus auch ohne Flugreise aus den Fugen. Mit folgenden Tipps stärken Sie Ihre Biorhythmen wieder.

☞ Regelmäßigkeit: Erlegen Sie sich selbst eine zeitliche Ordnung des Tages auf. Das heißt: möglichst immer zur selben Zeit aufstehen, regelmäßig essen und schlafen gehen. Wenn Regelmäßigkeit das Leben steuert, dann muss man nicht immerfort Entscheidungen treffen – ob man nun aufstehen sollte oder nicht, ob man nun zum Essen gehen sollte oder nicht. Es mag paradox klingen, doch durch eine gute zeitliche Organisation gewinnen wir sogar Zeit. So schaffen die eingefahrenen Rituale des Tages Raum, sich mit Aufmerksamkeit den wichtigen Dingen zuzuwenden.

☞ Licht I: Gehen Sie jeden Tag mindestens 30 Minuten nach draußen und tanken Sie Tageslicht. Licht mit ausreichender Helligkeit ist nämlich der entscheidende Faktor dafür, uns mit der Umwelt zu synchronisieren. Es wird von einem bestimmten Zentrum im Gehirn wahrgenommen, von wo aus dem gesamten Körper die Informationen über die Tageslänge und den Beginn der Nacht mitgeteilt werden. Damit werden die Vorgänge in unseren Organen und im Stoffwechsel, die auch ungefähr im 24-Stunden-Rhythmus ablaufen, jeden Tag von Neuem synchronisiert. In unserer westlichen Industriekultur aber geraten die Körpervorgänge in zeitliche Unordnung, weil wir die meiste Zeit in Innenräumen – Wohnung, Büro, Auto – verbringen. Damit bekommen wir aber viel zu wenig Tageslicht ab.

Wenn Ihnen das Rausgehen nicht möglich sein sollte, sind auch Tageslichtlampen zu empfehlen. Licht ist darüber hinaus ein gutes »Medikament« gegen Depressionen.

☞ Licht II: Wir haben nicht nur eine biologische Uhr für Tage in uns, sondern auch für das Jahr. Sie sehen das an der Frühjahrsmüdigkeit, wenn unsere Hormonsysteme vom Winter- auf den Sommermodus umgestellt werden. Das ist anstrengend, deswegen werden wir müde. Dafür aber können wir im Sommer länger wach sein und mehr unternehmen, wir brauchen weniger Schlaf. Setzen Sie sich deshalb möglichst viel dem natürlichen Licht aus, denn damit stabilisieren Sie diese biologische Uhr, den »circannualen Rhythmus«. Ein Leben gemäß dem inneren Rhythmus stützt übrigens auch das Immunsystem.

☞ Extratipp: Die Jugend denkt oftmals schneller aufgrund ihrer schnelleren Rhythmen im Gehirn. Diese Rhythmen, nach denen die Nervenzellen im Gehirn empfangsbereit sind oder nicht, verlaufen wie eine Sinuskurve auf und ab. Dies nennt man Oszillationen. Im Alter haben wir langsamere Oszillationen, denken also langsamer. Aber dafür können wir mehr Informationen auf einmal berücksichtigen. Lassen Sie sich deshalb nicht durch den Mythos Schnelligkeit der Jugendlichen entmutigen. Es kommt beim Denken und Entscheiden nicht auf Schnelligkeit, sondern auf Gründlichkeit an.

Wenn Sie sich das Prinzip der Oszillationen noch einmal veranschaulichen möchten, dann lesen Sie das folgende Gedicht, auch als Anregung zum Auswendiglernen:

Zwei Eimer sieht man ab und auf

Zwei Eimer sieht man ab und auf
In einem Brunnen steigen,
Und schwebt der eine voll herauf,
Muß sich der andre neigen.
Sie wandern rastlos hin und her,
Abwechselnd voll und wieder leer,
Und bringst Du diesen an den Mund,
Hängt jener in dem tiefsten Grund,
Nie können sie mit ihren Gaben
In gleichem Augenblick dich laben.

Friedrich Schiller

INTERVIEW MIT

dem Ethnomediziner Professor Wulf Schiefenhövel

Prof. Dr. Wulf Schiefenhövel (geb. 1943) ist Humanethologe und Ethnomediziner in Andechs. Er wurde bekannt durch seine Feldstudien in Melanesien und Indonesien, wo er sich unter anderem auch mit dem Altwerden in diesen Kulturen beschäftigte. Als größten Erfolg in seinem Leben wertet er die Tatsache, dass seine Erkenntnisse über die Evolutionsbiologie des Gebärens zum Teil in den Geburtskliniken der westlichen Länder aufgenommen wurden und die Frauen nicht mehr nur passiv auf dem Rücken liegend gebären.

In diesem Interview spricht Wulf Schiefenhövel darüber, dass in sogenannten einfachen Kulturen die alten Menschen wie von selbst ruhiger und gelassener werden.

Herr Professor Schiefenhövel, die Forschung hat gezeigt, unser Gehirn sorgt mit dem Älterwerden dafür, dass sich das Leben entschleunigt und das Denken gründlicher wird. Bei uns aber werden viele Menschen nicht etwa gelassen und weise, sondern depressiv und dement. Machen wir etwas falsch? Wie sieht es denn in traditionelleren Gesellschaften aus?
In Neuguinea funktioniert das Altwerden teilweise ganz anders. Ein großer Unterschied zu uns besteht vor allem darin, dass in den Großfamilien ein traditioneller Zusammenhalt gegeben ist. Hier sind die älteren Menschen in das Leben der anderen eingebettet. Ihre Aufgaben nehmen sie mit viel Freude wahr und bekommen dafür Anerkennung. Diese Transgenerationenstruktur gibt den verschiedenen Lebensaltern unterschiedliche Funktionen. Jeder

steuert etwas bei. Jeder hat seinen Platz in der Gesellschaft. Das ist für die Gemeinschaft sinnvoll und gibt dem Einzelnen Halt. In seltenen Fällen gibt es auch Alte, die sich verlassen fühlen und traurig und verbittert werden. In einem Fall hatte sich bei einem Mann eine Altersdepression entwickelt. Er beging Selbstmord. In all den Jahren, die ich in Melanesien zugebracht habe seit 1965, habe ich aber nur sehr wenige derartige Fälle erlebt.

Wie entwickeln sich die Menschen im Alter?
Die alten Menschen werden ruhiger und auch vergesslicher; das voll entwickelte Bild einer Alzheimer'schen Erkrankung habe ich jedoch nicht erlebt. Ich denke, das liegt hauptsächlich an den schützenden Faktoren in den traditionalen Gesellschaften selbst. Vor allem daran, dass jeder Mensch noch gebraucht wird.

Könnte auch die unterschiedlich erlebte Kindheit dafür eine Rolle spielen, dass die Menschen im Alter gelassener und glücklicher sind?
Für die psychische Gesundheit während des gesamten Lebens spielt auch eine Rolle, dass die Kindheit nahezu optimal ist. Die Mütter versorgen ihre Kinder mit einer wunderbaren natürlichen Kompetenz. Das Stillkind hat Kontrolle über die Brust. Schreikinder habe ich dort nie erlebt. In die pädiatrischen Praxen in Deutschland kommen verzweifelte Eltern mit Kindern, die über drei bis vier Stunden am Tag unbeeinflussbar schreien. In Neuguinea weinen Kleinkinder, das haben wir gemessen, durchschnittlich 30 Sekunden lang. Ein dramatischer Unterschied.

Wie sieht es später im Leben mit den typischen Alterserkrankungen aus, die wir in Europa haben?
Es gibt keinen Bluthochdruck, keine Herz-Kreislauf-Erkrankungen, keinen Schlaganfall, kein Übergewicht. Im Gegenteil, die Älteren sind fast immer noch schlanker als diejenigen in der

Lebensmitte. Viele Alte sind körperlich unglaublich fit, klettern zum Beispiel täglich auf eine Betelnusspalme, um sich ihre Ration dieses beliebten Genussmittels zu holen. Bewegung, meist außerhalb ihres Hauses, bestimmt ihren Tag, aber natürlich haben sie auch Ruhephasen. Der Nachtschlaf wird vom Hell-Dunkel-Wechsel gesteuert. Manche leiden im Alter allerdings an schmerzenden Gelenken oder entwickeln einen grauen Star, der sie erblinden lässt. Doch sie nehmen diese Beeinträchtigungen stoisch hin und verlieren ihre Fröhlichkeit nicht.

Wie gehen die Menschen in sogenannten einfachen Kulturen mit dem Tod um?
Der Tod ist dauernd präsent. Die normative Kraft des Faktischen bewirkt, dass die Menschen ihn in das eigene Leben einbeziehen und als selbstverständlich akzeptieren. Ich habe selten erlebt, dass Menschen in diesen Kulturen erkennbar Angst vor dem Sterben hatten. Der Klagegesang setzt oft schon ein, wenn der Kranke noch gar nicht tot ist.

Ich habe mir überlegt, wie ich wohl reagieren würde in einer solchen Situation. Die Einheimischen scheinen sich ganz aufgehoben zu fühlen in der kollektiven Trauer wegen ihres bevorstehenden Todes. Bei uns hingegen ist das Sterben streckenweise grausam: Als ich während meiner Ausbildung Arzt in der Klinik war, wurden Sterbende bisweilen in die Besenkammer abgeschoben. Durch die Hospize und ein beginnendes Umdenken wird der Tod bei uns mittlerweile ein bisschen präsenter, aber letztendlich wollen wir damit nichts zu tun haben.

4.

ICH WERDE ÄLTER UND SEHE GUT AUS

Verona Pooth hat einmal gesagt: »Solange die Welt sich dreht, sind die Frauen daran interessiert gewesen, schön zu sein.« Die Forschung unterstützt diese Behauptung, denn das Äußere ist mehr als Äußerlichkeit. Wie man sich nach außen darstellt, gibt emotionalen Rückhalt. Entscheidend ist dabei nicht das jugendliche Aussehen, sondern die Stimmigkeit. Das gilt für jedes Alter, und natürlich auch für Männer.

FORSCHUNG – Von Jogginghosen und Clochards

Pöppel war froh, dass er schick gekleidet in einen Anzug aus dem Flugzeug stieg und sich von der Reisegruppe neben ihm abhob – Jogginghosen und Schlabberpullis. Merkten die denn nicht, wie peinlich ihr Äußeres war und wie respektlos? Wie wollten die hier Fuß fassen und ernst genommen werden? Gerade in Japan, wo

Respekt und Würde so viel bedeuten. »Ausgeleierte Jogginghosen – eine Beleidigung ohne Worte, eine Blickbeleidigung«, murmelte er. Ärgerlich riss er seinen Blick von der Gruppe los. Schließlich musste er jetzt seine Gastgeberin ausfindig machen. Gar nicht so leicht, in den fremden asiatischen Gesichtszügen individuelle Unterschiede zu erkennen.

Frau Otake wird schön

»Kon'nichi wa.« Die junge, elegant gekleidete Japanerin, die Pöppel begrüßte, verbeugte sich leicht. Er wusste, dass dies zur japanischen Höflichkeitssprache gehört, verbeugte sich ebenfalls leicht und erwiderte die Begrüßungsworte. Hier in Tokio wollte er in den nächsten Wochen zusammen mit anderen Wissenschaftlern Forschungen über die Sinneswahrnehmungen im Alter durchführen und diskutieren. Aber er ahnte nicht, dass sich dabei sein Bewusstsein bezüglich der Wahrnehmung von Schönheit verändern würde. Denn den Begriff Schönheit für japanische Frauen zu verwenden, auf diese Idee kam er zunächst einmal nicht. Die ganze körperliche Erscheinung und die Gesichtszüge waren doch sehr fern von dem blonden, langbeinigen Schönheitsideal, das in Mitteleuropa vorherrscht. Doch schon bald würde Pöppel sein eigenes Schönheitsideal zu hinterfragen lernen.

Es geschah bei einem Workshop. Schon mehrfach hatte sich eine junge Wissenschaftlerin zu Wort gemeldet. Frau Mihoko Otake. Mittlerweile erschienen Pöppel nicht mehr alle Japaner als ähnlich aussehend, sondern es gelang ihm, ihre unterschiedlichen Gesichtszüge zu erkennen. Frau Otake stellte mit viel Enthusiasmus ihre Forschungsergebnisse vor. Doch Pöppel konnte sich gar nicht mehr auf ihre Worte konzentrieren. Dass ihm das nie aufgefallen war: Bislang hatte er nur bemerkt, dass sie wie viele Japanerinnen ein längliches, knochiges Gesicht besaß, sowie auffallend ausgeprägte Wangenknochen und schräge Augen. Doch mit einem Mal bemerkte er ihre lebendigen Augen, ihre zarte Figur, ihre glänzenden pechschwarzen Haare. »Das ist eine richtig hübsche Frau, obwohl sie doch so gar nicht dem europäischen Schönheitsideal entspricht.«

Was war geschehen? Pöppel hatte sich nicht etwa plötzlich in Frau Otake verliebt. Aber sein Wahrnehmungssystem hatte sich angepasst. Das Asiatische war ihm in den letzten Wochen vertraut geworden, und so sah er mit einem Mal nicht mehr das Fremde, sondern das Stimmige. Er zog eines der dünnen, länglichen Notizhefte hervor, mit denen er sich hier gleich im Hunderterpack eingedeckt hatte, und notierte: »Frau Otake ist schön geworden. Gibt es für Schönheit eine Schablone? Spanische Frau in Straßenbahn ist ästhetisch.« Er wollte der Konferenz gedanklich nicht länger untreu sein, aber den Aspekt der Schönheit, den musste er später noch einmal bedenken.

Die Frau in der Straßenbahn

Wie war das noch einmal genau mit dieser Frau in Madrid? Sie saß in der Straßenbahn, ihr gegenüber der spanische Philosoph José Ortega y Gasset. Der hatte diese Frau in einem Essay so deutlich beschrieben, dass Pöppel sie beim Lesen richtig vor sich gesehen hatte. Auch jetzt noch erinnerte er sich an jedes Detail dieser Frau. Aber bevor er sich weiter mit ihr beschäftigen wollte, wäre jetzt erst einmal ein Wein angebracht.

Pöppel war wieder in seinem Hotelzimmer angelangt und durchsuchte die Minibar. ›Diese Kultur des Teetrinkens ist ja schön und gut‹, dachte er sich. ›Heißen Tee bekommt man sogar im U-Bahnhof – in einer Dose aus dem Automaten. Aber gegen einen schönen Rotwein am Abend kommt einfach nichts an. In der Minibar gibt es spanischen Wein. Na, wenn das kein gutes Zeichen ist?‹ Er goss sich ein Glas ein, machte es sich bequem und begann zu überlegen.

»Ästhetik in der Straßenbahn«, so hieß der Essay von Ortega y Gasset. Die Dame, um die es hier geht, ist fortgeschrittenen Alters, der spanische Philosoph deutlich jünger. Er sieht sie aus zweifacher Perspektive: Sie ist unglaublich attraktiv, und gleichzeitig ist sie auch sehr hässlich. Ihre Nase ist krumm, die Augen liegen unsymmetrisch im Gesicht, ihre Haare sind irgendwie komisch. Wenn man sich auf die Einzelteile konzentriert, dann stellt man an der Dame jede Menge äußerlicher Nachteile fest. Aber wenn man die ganze Erscheinung in den Blick nimmt, dann ändert sich das Bild: Die Bewegung ist würdevoll, die Kleidung ist stimmig, es passt alles zusammen.

»Das heißt, dass es eine Kategorie für Schönheit geben muss. Ist dies die Stimmigkeit?« Er musste wieder an Frau Otake denken. Es ist offenbar so, dass wir zwar zunächst bestimmte Merkmale mit Schönheit verbinden, wie etwa eine jugendliche Erscheinung, Symmetrie des Gesichts und einen großen, schlanken Körperbau. Es scheint im Gehirn eine Schablone zu existieren, die uns vorgibt, wann wir einen Menschen als schön empfinden. Aber diese Schablone ist offenbar kulturabhängig, denn Japanerinnen zum Beispiel passen mit ihren manchmal kürzeren Beinen nicht zu den oben genannten Merkmalen; bei dem alten Meister Rubens war die Attraktivität einer Frau mit höherem Körpergewicht und barocker Fülle verbunden; auch die überzeichnet dicken Frauen, die der zeitgenössische Maler Fernando Botero aus Kolumbien darstellt – Frauen, die beeindruckend sind und eine starke sinnliche Präsenz besitzen –, sprengen unsere Schönheitsschablone. Und trotzdem wirken sie auf uns ansprechend.

Das Phänomen der Stimmigkeit

Wie war das nun also mit der Schönheit? Pöppel schenkte sich noch einmal nach. Manchmal bringt Wein doch einfach die Gedanken zum Fließen. Was hatte er denn bislang zur Schönheit entdeckt?

In der Wissenschaft ist die Schönheit wichtig. Dort gilt die Schönheit einer Lösung geradezu als Kriterium für deren Richtigkeit. Die Formel $E = mc^2$ erscheint uns richtig, weil sie einfach, klar und schön aussieht, auch wenn die wenigsten Menschen die Theorie von Albert Einstein wirklich erklären können. Auch für unser Langzeitgedächtnis ist die Schönheit wichtig. Denn unser Wissen – unerheblich, ob es sich um motorisches Wissen, lexikalisches Wissen oder bildhaftes Wissen handelt – ist nur dann in uns verankert, wenn es dem ästhetischen Prinzip gehorcht (siehe unten). Beide Male steckt der Wunsch des Gehirns dahinter, Informationen möglichst anstrengungslos aufzunehmen. Dies gilt auch für den ersten Eindruck. Da möchte das Gehirn einem Menschen am liebsten eindeutig eine bestimmte Kategorie zuteilen. Deswegen legt der erste Eindruck fest, ob wir jemanden als stimmig und damit als schön empfinden.

Aber was genau ist eigentlich Stimmigkeit? Pöppel musste plötzlich an den Faschingsball als Jugendlicher in Freiburg denken. Dort war er nicht stimmig gekleidet gewesen. Zuerst empfand er es als originell, im Clochardkostüm zu erscheinen – ganz im Gegensatz zu seiner sonstigen Gewohnheit, immer untadelig angezogen zu sein. Doch als er in den Ballsaal eintrat, wollte er am liebsten in den Erdboden versinken. Alle hatten sich auf eine fantastische Art hübsch verkleidet, geradeso als ob es ein heimliches Motto gegeben hätte. Pöppel war als Einziger schlampig und unordentlich. Das war nicht mehr witzig, das war peinlich. ›Ich fühlte mich wie aussätzig, nicht dazugehörig‹, erinnerte er sich. ›Ich musste sofort nach Hause und mich umziehen, das hat mich eine Stunde gekostet.‹

Zur Stimmigkeit gehört also auch, der Situation entsprechend gekleidet zu sein. So ist eine Jogginghose für den Trainingspfad im Wald stimmig, aber nicht für einen Flughafen, weder in Tokio noch sonstwo. Und wenn an Karneval alle in fantasievollen Abendkleidern und Anzügen erscheinen, ist selbst zu diesem Anlass das Clochardkostüm unpassend.

Pöppel saß schon lange nicht mehr in seinem gemütlichen Sessel, sondern tigerte im Zimmer auf und ab. Das Thema war ja noch viel ergiebiger, als er es in der Konferenz vermutet hatte. Denn bislang ging es nur um das Äußere. Aber hat das Aussehen etwas mit dem Inneren zu tun? Auf negative Weise sicher, das hatte er damals auf dem Faschingsball gespürt. Doch kann das Aussehen den Gefühlshaushalt auch auf positive Weise beeinflussen? Wahrscheinlich. Für heute war er allerdings endgültig zu müde, um weitere Überlegungen anzustellen. Er schrieb noch eine Erinnerung in sein Notizbuch. »Aussehen und Gefühle. James-Lange-Theorie prüfen«, und dann ging er zu Bett.

Schönheit ist mehr als nur Äußerlichkeit

Mit der »James-Lange-Theorie der Körperreaktionen« verhält es sich so: Der Psychologe William James und der Physiologe Carl Lange hatten in den Jahren 1884 und 1885 fast gleichzeitig Betrachtungen über die Emotionen veröffentlicht. Beide Wissenschaftler stellten sich die Frage, ob Gefühle Reaktionen verursachen oder umgekehrt. Also mit anderen Worten: »Laufen wir vor einem Bären weg, weil wir uns fürchten, oder fürchten wir uns, weil wir weglaufen?« James und Lange kamen unabhängig voneinander zu dem Schluss, dass einem Reiz (Bär) eine Reaktion (weglaufen) folge, diese bewirke ein Feedback zum Gehirn, welches dann das Gefühl bestimmte. Pöppel kannte die »James-Lange-Theorie der Körperreaktionen« noch aus dem Grundstudium der Psychologie.

Als er jetzt, am nächsten Morgen, auf dem Weg zur Tokioter Universität war, entschied er sich, ein Stück zu Fuß zu gehen und nicht gleich in die U-Bahn einzusteigen. Er wollte die James-Lange-Theorie noch einmal überdenken. »Die Autos sind heute eindeutig gefährlicher als die Bären«, sagte sich Pöppel, als er den enormen Autoverkehr sah. »Wenn also ein Bär oder ein Auto direkt auf mich zukommt, weiche ich reflexartig aus, und dann erst bekomme ich Angst. Soweit James und Lange. Und wenn ich schlecht angezogen auf dem Faschingsball erscheine, bekomme ich feuchte Hände, fühle mich beklommen und kann schlecht atmen; aus diesen Körperreaktionen schließe ich, dass ich mich unsicher und deplatziert fühle. Als Konsequenz muss ich meine Kleidung verändern. Und dann geht es mir mit einem Mal wieder besser.« Das Äußere ist somit mehr als Äußerlichkeit. Pöppel dachte weiter: ›Das Äußere bestimmt auch die Innerlichkeit. Das kann ich doch sicher auch in anderen Situationen anwenden. Wenn es mir das nächste Mal schlecht geht, werde ich mich einmal besonders korrekt und ordentlich kleiden, sodass ich nach außen ein gutes Bild abgebe.‹ Diese Selbsttherapie, die Pöppel damals erfunden hat, führt er übrigens bis heute durch. Denn die Wahrnehmung von sich selbst, wie man sich nach außen darstellt, gibt tatsächlich emotionalen Rückhalt.

Ganz deutlich wurde Pöppel dies bei einer weiteren Reise bewusst. Diesmal ging es nach Dubai. Es war bereits nach der Jahrtausendwende, und die Regierung von Dubai dachte darüber nach, ein allgemeines Bildungssystem einzuführen. Im Jahr 2007 hatte Mohammed bin Rashid Al Maktoum beschlossen, aus seinem privaten Vermögen mit zehn Milliarden US-Dollar eine Stiftung zur Entwicklung von Wissen und Kultur zu gründen. Pöppel war gefragt worden, ob er beim Aufbau des Bildungssystems behilflich sein würde. Im Flugzeug saß er nun in der gleichen Reihe mit drei sehr attraktiven, westlich gekleideten Araberinnen. Doch plötzlich, eine Stunde vor der Ankunft des Flugzeugs, verschwand eine Araberin nach der anderen in der Bordtoilette und kehrte völlig verwandelt zurück. Alle trugen sie nun dunkle Gewänder, Kopftücher und nahmen plötzlich eine ganz andere

Körperhaltung ein. Über das Attribut »Attraktivität« dachte man angesichts dieser Erscheinungsweise automatisch gar nicht mehr nach. Die Erscheinung bestimmt übrigens auch die Kommunikation: Bevor die Frauen auf die Toilette verschwanden, hätte man ihnen die Hand geben können, danach nicht mehr.

Dresscodes: Situations- und altersgemäß

Die Kleidung und das Äußere eines Menschen lösen eine Orientierungsreaktion im Gehirn aus. Dieses ist unentwegt bestrebt, das, was es sieht, hört beziehungsweise generell wahrnimmt, in Kategorien einzuordnen. Passt etwas in eine Kategorie, bedeutet dies für das Gehirn wenig Aufwand beim Wahrnehmen. Diese Orientierungsreaktion ist also umso geringer, je mehr die Kleidung den Erwartungen der Umgebung entspricht. Das wirkt stressreduzierend. »Deswegen gibt es auf der ganzen Welt für alle Situationen Dresscodes, die man kennen muss«, dachte Pöppel und versuchte, sich an die attraktiven Frauen zu erinnern, die soeben noch seine Nachbarinnen gewesen waren. Es wollte ihm fast nicht mehr gelingen, so sehr hatte sich deren Erscheinung verändert. In Europa, wo die Frauen offenbar zu Besuch gewesen waren, hatten sie sich westlich gekleidet und insofern ihren Dresscode an den dortigen angepasst. Zurück in ihrer Heimat, wo für sie offenbar ein anderer Dresscode galt, hatten sie sich dann ebenfalls wieder angepasst. ›Man muss sich situationsgemäß kleiden, aber auch altersgemäß.‹ Er schaute sich im Flugzeug unauffällig um. Da gab es doch einige ältere Damen und Herren unter den Passagieren, die durch ihr Äußeres aufwendige Orientierungsreaktionen hervorriefen: diese Dame schräg vor ihm beispielsweise, die so salopp wie wahrscheinlich auch ihre Enkelin gekleidet war, mit bunten Turnschuhen, engen Jeans und platinblonden langen Haaren. ›Die Zelebration einer missverstandenen Jugendlichkeit. Von hinten fällt man vielleicht noch darauf herein, aber sobald sie sich umdreht, erschrickt man. Das ist kein guter erster Eindruck!‹, dachte Pöppel. Aber diese Dame, die jetzt durch den Gang zur Toilette ging, hatte es auch nicht ganz verstanden, sich altersgemäß zu kleiden. Graue Haare, beige Bluse, grauer Rock, braune Schuhe. ›Das Gesicht ist ja noch gar nicht so alt. Aber darauf achtet man nicht mehr, denn das Grau wirkt wie eine Tarnkleidung. Wer so etwas trägt, sollte sich bewusst sein, dass er damit nicht wahrgenommen wird.‹ Auch Pöppel hatte sie eigentlich nur bemerkt, weil er jetzt im Flugzeug einmal gezielt die älteren Menschen unter die Lupe nehmen wollte. ›Männer, die sich zu grau oder zu jugendlich anziehen, lösen natürlich ebenfalls aufwendige Orientierungsreaktionen aus‹, dachte er noch, bevor er da ganz vorne in der ersten Sitzreihe diesen violetten Haarschopf zwischen den Rückenlehnen hindurchblitzen sah. Hier musste Pöppel noch einmal an die schöne Frau Otake aus Tokio denken. Sie beschäftigte sich im Rahmen ihrer Forschungen auch mit dem sich ändernden Sehvermögen. Denn mit dem Älterwerden wird die Augenlinse gelblicher. Dadurch verändert sich die Farbwahrnehmung. Grelle Farben werden ein bisschen abgetönt. Und wer unter einem grauen Star leidet, einer Linsentrübung, sieht die Welt eher wie durch einen grauen Schleier. Es könnte doch sein, dass Frauen mit lila, violett und pink gefärbten Haaren unter einem der beiden Sehfehler leiden?

›Wir inszenieren uns jedenfalls selbst und sind nicht passiver Spielball von Hirnmechanismen. Wenn wir uns stimmig und richtig inszenieren, sind alte Menschen genauso schön wie junge!‹ Und mit diesem inneren Plädoyer stieg Pöppel aus, denn er war nach einem erkenntnisreichen Flug an seinem Ziel angekommen.

Fazit für das Älterwerden

Unsere Kriterien für Schönheit sind nicht so universell, wie es oft behauptet wird. Zwar verbinden wir zunächst bestimmte

Merkmale mit Schönheit, wie etwa eine jugendliche Erscheinung, Symmetrie des Gesichts und einen großen, schlanken Körperbau. Es scheint also im Gehirn eine Schablone zu existieren, an der wir Schönheit messen. Aber diese Schablone ist anpassungsfähig. Somit ist es erklärbar, dass sich in verschiedenen Kulturen die Schönheitsideale unterscheiden und die Schablonen sich im Lauf der Zeit sehr verändern. Unter dem Aspekt der Veränderbarkeit sind somit ältere Menschen genauso schön wie jüngere. Allerdings kommt es in jedem Alter darauf an, dass wir uns stimmig und richtig inszenieren. Im Alter heißt das, dass man nicht versuchen sollte, wie ein jugendlicher Mensch zu erscheinen. Denn das Äußere ist nicht nur äußerlich, sondern bestimmt auch das innere Gefüge.

SELBSTREFLEXION – Die Schönheit des Wissens

An der Universität ist es wichtig, dass Studenten ein bestimmtes Äußeres aufweisen und Professoren auch. Ich achte sehr darauf, auch wenn es mir nicht immer ganz gelingt, korrekt im preußischen Sinne zu erscheinen. Als Hochschullehrer möchte ich schließlich meinen Studenten ein gutes Beispiel geben. Jetzt rede ich natürlich als Professor der Medizin. Aber auch eine praktizierende Ärztin oder ein Arzt lösen mehr Vertrauen aus, wenn sie gepflegt aussehen, und so merkwürdig es klingen mag, dann haben – bedingt durch dieses Vertrauen – ihre Therapien eine höhere Wirkung. Der (saubere!) weiße Kittel des Arztes ist schon die halbe Therapie, das hat die Placeboforschung – unter anderem auch an unserem Institut in der Ludwig-Maximilians-Universität in München – ergeben.

Attraktiv in Uniform

Wenn man im Internat und/oder beim Militär war, dann lernt man, wie man mit einfachsten Möglichkeiten ein ordentliches

Bild abgibt. Auf dem Segelschulschiff »Gorch Fock« oder der Ausbildungsfregatte »Graf Spee« hatten wir Kadetten nur jeweils ein winziges Spind, in dem auch die sogenannte Ausgehuniform untergebracht war. Oft kamen wichtige Besucher an Bord, wir mussten an Land manchmal öffentlich paradieren und in fremden Häfen unser Heimatland repräsentieren. Wir jungen Kadetten waren gleichsam Botschafter, und da kam es für unsere Vorgesetzten in erster Linie darauf an, dass unsere Uniformen in Ordnung waren. So wurden wir gedrillt, bis jeder Knopf richtig angenäht war, und ich selber brachte es in einer Seitenlinie meiner Karriere dazu, für das Bügeln der Uniformen in meiner Gruppe eingeteilt zu werden, weil ich darin wohl besonders geschickt war. Solche Prägungen vergisst man nicht, und man spürt sofort, wenn man sich selbst vernachlässigt. Damit soll natürlich nicht die Ausbildung in Internaten oder beim Militär in irgendeiner Weise verherrlicht werden, aber die Erziehung zu äußerlicher Ordnung ist ein Nebeneffekt, dem man sich nicht entziehen kann. Rückblickend kann ich allerdings immer noch nicht recht verstehen, warum wir in unseren weißen Uniformen so attraktiv waren, vor allem für die jungen Frauen, doch unsere Eitelkeit wurde auf jeden Fall bedient.

Ich erinnere mich auch noch an eine Szene im Internat, als der Internatsleiter sagte, man könne von einem dreckigen Handtuch auf einen schlechten Charakter schließen. Diese Aussage ist natürlich Unsinn, doch man vergisst sie auch nicht. Und heute verberge ich meinen schlechten Charakter eben hinter sauberen Handtüchern.

Ekel als Schutzmechanismus

Warum etwas als schön empfunden wird, das hat mich immer fasziniert, aber auch, warum etwas hässlich ist. Das Wort »hässlich« hängt mit Hass zusammen, also ist hässlich etwas Hassenswertes.

Doch was ist hassenswert? Ich meine, hier wird eine Grundemotion angesprochen, die wir alle teilen, nämlich der Ekel. Denn in unsere Gene ist eingetragen, auf Ekelhaftes mit Ekel zu reagieren. Dies ist ein Schutzmechanismus, der dafür sorgt, uns von dem Ekelhaften und Hässlichen abzuwenden, um unsere Gesundheit zu bewahren.

Was sich in mein episodisches Gedächtnis eingegraben hat – also in den Teil des Gedächtnisses, mit dem ich mich bildhaft an Episoden aus meinem Leben erinnern kann –, das ist eine Situation während der Vertreibung nach dem Zweiten Weltkrieg, als wir in Stettin von Osten kommend »zwischengelagert« wurden, viele Menschen auf engstem Raum zusammengepfercht ihre Zeit zubringen mussten und es keine Toiletten gab. Da die Notdurft aber nun einmal verrichtet werden musste, lag im Vorgarten des Hauses, in dem wir untergebracht waren, ein Kothaufen neben dem anderen, und ich habe in der Erinnerung immer noch den Geruch von Kot und Urin in meinem Gehirn, und auch das damit verbundene Bild werde ich nicht vergessen.

Schönheit allein genügt nicht

Wenn man so nah an die Grenzen des Ekelhaften und Hässlichen geführt wird, dann gewinnt man, so glaube ich, ein besonderes Gespür für das Schöne. Als Forscher gilt für mich, dass die Schönheit einer Lösung für ihre Richtigkeit spricht, und damit stehe ich nicht allein. Doch Schönheit kann sich auch im Äußeren von Produkten zeigen, nämlich im Design. Ein schönes Design bedeutet noch nicht, dass man ein Produkt auch ohne Anstrengung benutzen kann. Ich erinnere nur an die Video- oder DVD-Rekorder, die kaum jemand zu programmieren versteht. Selbst jüngere Menschen, die mit diesen Geräten aufgewachsen sind, haben damit Probleme. Und wie viel mehr noch die Älteren, die noch mit dem Plattenspieler und dem Röhrenradio vertraut sind. Allzu häufig konzentriert sich der Designer auf die »Schönheit«, den ästhetischen Eindruck, vergisst dabei aber die Gebrauchstauglichkeit oder *usability*. Moderne technologische Produkte sollen möglichst einfach handhabbar sein, aber auch einen ästhetischen Wert haben. Gute Marken sind immer auch ästhetisch befriedigend.

Man hat es gerne schön

Das Schöne, das ästhetisch Befriedigende, finde ich in der Wissenschaft als Prinzip der Erkenntnis, in den Künsten, in den Dingen des Alltags, meiner Lebensumgebung, in der äußeren Erscheinung von Menschen und vor allem auch in der Natur. Ich kann einfach nicht umhin, von dem Schönen fasziniert zu sein. Jedem oder fast jedem geht es so, dass die Wohnung, das Haus, der Garten den ästhetischen Bedürfnissen entsprechen. Man hat es gern schön, wo man lebt. Hier entsteht aber natürlich auch Konfliktstoff, denn es gibt Unterschiede zwischen Menschen hinsichtlich dessen, was in der eigenen Wohnung als schön und stimmig empfunden wird. Wo steht die Lampe, wo hängt das Bild? Und muss immer alles aufgeräumt sein? Wenn man mit einem Menschen zusammenlebt, steht man vor einem unlösbaren Problem. Ich bin mit einer mathematischen Physikerin, Professor Eva Ruhnau, verheiratet, und unsere Auffassungen hinsichtlich der Ästhetik in Haus und Garten stimmen nicht immer überein, obwohl ein gewisser Grundkonsens besteht. Wir haben das Problem der unterschiedlichen Auffassungen sehr einfach gelöst: Jeder hat seinen eigenen Zuständigkeitsbereich. In einem Raum hat sie das Sagen, in einem anderen ich. Ich hänge Bilder nach einem Zufallsprinzip an die Wand, sie nutzt Zollstock und Wasserwaage. Dann sind natürlich auch die Räume als Ganzes sehr unterschiedlich, in denen der jeweils andere zu Gast ist – übrigens ein reizvoller Nebenaspekt. Eines ist aber wichtig, wenn man friedvoll mit jemandem zusammenleben will, nämlich, dasselbe Konzept von Müll zu haben.

Müll bestimmt die Grenzen des ästhetischen Empfindens. Eine bestimmte Menge an Müll auf einem Schreibtisch oder in einem Zimmer mögen die einen noch als gemütlich, kreativitätsfördernd oder gar ästhetisch empfinden. Für andere ist damit aber die Grenze der Zumutbarkeit bereits überschritten, sie fühlen sich unwohl oder ekeln sich. Wenn diese Grenzen sehr verschieden sind, kann man nicht zusammenleben. Wie viele Beziehungen sind wohl am Müll gescheitert?

Schönheit als familiärer Schutz

Das Schöne, das ästhetisch Befriedigende, finde ich auch im privaten Umfeld. Zum Beispiel bei meinen Töchtern und Enkelinnen: denn sie sind schön. Allerdings ist mir schon klar, dass jeder Vater seine eigenen Töchter und Enkelinnen als schön empfindet. Doch ich muss in meinem Fall sagen, dass diese Empfindung wirklich der Wahrheit entspricht – auch wenn mir wiederum klar ist, dass kein Vater an seinem Urteilsvermögen in Bezug auf die Schönheit seiner Töchter zweifeln wird. Seine eigenen Töchter und Enkelinnen als schön zu empfinden, sichert diesen die väterliche und großväterliche Zuwendung. Solche Zuwendung gibt ihnen auch Sicherheit.

Es mag wohl so sein, dass die (als solche empfundene) Schönheit eines anderen Menschen – häufig eines Menschen des anderen Geschlechts – wesentlich dazu beiträgt, den anderen oder die andere für sich zu gewinnen. Mit diesem Gewinnen wird aber auch Sicherheit und damit Schutz signalisiert. Nach dem Motto: »Du bist schön, ich mag dich, ich will dich, ich bin für dich da, ich beschütze dich.« Diese Kausalkette beginnt mit der Schönheit, und das ist das Entscheidende.

Die drei Formen des Wissens

Als Ergebnis solcher Überlegungen und meiner Forschungen zum Thema Schönheit habe ich in den letzten Jahren eine Theorie über das menschliche Wissen entwickelt, in der es mir darauf ankommt, zwischen drei verschiedenen Formen des Wissens zu unterscheiden. Es handelt sich um das explizite Wortwissen, das implizite Handlungswissen und das bildliche Wissen. Die dreifache Form des Wissens liegt in unserer Natur; sie ist durch den Rahmen unserer Welterfahrung sowie von den Verarbeitungsprinzipien unserer Sinnessysteme und unseres Gehirns vorgegeben. Die drei Formen menschlichen Wissens sind so grundlegend, sie bestimmen derart stabile Koordinaten, dass ich behaupten möchte, eine Gesellschaft des Wissens und Lernens ist nur dann wohlverortet, eine Wissenswelt ist nur dann fest gefügt, wenn jeder sein Wissenspotenzial, das ihm von der Natur mitgegeben wurde, dreifach gestaltet, also als explizites, als implizites und als bildliches Wissen.

Wie kann man diese drei Formen des Wissens genauer kennzeichnen? Ich möchte keine präzisen und damit einschränkenden Definitionen geben, sondern mit den Umschreibungen der einzelnen Wissensformen auf das jeweils Gemeinte hinweisen:

- Explizites Wissen bedeutet, Auskunft erteilen zu können, also Bescheid zu wissen. Es ist Information ohne persönlichen Bezug, also ohne Ich-Nähe. Explizites Wissen ist einem bewusst, und wenn man es vergessen hat, kann man es noch einmal lernen oder auffrischen. Explizites Wissen ist katalogisiert und katalogisierbar; es steht in Enzyklopädien und Lehrbüchern; man eignet es sich als jene Kenntnisse an, die man dann hat. Es ist jenes Wissen, das uns in unserer neuzeitlichen Geschichte dominiert und das manche als das eigentliche Wissen ansehen. Explizites Wissen, das uns begrifflich zur Verfügung steht, wird durch Lernen erworben, das manchmal mühsam ist. Orientiert am expliziten Wissen, wird der Anspruch erhoben, jedes Problem klar und deutlich formulieren und damit auch lösen zu können. Die veröffentlichten Erkenntnisse der Wissenschaften, insbesondere der Naturwissenschaften, repräsentieren explizites Wissen. Oder mithilfe eines Philosophen ausgedrückt: Sokrates' Worte »Ich weiß, dass ich nichts weiß« meinen das explizite Wissen, das mit anderen geteilt und das verglichen werden kann.

- Die zweite Form des Wissens ist implizit, und dieses Wissen bezieht sich auf unser Können und auf unsere Handlungen, ohne dass wir Worte hierfür haben oder haben müssen. Um dies zu beschreiben, könnten wir den sokratischen Satz wie folgt verändern: »Ich weiß nicht, dass ich weiß.« Ungefragt und ungesagt weiß man Bescheid; mit klärenden Worten verwirrt man sich. Das intuitive Wissen gehört damit ebenfalls zum impliziten Wissen. Denn bei der Intuition werden Beziehungen zwischen den in unserem Gehirn gespeicherten Informationen hergestellt, ohne dass uns dies bewusst wird. Das Bewusstsein bekommt nur das Ergebnis des Denkprozesses vorgelegt, das wir dann – nicht ganz zutreffend – als Bauchgefühl bezeichnen. Weiterhin ist implizites Wissen auch körperliches Wissen, nämlich das Wissen über bestimmte Bewegungsabläufe – wie etwa ein Fahrrad zu fahren, ein Musikinstrument zu spielen oder mit dem Federhalter zu schreiben –, also vieles, was wir als Kind gelernt haben und was dann selbstverständlich geworden ist. Nie können wir im Detail beschreiben, wie wir etwas machen, welches die Komponenten waren, die eine Bewegung als gelungen oder eine Handlung als erfolgreich erscheinen lassen. Wenn wir einen Golfschwung oder einen Tennisaufschlag beherrschen, dann geschieht die Bewegung mit uns, sie ist ein Teil von uns, und entsteht unreflektiert aus uns heraus. Wir beherrschen anstrengungslos den Ablauf einer Bewegung, ohne uns darauf konzentrieren zu müssen.

- Die dritte Form des Wissens ist bildliches Wissen. Ein Bild sagt häufig mehr als tausend Worte. Bildliches Wissen erscheint uns ebenfalls in dreifacher Form, nämlich einmal als Anschauungswissen, dann als Erinnerungswissen und schließlich als abstrahierendes Wissen.

  Beginnen wir mit dem Anschauungswissen: Das sinnliche Anschauungswissen ist so selbstverständlich, dass wir es erst erkennen, wenn es verloren gegangen ist. Wir müssen nur die Augen öffnen, um vom Anschauungswissen Kenntnis zu nehmen. Denn die Welt stellt sich uns bildlich dar in Formen und Gegenständen, in ruhenden und bewegten Gestalten. Beim Aufbau des Anschauungswissens unterliegen wir einem kategorialen Zwang; das Gehirn kann gar nicht anders, als gestaltend zu wirken. Wir sehen im Grunde nur Flächen und Ecken und Vertiefungen. Unser Gehirn verleiht diesen Formen einen Zusammenhang; es wird immer etwas Bestimmtes erkannt.

  Kommen wir nun zum Erinnerungswissen, das ebenfalls ein Teil des bildlichen Wissens ist. Das Erinnerungswissen wird auch als episodisches Wissen bezeichnet, weil die Erinnerungen in Form von inneren Bildern oder sogar von inneren Filmen vorliegen. Im episodischen Gedächtnis verankern wir uns in unserer eigenen Vergangenheit.

  Und schließlich fehlt noch das abstrahierende Wissen als Teil des bildlichen Wissens. Hiermit verschaffen wir uns in einfacher Weise Klarheit über die Welt; in Diagrammen und Grafiken veranschaulichen wir uns ein Wissen über die Welt, das komplementär ist zum expliziten Wissen.

Schönheit – ein stabilisierender gesellschaftlicher Faktor

Wie aber hängen die drei Formen des Wissens zusammen? Dies geschieht über das ästhetische Prinzip. Immer gilt Schönheit und Einfachheit als Prinzip der Richtigkeit. Ein Bewegungsablauf muss ästhetisch befriedigend sein, und dies beobachten wir vor allem beim Sport. Der gelungene Aufschlag beim Tennis oder der erfolgreiche Golfschwung sind schön. Die einfache, explizit formulierte Formel eines Galilei oder Einstein ist schön. Die Bilder, die wir in uns tragen, haben einen ästhetischen Reiz; sie repräsentieren ein inneres Museum, in dem nur das aufbewahrt wird, was Bedeutung hat und was eine ästhetisch befriedigende Geschichte der eigenen Existenz repräsentiert. Jede der drei Formen des Wissens ist wesentlich, und keine Form des Wissens kann für sich allein stehen, auch wenn wir uns in unserer kulturellen Tradition vorzugsweise auf das explizite Wissen konzentrieren. Würden wir nur explizites Wissen kultivieren, dann würden wir uns genauso zu Karikaturen unserer selbst machen, wie wenn es für uns nur implizites oder bildliches Wissen gäbe. Explizites oder begriffliches Wortwissen allein ist unfruchtbar. Implizites oder intuitives Wissen für sich ist ziellos. Und nur individuelles Bildwissen ist unverbindlich. Auf keine Weise des Wissens können wir als Einzelner oder auch als Gemeinschaft verzichten; alle drei Koordinaten des Wissens müssen bestimmt sein. Die drei Wissensformen sind in uns selbst harmonisch vorhanden, sodass keine von ihnen überhandnimmt. So meine ich also, dass Schönheit beziehungsweise das ästhetische Prinzip ein entscheidender Baustein unserer Gemeinschaft und ein stabilisierender Faktor der Gesellschaft ist.

TIPPS FÜR DIE LESER

Wie Sie zu innerer und äußerer Schönheit finden

Schönheit hat weniger damit zu tun, dass alle Körpermaße idealtypisch sind und alle Gesichtszüge symmetrisch. Aus Sicht der Hirnforschung geht es vielmehr darum, dass Ihr Äußeres in sich stimmig ist, denn ein einfaches, klares Bild wird eher akzeptiert als eines mit unterschiedlichen Aussagen (zum Beispiel junge Kleidung, altes Gesicht). Männer und Frauen sind hier jedoch unterschiedlichen Regeln unterworfen. Und zur äußeren Schönheit muss sich auch die innere Schönheit gesellen. Wie Ihnen dies – unserer persönlichen Meinung nach – gelingt, erfahren Sie hier.

☞ Stimmigkeit: Es gibt keinen allgemeingültigen Maßstab für Ihr äußeres Erscheinungsbild. Jemand, der sich im Alter verrückt und extravagant kleidet, kann genauso »schön« aussehen wie jemand, der sich schon in der Jugend klassisch und seriös angezogen hat. Es geht darum, sein eigenes Gespür dafür zu schärfen, was passend und damit schön – oder unpassend und damit unschön wirkt. Wenn Sie unsicher sind, ob Ihr Stil oder die Zusammenstellung der Kleider stimmig ist, dann suchen Sie sich Vorbilder, die Ihnen vom Äußeren her gefallen.

☞ Die Kleidung des Mannes: Vermeiden Sie es, sich immer wieder anders anzuziehen, also den Stil häufig zu wechseln. Eine ähnliche Erscheinungsweise erzeugt in anderen Menschen den Eindruck von Kontinuität. Diese gibt ihnen, vor allem Ihrer Partnerin, Sicherheit und Vertrauen.

☞ Die Kleidung der Frau: Ziehen Sie sich oft unterschiedlich und nie langweilig an. Ein Mann bemerkt dies, und es erzeugt in ihm Aufmerksamkeit, Hinwendung, Sehnsucht. Vielleicht wird dadurch auch immer wieder der Jagdinstinkt nach seiner eigenen Partnerin geweckt. Für Frauen ist ebenso wichtig: Wenn Sie ein Abendkleid oder etwas anderes Schickes zum Ausgehen kaufen, dann überlegen Sie nicht nur, wie Sie damit aussehen, sondern auch, wie Sie damit zu Ihrem Partner passen. Mit einem Mann, der große Auftritte liebt, können Sie sich extravaganter kleiden. Wenn sich Ihr Partner aber eher bescheiden im Hintergrund hält, sollten auch Sie mit Ihrer Garderobe etwas zurückhaltender sein. Wenn Ihnen das Ausprobieren im Geschäft zu beschwerlich ist, dann studieren Sie Kataloge und lassen sich die Kleidung schicken.

☞ Markenprodukte: Gönnen Sie sich, wenn Sie es sich leisten können, wenigstens ein Markenprodukt zum Anziehen oder Schmücken. Wie unsere Untersuchungen im Magnetresonanztomografen – dem sogenannten Hirnscanner – gezeigt haben, sind starke Marken in einem besonderen Bereich unseres Gehirns eingespeichert, nämlich dort, wo sich die eigene Identität befindet. Das Tragen von Markenprodukten stabilisiert somit Ihre Identität, denn es vermittelt ein Image. Das gibt Ihnen das Vertrauen, richtig angezogen zu sein. Außerdem vermittelt es eine Klassenzugehörigkeit. Diese Effekte erzielt andere Kleidung nicht, obwohl diese natürlich auch sehr schön sein kann. Nach unserem Eindruck lässt sich übrigens bei Damen der beste Effekt – nach innen und nach außen – mit einer Markenhandtasche erzielen.

☞ Kleidung und Finanzen: Niemand sollte Sie aufgrund Ihrer Kleidung finanziell unter- oder überschätzen. Beim Haus- oder Wohnungskauf zum Beispiel werden Sie gar nicht ernst genommen, wenn Sie schlampig gekleidet sind. Overdressed hingegen bedeutet: Sie wollen etwas unbedingt haben. Schick und mit einer gewissen Lässigkeit ausstaffiert aufzutreten, signalisiert hingegen: Sie können es sich leisten, sind aber nicht bereit, zu viel zu zahlen.

☞ Keine unsinnigen Vergleiche: Es ist normal, dass Sie sich mit anderen vergleichen. Die Frage ist nur, mit wem. Muss sich der 80-jährige Herr dafür den 20-jährigen Jüngling aussuchen? Das ist lächerlich und frustriert nur. Ein älterer Mensch kann mit noch so guten Genen und Schönheitstricks nie so aussehen wie ein deutlich jüngerer. Setzen Sie die richtigen Maßstäbe und vergleichen Sie sich nur innerhalb Ihrer Altersgruppe.

☞ Keine ambivalenten Signale: Mit Botox, Skalpell und Haarfärbemitteln lassen sich viele Verjüngungseffekte erzielen. Doch schöpfen Sie nicht alles aus, was an Maßnahmen machbar ist. Denn Ihr Bild muss als Ganzes stimmig bleiben. Zum Beispiel sollte der Eindruck, den Haarfarbe und Gesichtshaut hinterlassen, sich um nicht mehr als zehn Jahre unterscheiden. Wenn sich ein zu großer Unterschied entwickelt, sollten Sie entweder eine weichere Haarfarbe wählen oder das Färben ganz lassen. Gleiches gilt für den Vergleich von Gesicht und Hals. Die Gesichtshaut lässt sich straffen, die Halshaut nicht. Wenn Sie sich für einen Eingriff entscheiden, dann beachten Sie: Ein Unterschied von mehr als zehn Jahren wirkt unglaubwürdig. Greifen Sie dann lieber auf eine straffende Creme zurück, deren Wirkung ist dezenter.

☞ Die richtige Gangart: Wissen Sie, wie Sie gehen? In einem Rolfing-Kurs kann man das schöne Gehen lernen, Gehen mit erhobenem Haupt, geradem Rücken, elegant und würdevoll. Es ist aber auch wichtig, dass Sie situationsspezifisch gehen. In der Oper ist ein anderer Schritt angemessen als im Supermarkt.

☞ Schöne Worte: Zur Schönheit gehört auch das richtige Sprechen. Sprachmelodie, Schnelligkeit, Stimmlage sind Elemente der gesprochenen Sprache, auf die Sie Einfluss haben. Hören Sie sich gelegentlich einmal selbst an, damit Sie wissen, wie die anderen Sie hören. Vor allem auf die Sprachmelodie können Sie großen Einfluss nehmen. Sie vermittelt die Emotionen Ihrer Worte. Der Zuhörer bekommt dann das Gefühl, das Gesagte ist ausschließlich für ihn bestimmt. Aber übertreiben Sie es nicht, sonst wirkt es aufgesetzt. Wenn Sie sich selbst anhören, bekommen Sie ein Gefühl für das richtige Maß.

☞ Vorsicht Gerüche: Bei älteren Menschen wird der Geruchssinn unempfindlicher. Zudem kann man seinen eigenen Geruch ohnehin kaum wahrnehmen. Bitten Sie daher ab und an eine Vertrauensperson um ehrliches Feedback.

☞ Bleiben Sie geruchsidentisch: Bleiben Sie beim einmal gefundenen Parfüm und wechseln Sie es nicht zu oft. Außerdem ist es für andere unangenehm, wenn Sie eine ganze Geruchspalette spazieren tragen. Verwenden Sie besser immer nur eine Duftnote.

☞ Schönheit von innen: Wer mit sich und der Welt im Reinen ist, hat einen viel schöneren Gesichtsausdruck als derjenige, der missmutig immer nur das Schlechte in der Welt sieht. Daran können Sie arbeiten. Überlegen Sie immer: »Was ist gut und was ist schlecht?« Und fokussieren Sie sich auf das Schöne und Richtige und nicht immer nur auf das Störende. Ähnliches wollte auch Christian Morgenstern ausdrücken:

Palmström

Palmström steht an einem Teiche
Und entfaltet groß ein Taschentuch:
Auf dem Tuche ist eine Eiche
Dargestellt sowie ein Mensch mit einem Buch.
Palmström wagt nicht, sich hineinzuschneuzen.
Er gehört zu jenen Käuzen,
Die oft unvermittelt nackt
Ehrfurcht vor dem Schönen packt.
Zärtlich faltet er zusammen,
Was er eben erst entbreitet.
Und kein Fühlender wird ihn verdammen,
Weil er ungeschneuzt entschreitet.

Christian Morgenstern

INTERVIEW MIT

der Schönheitskönigin und Werbe-Ikone Verona Pooth

Verona Pooth (geb. 1968), Werbe-Ikone und Medienstar, verdient ihr Geld unter anderem mit ihrem Aussehen: Sie gewann mehrere nationale und internationale Schönheitswettbewerbe und stand als Moderatorin und Filmschauspielerin vor der Kamera. Aber richtig bekannt wurde sie mit ihren kecken Aussprüchen, die Einzug in das allgemeine Kulturgut Deutschlands gehalten haben, so zum Beispiel der Satz »Da werden Sie geholfen!« für die Telefonauskunft von Telegate und der Slogan »Wann macht er denn endlich ›Blubb‹?« für die Spinatwerbung von Iglo.

Sie sagten einmal, solange die Welt sich dreht, seien Frauen daran interessiert, schön zu sein. Ist das tatsächlich eine Frage des Geschlechts?

Nicht unbedingt, denn Männer reißen sich auch immer mehr ein Bein aus, um attraktiv zu wirken. Ich glaube, die Männergedanken kreisen dabei zumindest hauptsächlich darum, sportlich, fit und jünger und damit auch leistungsfähiger auf das andere Geschlecht und die Leistungsgesellschaft zu wirken.

Wir Frauen hingegen sind in erster Linie darauf bedacht, fehlerfrei und perfekt auszusehen. Wir haben uns die Messlatte schon sehr hoch angelegt. Eine Frau hört auch selten das Kompliment, wie toll ihre grauen Haare doch wieder in der Sonne glänzen und wie super ihre tiefen Lachfalten aussehen. Bei Männern ist es anders. Bei ihnen wirkt eine Glatze männlich markant, Falten zeigen Reife an und ein Bauch kann sogar stattlich aussehen.

Ein solcher Mann bekommt anerkennend zu hören, dass er seinen Weg gegangen sei, bei einer Frau wird das nicht so gesehen.

Frauen wurden über Jahrhunderte immer über die Schönheit definiert. Nofretete, Kleopatra, Sisi – immer wird die blendende Schönheit der Herrscherinnen herausgestellt. Männer hingegen sind die Helden. Auch im Märchen ist das so.

Allerdings bemerke ich, dass Männer in den letzten 15 Jahren deutlich mehr Wert auf das Äußere legen als früher. Die haben allerdings zum Teil andere Probleme als wir, sie wollen fit und durchtrainiert erscheinen und lassen sich deshalb Fett absaugen. Sie wollen ein smartes Hollywoodlächeln und investieren deshalb in Zahnimplantate. Wir Frauen sind hinter jeder kleinen Falte her.

Sind ältere Menschen immer noch schön?

Meiner Meinung nach in jedem Fall, allerdings sollte man auch in Würde altern. Trotzdem sollte man das Beste aus sich herausholen, beruflich, vom Aussehen her und natürlich auch als Mutter, Vater oder Partner in einer Beziehung. Dann macht es trotz alledem Freude, wenn man sich im Spiegel anschaut und die eine oder andere Alterserscheinung bemerkt, wenn man über sich sagen kann, ich bin eben keine 20 mehr und möchte es auch gar nicht mehr sein. Ich bin eine erwachsene, erfolgreiche Frau, die ihren Weg geht, und ich glaube, dass einen dieses Gefühl bis ins hohe Alter begleiten kann.

Um sich in seiner Haut allerdings wohlzufühlen, habe ich auch nichts gegen ein paar Schönheitskorrekturen, wie etwa hängende Augenlider oder einen aus der Form gekommenen Busen zu straffen. Ich persönlich sehe das für mich als eine tägliche Herausforderung, der ich gern nachgehe, und möchte jeden Tag auch vom Aussehen her mein Bestes geben. Das ist nicht nur Eitelkeit, sondern das stärkt das eigene Wohlbefinden und das Selbstbewusstsein. Allerdings ist es nicht erstrebenswert, eines Tages nach einem

Facelift wie eine Fratze auszusehen, nur um der Jugend vergebens hinterherzulaufen.

Ganz wichtig für die Schönheit sind auch die funkelnden, lebendigen Augen, die man bei vielen älteren Menschen sieht. Da denkt man oft, die haben viel erlebt.

Wahre Schönheit kommt also von innen?

Ja, wahre Schönheit kommt von innen. Es gibt immer wieder Personen, die haben das gewisse Etwas im Aussehen und in ihrer Art. Diese Menschen brauchen auch keinem Schönheitsideal zu entsprechen, sie haben möglicherweise sogar äußerliche Makel und sind gar nicht so schön, aber trotzdem haben sie die innere Schönheit. Das Phänomen beruht für mich auf einem guten, reinen Herzen. Außerdem muss man merken, dass sich jemand Gedanken macht und ein gewisses Etwas in der Großzügigkeit hat.

Mir fällt bei der inneren Schönheit sofort Schwester Nida von der Aktion Schutzengel ein, das ist eine 55-jährige philippinische Ordensschwester, die sich um 40 Mädchen kümmert, die vom Sextourismus befreit wurden. Sie hat so ein schönes Gesicht: Wenn sie einen anlacht, dann geht die Sonne auf. Ihr Äußeres ist auch nicht perfekt, ihre schwarzen Haare zeigen einen grauen Ansatz, und sie sind einfach nur zur Seite geflochten. Aber das ist egal: Sie hat etwas, eine Schönheit, die von innen kommt, da möchte man sie gleich umarmen. Das kann man nicht kaufen und nicht hinoperieren. Andere Menschen wiederum scheinen äußerlich perfekt zu sein und sind doch nicht schön. Wer ein freundliches Wesen hat, den finde ich schön. Mir fallen die Menschen auf, die Gutes tun und mit sich im Reinen sind.

Haben Sie Angst vor dem Älterwerden?

Nein, da bin ziemlich sicher, aber fragen Sie mich doch noch mal in 20 Jahren. Mit 40 ist man ja noch weit weg vom Altsein. Ab 60 oder 70 rückt die Gewissheit näher, dass wir wahrscheinlich die 100 nicht erreichen, sondern zwischen 80 und 88 sterben werden. In diesem Alter kommt eine interessante Frage auf: Zuerst baut man sich ein erfolgreiches Leben auf, und dann hat man vielleicht alles erreicht, was man wollte. Das Haus ist abbezahlt, die Kinder sind groß geworden, haben bereits eine eigene Familie gegründet, und man ist immer noch glücklich verheiratet. Und nun soll man sich von allem wieder trennen und es loslassen, weil es auf das Ende zugeht und man nichts mitnehmen kann! – Da gibt es diesen schönen Buchtitel: »Älterwerden ist nichts für Feiglinge«

Ich kann mir vorstellen, wenn man sehr alt geworden ist, dass man irgendwann müde wird vom Leben selbst, da man alles schon durchlebt hat, was ein Leben zu bieten hat und auch lebenswert macht.

ICH WERDE ÄLTER UND ERREICHE EIN MAXIMUM AN HISTORISCHER PRÄSENZZEIT

Cicero zeigt in seinem immer noch lesenswerten Text »De senectute« – »Über das Alter« – die Verbindungen eines alten Menschen zu früheren Zeiten. Die moderne Forschung bestätigt: Weil wir ein episodisches Gedächtnis besitzen, können wir ein Leben führen, welches weit vor unserer Geburt in der Vergangenheit begann und welches weit nach dem Tod in die Zukunft reicht. Denn im Alter stellen wir uns vor, wie es unseren Urenkeln in hundert Jahren gehen mag, und zudem leben noch die Geschichten unserer Vorfahren in uns. So leben wir länger, als wir tatsächlich leben.

FORSCHUNG – Drei Generationen und noch viel mehr

Der Geruch war vertraut – eine Mischung aus Erde, Feldern, Wiesen, Landstraßen, Rauch. Als Pöppel aus dem Auto stieg, war sofort alles wieder da: wie gerne er damals als Kind immer auf den Hof der Großeltern gelaufen war, um dort mit den Hunden zu spielen. Wie er es geliebt hatte, seinem Großvater beim Füttern der Kühe zu helfen und seiner Großmutter beim Buttern der Milch zuzuschauen.

Das ist allerdings alles lange vorbei. Jetzt, im Jahr 1979, fuhr Pöppel zusammen mit seiner Mutter und seinem Sohn David als Reisender nach Pommern, um jenen Ort zu besuchen, wo er geboren worden war. Von diesem Hof steht heute kein einziger Stein mehr, er wurde nach der Flucht angesteckt und ist abgebrannt. Aber der Hof des Großvaters war, wenn auch verfallen, noch vorhanden. Unkraut wucherte dort, wo sich früher der Kräutergarten befunden hatte, und den Stall konnte man gar nicht mehr betreten, so brüchig war das Dach geworden. Aber Pöppel roch den unverändert gebliebenen Duft dieses Pommerschen Landstrichs, und augenblicklich erwachten der Hof und seine Bewohner wieder zum Leben.

Ein Proust'sches Erlebnis

Dass allein der Geruch dazu fähig ist, diese Bilder zu wecken, ist ein Zeichen dafür, dass die Erinnerungen mit vielen Emotionen verbunden sind. ›Jetzt habe ich mein Proust'sches Erlebnis‹, musste Pöppel damals denken. Der französische Schriftsteller Marcel Proust schildert in seinem Roman »Auf der Suche nach der verlorenen Zeit« eine Situation, in welcher der Duft eines in Lindenblütentee getunkten Gebäckstücks namens »Petite Madeleine« für ihn zum Schlüssel der Kindheitserinnerung wird. Seither nennen Neurowissenschaftler eine solche Situation, in der ein Duft weit zurückliegende konkrete Situationen, etwa ein Essen, eine Stimmung, ein Bild, ganz anschaulich wiedererstehen lässt, ein »Proust'sches Erlebnis«. Denn eine Besonderheit des Geruchs besteht darin, dass die Sinneseindrücke direkt ins Gehirn gelangen, wo sie interpretiert werden. Das heißt, die Riechzellen in der Nasenhöhle sind echte Neuronen, die durch eigene Axone (das sind die »Drähte«, welche die Ausgangssignale der Neuronen weiterleiten) mit dem Gehirn verbunden sind. Genau gesagt, landen die Axone im Riechkolben, der Teil des Gehirns ist. Der Riechkolben wiederum ist mit vielen Gehirnstrukturen verknüpft, die bei der Unterscheidung von Gerüchen, aber auch bei Emotionen, bei der Motivation und bei bestimmten Leistungen des assoziativen Gedächtnisses eine Rolle spielen. Damit ist das Geruchssystem eine Besonderheit. Denn alle anderen Informationen unserer Sinnesorgane passieren zuerst den Thalamus. Er filtert die Informationen danach, ob sie momentan wichtig sind oder nicht. Erst dann erreicht der ausgewählte Teil der Informationen die Großhirnrinde, wo sie weiter interpretiert werden. Die Geruchsinformationen hingegen erreichen die Großhirnrinde ungefiltert. Und ein Teil der Riechnervenbahnen landet auf diese Weise im limbischen System, also dem Bereich des Gehirns, den man als »Heimat der Gefühle« bezeichnen kann. So können Düfte über die Gefühle längst vergessen geglaubte Erinnerungsbilder wecken.

300 Jahre gegenwärtige Geschichte

Und nun stand Pöppel hier mit Mutter und Sohn, und die Erinnerungen drängten aus ihm heraus. Viele kleine Erinnerungen, an die er schon lange nicht mehr gedacht hatte – wie die Melkeimer in der Butterkammer angeordnet waren, die tief fliegenden Schwalben im Kuhstall, der für die Vögel ein Fliegen-Schlaraffenland darstellte, oder die Anordnung der Kacheln in der Küche. Sein Großvater und sein Urgroßvater waren schon auf diesem Hof geboren worden, und jeder hatte weit über zehn Kinder.

Sein Urgroßvater hatte sogar in einem historischen Jahr das Licht der Welt erblickt, nämlich 1806, als das Heilige Römische Reich Deutscher Nation endgültig in eine Reihe von souveränen Einzelstaaten zerfiel. Kurz danach war mit den Stein-Hardenberg'schen Reformen unter anderem die Leibeigenschaft überall in Preußen abgeschafft worden. Pöppel erinnerte sich immer noch fasziniert an die Erzählungen aus den Zeiten vor der Bauernbefreiung. An langen Winterabenden, wenn sich der Schnee draußen getürmt hatte und auf dem Hof nichts zu tun war, wurden die alten Familiengeschichten zum Besten gegeben.

Nun bat er seine Mutter, auch seinem Sohn David diese alten Geschichten zu erzählen. ›Die Geschichten leben durch die Generationen hindurch weiter‹, dachte sich Pöppel. ›Meine Mutter erzählt ihrem Enkel die Geschichten, die sie selbst auch nur erzählt bekommen hat. Aber weil wir heute hier stehen, kann David die Geschichten mit einem Ort verknüpfen und sie auch zu den seinen machen. Denn lebendige bildhafte Erinnerungen sind immer mit einem konkreten Ort verbunden.‹ – »Vielleicht wirst du einmal diese Geschichten an deine Kinder weitergeben«, sagte er zu seinem Sohn. – Der grinste. Mit seinen 15 Jahren hatte er zwar schon den einen oder anderen intensiveren Blick auf Mädchen geworfen, aber alles musste der Vater ja nun nicht wissen. – Pöppel ging allerdings auch gar nicht näher auf das Thema Mädchen ein. »Du kannst es dir jetzt noch nicht vorstellen, aber deine Großmutter erzählt, was ihre Eltern und Großeltern erlebt haben. Das ist 200 Jahre her. Wenn du mit 30 ein Kind bekommen solltest und das 85 Jahre alt wird, dann können wir jetzt 100 Jahre in die Zukunft rechnen«, versuchte er seinen Sohn zu begeistern. ›Meine Mutter ist also der Dreh- und Angelpunkt von 300 Jahren gegenwärtiger Geschichte oder historischer Präsenzzeit. All diese Jahre sind präsent aufgrund der verfügbaren bildhaften Erinnerungen und Vorstellungen‹, dachte Pöppel bei sich. Und da er wie immer einen Stift und einen Notizblock dabei hatte, schrieb er auf: »Im Alter können wir 300 Jahre historische Präsenzzeit erreichen. Wir sind in einem lebendigen Geschichtsbuch verankert.«

Auf der Suche nach der Vergangenheit

Anschließend stiegen alle wieder ins Auto und fuhren weiter. Die Gespräche versiegten mit einem Mal. Als nächster Zielpunkt war der abgebrannte Hof von Pöppels Eltern vorgesehen. Für Pöppel und seine Mutter war es nach all den Jahren das erste Mal, dass sie diesen Ort des Schmerzes, der Misshandlung und der Todesangst wiedersehen sollten. Und so fragte sich jeder im Stillen, ob man nicht vielleicht doch umkehren und direkt das Übernachtungshotel ansteuern sollte. Aber sie taten es nicht. Als sie schließlich das Stück Erde betrachteten, wo ehemals der Hof gestanden hatte, sah alles ganz anders aus als in der eigenen Erinnerung. Gras und Büsche hatten das Land erobert. Nichts erinnerte mehr an früher. »Lasst uns auf das Grundstück gehen«, schlug Pöppel vor. Er hatte zwar gewusst, dass der Hof abgebrannt war, aber dass man den Ort überhaupt nicht wiedererkennen würde, damit hatte er nicht gerechnet. David war fasziniert von der Idee, diese Wildnis zu erforschen, und Pöppels Mutter Elfriede war ebenfalls neugierig und nickte entschlossen. Die drei gingen los und überlegten zusammen, wo sich was befunden haben könnte. »Hier muss doch das alte Backhaus gestanden haben«, meinte Mutter Elfriede soeben, als Pöppel wie hypnotisiert auf die Erde schaute. Das Blau, das aus der dunklen Erde hervorguckte, genau diese Farbe hatte doch das Backhaus! Sein Sohn und er knieten sich nieder und gruben mit den Händen einen großen roten Backstein aus, der auf einer Seite blau lasiert war. »Der ist wie durch ein Wunder von den Flammen verschont geblieben«, meinte Pöppels Mutter. Der Stein musste mit nach Hause. David wollte ihn unbedingt selbst tragen und schleppte ihn zum Auto. Später hat er ihn dann in seinem Zimmer aufbewahrt. Beim weiteren Rundgang entdeckten die drei auch noch ein Stück Holz vom alten Gartentor, das sie ebenfalls ins Auto luden. Es war einfach ein Impuls, diese Dinge, die letzten Erinnerungsstücke aus Pöppels Kindheit, mitzunehmen. »Auch du, David, obwohl du noch nie hier gewesen bist, hast nun einen unmittelbaren historischen Bezug zu dir selbst hergestellt. Wenn wir später einmal auf den Stein schauen, entsteht ein bildlicher Bezug zur Vergangenheit. Wir werden uns dann immer erinnern, wie wir drei hier die Vergangenheit suchten. Und ich werde mich auch erinnern, wie deine Großmutter zusammen mit den anderen Frauen in dem Backhaus, von dem der Stein übrig geblieben ist, die leckeren Holzofenbrote gemacht hat.« Er dachte sich, dass auch Geschenke diesen Mechanismus auslösen. Der Beschenkte stellt beim Betrachten oder Benutzen des Geschenks einen Bezug zu der Situation her, in der er das Geschenk bekommen hat, und natürlich auch zum Schenker. »Erinnerungsstücke und Geschenke sind ebenfalls Möglichkeiten, seine historische Präsenzzeit zu vertiefen«, sagte er dann noch laut.

Auf den Spuren Immanuel Kants

Dass nicht nur die Erzählungen und Überlieferungen für die Sicherstellung der persönlichen Identität wichtig sind, sondern auch der Ort, ist Pöppel im Jahr 2005 in Kaliningrad, ehemals Königsberg, noch stärker bewusst geworden. Der Anlass der Reise war privat, aber wurde plötzlich auch beruflich. Privat war der Besuch insofern, als ihn seine Frau Eva Ruhnau anlässlich seines 65. Geburtstags nach Kaliningrad lockte; beruflich wurde der Besuch durch eine spontane Einladung zu einem Vortrag an der Immanuel-Kant-Universität, der Albertina. Was ist das Besondere an Kaliningrad? Nach dem Zweiten Weltkrieg wurden alle Deutschen aus dem damaligen Königsberg und seiner Umgebung vertrieben. Im Gegenzug wurden Bürger aus allen Teilen der ehemaligen Sowjetunion in der Stadt angesiedelt. Deutsche wurden vertrieben und in den Westen geschickt, Sowjetbürger wurden aus ihrer angestammten Heimat vertrieben und in Königsberg angesiedelt. Die Stadt erhielt auch einen neuen Namen: Kaliningrad. Und trotzdem waren viele Bezüge zur alten preußischen und deutschen Vergangenheit an diesem Ort bestehen geblieben, fiel Pöppel bei seinem »Geburtstagsbesuch« auf.

So schmückten sich Restaurants mit ihren ehemaligen deutschen Namen. Das historische Wein- und Feinschmeckerlokal »Blutgericht« zum Beispiel warb wieder für seine traditionelle Spezialität »Ochsenblut«, eine Mischung aus Champagner und einem guten Schuss rotem Burgunder, sowie mit seinen »Königsberger Klopsen«. Auch alte Reklametafeln früherer Brauereien hatten den Weg aus den Kellern in die Innenräume der Gaststätten gefunden.

Das Universitätsgebäude hatte schon vor einiger Zeit ein kleines Museum anlässlich des 250. Geburtstags von Immanuel Kant eröffnet, denn der deutsche Philosoph hatte in Königsberg sein Leben verbracht. Auch die Kirche im Zentrum der Stadt war noch erhalten, in welcher das Grabmal Kants zu finden ist. Allerdings ist es nur der Geistesgegenwart eines Kunstliebhabers zu verdanken, dass das Grabmal vor der Zerstörung gerettet wurde. Ein russischer Kollege erzählte Pöppel die Geschichte: Unter dem früheren sowjetischen Staatsoberhaupt Leonid Breschnew sind viele Gebäude gesprengt worden, die an die deutsche Vergangenheit der Stadt erinnerten. Als Breschnew durch Kaliningrad gefahren wurde und wissen wollte, warum die Kirche immer noch stehe, erfuhr er, dass Immanuel Kant hier begraben sei. »Wer ist Kant?« fragte er und erhielt zur Antwort: »Ein Vorläufer von Karl Marx.« – »Dann kann das Gebäude stehen bleiben!«

Nur den Namen Kaliningrad tasteten die Bewohner nicht an, auch nicht, als sie 2005 ihre 750-Jahr-Feier begingen.

Mit Thomas Mann an der Kurischen Nehrung

In der Umgebung der Stadt – dem sogenannten Oblast Kaliningrad – beobachtete Pöppel das gleiche Phänomen, etwa im alten Seebad Rauschen an der Ostseeküste, wo er sich mit dem Bürgermeister traf. Ein gemeinsamer Freund, der Künstler Igor Sacharow-Ross, hatte die beiden miteinander bekannt gemacht. Bei dem Gespräch ging es jetzt darum, dass der Künstler und der Bürgermeister in Rauschen gern ein Kunstmuseum eröffnen würden. Pöppel ließ aber die Gelegenheit, Fragen zu stellen, nicht ungenutzt verstreichen. Diese Ortsverbundenheit der Erinnerungen – als ob die Geschichte hier an diesem Ort bildhaft wieder auferstehen würde –, die er zuvor in Kaliningrad kennengelernt hatte, interessierte ihn doch sehr. Und so landete das Gespräch der Männer schließlich bei Thomas Mann, dessen Spuren hier am Ostseestrand, nahe der Kurischen Nehrung, zu finden waren. »Thomas Mann hat hier die Novelle ›Mario und der Zauberer‹ geschrieben, im Strandkorb, das Manuskript auf den Knien. Deswegen haben wir hier ein Thomas-Mann-Denkmal aufgestellt«, erklärte Kasimir Wernikowsky, Bürgermeister von Swetlogorsk, wie Rauschen nach 1945 genannt wurde. »Im benachbarten Ort Nidden auf der Kurischen Nehrung haben wir das alte Thomas-Mann-Haus wiederbelebt. Wir halten dort kulturelle Veranstaltungen ab. Vor hundert Jahren gab es hier eine richtige Künstlerkolonie mit vielen deutschen Malern. Wir legen alle Erinnerungen wieder frei«, berichtete der Bürgermeister stolz. – »Aber warum machen Sie das? Sie sind doch gar nicht von hier«, fragte ihn Pöppel interessiert. – »Wir sind auf der Suche nach uns selbst«, so der Bürgermeister. – »Aber das sind doch Erinnerungen von anderen«, entgegnete Pöppel. »Sie sind doch ebenfalls Vertriebene und wurden hier zwangsweise angesiedelt.« – Der Bürgermeister zuckte mit den Schultern. »Vielleicht haben wir auch einfach nur die Hoffnung, mit der neuen Zeit den alten Zauber dieses

Orts zu konservieren«, meinte er. – »Ist es also Marketing, um die Touristen anzulocken?«, fragte Pöppel. – »Wir leben jetzt in der dritten Generation hier«, antwortete der Bürgermeister mit einem Anflug von Ärger in der Stimme. »Ich bin als Kind durch die Straßen gelaufen, ich kenne jeden Stein. Meine Eltern haben noch versucht, Kontakte zu unserer früheren Heimat aufrechtzuerhalten. Sie haben sich noch nach ihrer alten Heimat gesehnt. Aber ich wurde hier geboren. Deswegen gehört Thomas Mann mit zu meiner Geschichte, denn er hat hier auch gelebt und ist durch die gleichen Straßen gelaufen.« – Pöppel hörte aufmerksam zu. Er dachte an seinen Besuch auf dem Hof des Großvaters. Auch da hatte er das Gefühl gehabt, dass die Geschichten an einem Ort verankert werden müssen. Erst dann beginnen sie wirklich zu leben. Und hier in Kaliningrad und Umgebung versuchten die heutigen Bewohner, ihre Identität durch den Ort, seine Geschichten und sogar durch seine Menschen zu definierten, die im Zweiten Weltkrieg ihre Feinde gewesen waren. Das ist eigentlich ein unglaubliches Phänomen. Irgendwie hatte Pöppel das Gefühl, dem Bürgermeister erklären zu müssen, dass er ihm nichts streitig machen wolle, sondern sich für ein wissenschaftliches Phänomen namens historische Präsenzzeit interessiere. Und so fragte Pöppel ihn, wo man hier gut essen und trinken könne und ob man dies gemeinsam tun wolle.

Bilder, Gefühle, Orte

Zu Hause war Pöppel zu dieser Zeit mit einem Forschungsprojekt zum episodischen Gedächtnis beschäftigt. Darunter versteht man die neuronale Grundlage für das Phänomen der historischen Präsenzzeit. Das episodische Gedächtnis gehört zum bildhaften Wissen, das ist eine der drei Wissensformen, aus denen sich das Langzeitgedächtnis zusammensetzt (siehe dazu Seite 100–102). Hier werden allerdings ausschließlich Bilder und Episoden aus der eigenen Biografie eingespeichert. Deswegen wird es auch als autobiografisches – ich-nahes – Gedächtnis bezeichnet. Im Rahmen des Forschungsprojekts befragten Doktoranden und Diplomanden aus München, Nairobi, Seoul und Innsbruck viele hundert Probanden nach Bildern aus der Vergangenheit und analysierten diese. Eine Besonderheit solcher Bilder besteht darin, dass sie sich uns nur deshalb eingeprägt haben, weil sie von Anfang an mit starken Gefühlen verbunden waren. Eine andere Besonderheit ist die Ortsverbundenheit der Bilder: Die bildhaften Erinnerungen sind immer mit einem klaren Ort verknüpft und hängen nie im luftleeren Raum. Die Vorgänge in Kaliningrad und Umgebung spiegeln also das wider, was auch in uns selbst geschieht. Die Bilder aus der Vergangenheit, verbunden mit einem Ort, sichern die eigene persönliche Identität. Im Alter verfügen wir über mehr Bilder als in der Jugend und tragen zudem noch die Bilder aus den Erzählungen der Familie in uns. So kommt es, dass wir dann ein Maximum an historischer Präsenzzeit erhalten. Diese bezieht sich nicht nur auf die Vergangenheit, sondern auch auf die Zukunft. Denn wer eine reiche Vergangenheit hat, besitzt auch eine reiche Zukunft, da Menschen ihre Erinnerungen in die Zukunft projizieren. Kinder dagegen können sich ihre Zukunft mangels Lebenserfahrung noch kaum vorstellen.

Wer viel erlebt und ein lebendiges episodisches Gedächtnis erworben hat, besitzt auch ein Maximum an Selbstverankerung: Denn die eigenen Bilder sind der feste Grund zum Legen eines Ankers. Und dieser Grund kann – und das ist das Besondere – von niemandem zerstört oder weggenommen werden. Die historische Präsenzzeit ermöglicht also tatsächlich ein »In-sich-Ruhen«.

Das Gute an der Verdrängung

›Die Ortsbezogenheit des episodischen Gedächtnisses ist also wichtig. Dies klingt sehr nach objektiven Erinnerungen. Aber nach dem, was die Forschungen hier zeigen, geht das Gehirn mit seinen Erinnerungen nicht objektiv um, sondern bearbeitet sie sehr freizügig‹, dachte sich Pöppel. Er war wieder zurück in München und saß in seinem Studierzimmer an der Universität. Vor sich auf dem großen, langen Tisch, der in der Mitte des Zimmers stand, stapelten sich die Arbeiten seines Forschungsteams über das episodische Gedächtnis. Das Team hatte, wie auch Pöppel selbst, Probanden nach ihren bildhaften Erinnerungen befragt und diese nach unterschiedlichen Kriterien untersucht. Und es kristallisierte sich ein gemeinsames Merkmal heraus: In der Ursprungssituation, also in der Situation, als das Bild entstand, waren oft schmerzhafte Gefühle beteiligt gewesen. Dann wurden die Probanden danach befragt, wie sie jetzt, Jahre und Jahrzehnte später, die Situation bewerteten. Die Antwort lautete in den allermeisten Fällen, dass die Gefühle neutraler geworden seien oder sich sogar völlig verändert hätten. ›Der Spiegel, den wir uns vor Augen halten, ist also ein Spiegel der Beglückung‹, dachte sich Pöppel.

›Das ist doch eine Form der Verdrängung. Die Verdrängung, die Psychoanalytiker immer so scharf verurteilen, und die sie aufarbeiten wollen. Laut Psychoanalyse sind die Inhalte des Unbewussten im Wesentlichen verdrängte Erlebnisse‹, überlegte er weiter, und, dass die Verdrängung doch eigentlich eine gute Einrichtung der Natur sei, da sie es uns erlaubt, auch mit einer schlimmen Vergangenheit weiterzuleben. Da hörte er ein freundliches »Grüß Gott« vom Flur. Der Psychiater und Psychotherapeut Dr. Karl Zander schaute ins Zimmer. Das Institut in der Goethestraße in München war auf Kommunikation und Austausch ausgerichtet. So standen die Bürotüren meistens offen. »Komm herein, Karl, setz dich doch«, begrüßte Pöppel den Besucher. Er freute sich immer, Karl Zander zu sehen, aber heute kam er geradezu wie gerufen. Ziemlich abrupt platzte die Frage, die Pöppel gerade auf dem Herzen lag, heraus: »Was ist denn eigentlich Verdrängung?« Pöppel hat die Angewohnheit, Menschen mit einfachen Fragen zu verwirren. Jeder Psychologiestudent weiß, was Verdrängung ist. Wenn also ein Professor der Psychologie eine solche Frage stellte, musste etwas Besonderes dahinterstecken. Das dachte sich jetzt auch Karl Zander.

»Verdrängung ist ein Abwehrmechanismus des Ich«, erklärte er. »Nach Sigmund Freud wird damit das Ich, der realitätsorientierte Teil unserer Persönlichkeit, vor extremen Wünschen geschützt. Damit erspart man sich einige Konflikte mit sich selbst.« – »Das ist doch gut. Warum versucht denn dann die Psychoanalyse, verdrängte Erlebnisse wieder in das Bewusstsein zu holen? Das Verdrängen hat doch auch den Sinn, uns vor schrecklichen Erinnerungen zu schützen«, entgegnete Pöppel. – »Das stimmt, aber die verdrängten Erinnerungen werden damit nicht ausgelöscht, sondern schwelen weiter. Sie spielen weiterhin eine Rolle in unserer Persönlichkeit, aber ohne dass wir auf diesen Teil einen Zugriff hätten. Deswegen versuchen wir, innere Konflikte oder schlimme Erinnerungen bewusst zu machen, damit wir einen Einfluss darauf erhalten«, verteidigte Zander die Position der Psychoanalyse. – »Aber muss man denn immer alles aussprechen?«, fragte Pöppel. »Die Bilder unserer Vergangenheit geben uns überhaupt erst die Möglichkeit, in einem positiven Sinn durch das Leben gelotst zu werden. Aber wenn wir die verdrängten Bilder immer wieder hervorholen, dann werden wir immer wieder mit Dingen konfrontiert, die wir abgelegt haben, ja sogar ablegen mussten, um weiterleben zu können und im Hier und Heute gut zurechtzukommen. Damit stört man das psychische Gleichgewicht«, so Pöppel. Er bemerkte schnell, dass Psychotherapeuten hierzu eine sehr gefestigte Meinung haben. Trotzdem wurde er den Gedanken nicht los, dass Verdrängung auch etwas Positives ist. Hätte sie sich sonst in der Evolution behaupten können? In der Natur können doch immer nur die Errungenschaften überleben, die für das Leben sinnvoll sind. ›Wenn die Verdrängung keinen positiven Sinn hätte, gäbe es sie doch gar nicht‹, dachte er. ›Nie gibt es Selektionsprozesse für etwas Negatives.‹

Wie biografische Stimmigkeit entsteht

Pöppel sah ein, dass er sich in diesem Punkt mit seinem Freund Karl nicht einigen würde. Vielleicht waren die Ausgangspositionen zu unterschiedlich, hier der Therapeut, dort der Forscher. Jedenfalls hatte Pöppel für das Thema historische Präsenzzeit wieder etwas gelernt.

Die historische Präsenzzeit entsteht nur durch Erlebnisse, an denen man gefühlsmäßig Anteil nimmt. Sie wird demnach durch eine Ich-Nähe gekennzeichnet. Außerdem ist sie einem Auswahlprozess unterworfen: Die Bilder, die nicht ins Gedächtnis eingespeichert werden, sind entweder zu langweilig, oder sie passen nicht in die persönliche Geschichte, weil sie die Identität in Frage stellen, stören, nicht dazugehören oder verletzen. Dann werden sie beseitigt, so kann der Mensch einen Zusammenhalt der eigenen Identität und der eigenen Geschichte erzeugen. Hier ist der Mensch in gewisser Weise ein Vertreter der Historie oder der Geschichtsschreiber. Denn auch die überlieferte Historie ist immer nur eine Auswahl an Ereignissen. Wie der Historiker Leopold von Ranke einmal gesagt hat, ist »jede Epoche unmittelbar zu Gott, und ihr Wert beruht gar nicht auf dem, was aus ihr hervorgeht, sondern in ihrer Existenz selbst, in ihrem Eigenen selbst.« Und dieses »Unmittelbar-zu-Gott-Sein« kann im Nachhinein nie als Ganzes erfasst werden, die Geschichtsschreibung sieht und interpretiert das Zurückliegende immer aus dem Geist der jeweils herrschenden Epoche. Die ganze Kultur unterliegt somit einem Auswahl- und Veränderungsprozess. Und wie die Menschheitsgeschichte, so ist auch jeder Mensch »unmittelbar zu Gott«, und auch er wählt aus, nämlich seine inneren Bilder. Damit stellt er einen Zusammenhalt her – seine persönliche Geschichte, seine Biografie.

Vielleicht entspricht der Verdrängungsprozess im Gehirn des Einzelnen der Zerstörung von Archiven und Bibliotheken in der Geschichte. Kulturen und Herrscher haben immer Orte des Wissens und der Erinnerung sowie Symbole zerstört, um ungestört das auswählen zu können, was ihnen nützt, und rückblickend Geschichte zu schreiben. Die historische Präsenzzeit dient also der Selbstvergewisserung und Identitätsbildung. Die Verdrängung spielt dabei eine wichtige Rolle, denn sie ermöglicht die biografische Stimmigkeit.

Fazit für das Älterwerden

Wir leben länger, als wir leben. Grund dafür ist das episodische Gedächtnis von uns selbst und von unseren Nachkommen. Das episodische Gedächtnis ist eine der drei Wissensformen, aus denen sich das Langzeitgedächtnis zusammensetzt. Hier werden ausschließlich Bilder und Episoden aus der eigenen Biografie gespeichert, die einen emotionalen Stellenwert für uns haben. Im eigenen episodischen Gedächtnis sind auch Bilder eingespeichert, die aus der Zeit vor unserer Geburt stammen, da sie uns von unseren Vorfahren in anschaulichen Erzählungen überliefert worden sind. Und gleichzeitig sind wir dazu fähig, auch unseren Nachkommen anschauliche Bilder aus unserer Lebensgeschichte und der unserer Vorfahren weiterzugeben.

Im Alter ist diese von uns selbst überschaubare »historische Präsenzzeit«, in der unsere eigenen Bilder sowie die unserer Eltern und Großeltern wie in einem Sammelbecken zusammentreffen, am größten und umfasst etwa 300 Jahre.

Wer viel erlebt, erwirbt auf diese Weise auch ein lebendiges episodisches Gedächtnis. Dies ermöglicht ein Maximum an Selbstverankerung: Das Alter erlaubt somit aufgrund der großen historischen Präsenzzeit ein höheres Maß an »In-sich-Ruhen« als die Jugend.

SELBSTREFLEXION – Weltbürger für eine friedliche Revolution

Für mich kommt es in meinem Leben auch darauf an, viel mit Anteilnahme zu erleben und zu sehen. Damit trage ich dazu bei, meine eigene historische Präsenzzeit zu vergrößern, denn wer viel erlebt und viele innere Bilder ansammelt, der kann sich auch leichter und lebendiger die Zukunft vorstellen.

Eine gute Gelegenheit hierfür bietet das Reisen. Durch gelungenes Reisen vermehrt man permanent die inneren Bilder, so, als ob in einem inneren Museum immer mehr Exponate aufgehängt werden. Denn beim Reisen erlebt man neue Situationen an Orten, die mit bestimmten Lebensgefühlen verbunden sind. Deshalb prägen sich diese Situationen in unser episodisches Gedächtnis ein. Das ist nicht möglich, wenn man in einem Bus durch Landschaften geschoben oder von Fremdenführern durch Museen gejagt wird. Meetings auf Flugplätzen haben ebenfalls nichts mit Reisen zu tun.

Erinnerung durch Anstrengung

Einen neuen Ort begehe ich zu Fuß, damit überhaupt ein emotionaler Bezug entstehen kann. Denn der entsteht nur dadurch, dass ich selbstständig bestimme, wohin ich gehe. Dann erst schmeckt der Wein, das Bier, der Sake – oder der Kontakt.

Ich habe für mich herausgefunden, dass ich neue Orte und Landschaften zwar mit Muße, das heißt ohne Zeitdruck, aber mit einer bestimmten Anstrengung begehen muss. Ich schlendere also nicht! Gehen mit Anstrengung erzeugt Hirnaktivität, manchmal auch Erschöpfung. Das, was ich im Zustand des intensiven Gehens erlebe, prägt sich immer in das Gedächtnis ein. Nicht immer kann ich aber auch die zeitliche Abfolge der Ereignisse genau festhalten. Denn wir haben zwei Gedächtnissysteme, einmal für die Inhalte und einmal für die Zeitmarken. Das Zeitmarkengedächtnis geht leichter verloren und ist für die historische Präsenzzeit auch gar nicht wichtig.

Botschafter der Kulturen

Das »Ergehen« eines Orts praktiziere ich auch, um alte Erinnerungsbilder wieder aufzufrischen. In Tokio angekommen, gehe ich mit meiner Frau Eva Ruhnau zuerst um den Kaiserpalast, was etwas über eine Stunde dauert. Wir gehen immer im Uhrzeigersinn. Inzwischen kennen wir jede Straßenecke, fast jeden Stein. Genauso geht es mir in Cambridge, Massachusetts, wo ich am Charles River entlangspaziere und nach Boston schaue. In vielen Städten geht mir das so. In Kyoto gehe ich über den Philosophenweg, in Peking um den See, der mitten im Gelände der Peking University liegt, in St. Petersburg an der Newa entlang mit Blick auf die Eremitage oder in Berlin mit energischem Schritt durch den Tiergarten. Auch jede fremde Stadt begreife ich erst, wenn ich sie »ergehe«.

Wieder zu Hause in Deutschland angekommen, habe ich dann neue innere Ortsbilder. Dies reichert nicht nur mein inneres Museum an und vergrößert somit meine historische Präsenzzeit. Verbunden mit den freundschaftlichen Gesprächen, macht mich diese Gewohnheit auch zum Weltbürger. Weil wir Bilder von anderen Menschen und anderen Orten in uns tragen, sind wir natürliche Botschafter anderer Kulturen, wir verbinden sie in uns und repräsentieren damit einen sozialen Klebstoff.

Und noch einen Schritt weiter gedacht: Wenn jeder so reist, dass er die fremden Bilder in sich aufnimmt und den Kontakt zu Menschen in anderen Kulturen sucht, ist dies auch eine Art friedlicher Revolution, um politische Differenzen zwischen Ländern und Kulturen zu überwinden. Somit stärkt die Tourismusindustrie wirtschaftliche oder politische Zusammenarbeit zwischen den Ländern, sofern man frei genug ist, in der Fremde nicht nur die eigenen Vorurteile bestätigt zu sehen.

TIPPS FÜR DIE LESER Wie Sie Ihre historische Präsenzzeit verlängern können

Jeder Mensch lebt länger, als er eigentlich lebt. Denn in ihm sind die Geschichten seiner Vorfahren lebendig, er trägt also die Vergangenheit in sich.

Und er gibt Erlebnisse an die nächste und übernächste Generation weiter, so lebt er auch in der Zukunft. Vor allem wenn Sie viel erleben, können Sie viele lebendige Bilder weitergeben. Hier erfahren Sie, mit welchen weiteren Möglichkeiten Sie Ihre historische Präsenzzeit verlängern können.

☞ Reisen in die Vergangenheit: Machen Sie am Ende eines jeden Tages eine Zeitreise in Ihre eigene Vergangenheit. Dabei können Sie sich die Bilder des Tages noch einmal vergegenwärtigen, sich also in die jüngste Vergangenheit begeben. So helfen Sie Ihrem bildhaften Gedächtnis, eine lebendige historische Präsenzzeit auszubilden. Sie können auch noch weiter in Ihre Vergangenheit zurückblicken. Damit versichern Sie sich Ihrer selbst und trainieren gleichzeitig Ihr Gehirn.

☞ Reisen in die Welt: Verreisen Sie sooft es Ihre Zeit und Ihr Geldbeutel erlauben. Durch das Reisen entsteht eine Weltverankerung. Die Orte, über die in den Nachrichten berichtet wird, sind nicht mehr abstrakt, sondern gehören mit zu Ihrem Lebensradius, für den Sie sich mitverantwortlich fühlen. So erfüllen Sie auch einen sozialen Auftrag.

Wenn Sie eine organisierte Reise machen, dann schaffen Sie sich Freiräume, um Ihr Reiseziel selbst zu erkunden. Begehen Sie die Gegend um Ihr Hotel. Lassen Sie sich an historischen Orten nicht nur herumkutschieren, sondern machen Sie sich dort selbstständig. Kommen Sie mit den Menschen ins Gespräch. Durch Eigenverantwortung und Selbstbestimmung entstehen die besten inneren Bilder – und diese sind die Grundlage für die eigene historische Präsenzzeit.

☞ Moderne Technik: Vermehren Sie die Chance auf eine große historische Präsenzzeit durch die moderne Technologie. Das heißt, nutzen Sie Computer und Internet, um mit Ihren Enkeln zu kommunizieren, wenn Sie weit auseinander wohnen. Verschicken Sie Bilder, erzählen Sie anschauliche Geschichten, so bildet sich »Telepräsenz« zwischen Enkeln und Großeltern, auch wenn Sie sich nicht direkt sehen. Ihre eigenen erlebten Bilder erwachen so auch in Ihren Enkelkindern zum Leben. Dies ist die Grundlage, dass Sie später in Ihren Nachkommen weiterleben werden.

☞ Memory books: Schreiben Sie Ihr Leben auf. Kleben Sie Fotos zu den Erinnerungen oder fertigen Sie Zeichnungen an, wenn es keine Fotodokumente mehr gibt. Denn wenn Sie einmal nicht mehr da sind, werden mit Ihnen all die nicht erzählten Erlebnisse, Erkenntnisse und Anekdoten unwiderruflich zu Grabe getragen werden.

Der Jugendbuchautor Willi Fehse (1906 bis 1977) beschreibt in einem Gedicht, wie sich eine scheinbar banale Szene allein durch die starken Emotionen in das episodische Gedächtnis einbrennt und damit Teil der historischen Präsenzzeit wird:

Abschied auf dem Bahnsteig

Ein Tag unter Wintertagen …
Ich sehe dein klares Gesicht
Neben dem D-Zug-Wagen
Im grauen Bahnhofslicht.
Du reichst mir die unversehrte
Hand zum Fenster herein.
Immer wird die Gebärde
Mir im Gedächtnis sein.
Dein Lächeln, das schmale, ferne,
Gibt jäh dein Schicksal preis:
Blutig um Stirn und Sterne
Blüht dir ein Lorbeerreis.
Ich rufe. Ich will dich noch fragen.
Aber du hörst nicht mehr.
Ein Tag unter Wintertagen …
Ein Bahnsteig grau und leer.

Willi Fehse

INTERVIEW MIT

dem Schauspieler Mario Adorf

Der Schauspieler Mario Adorf (geb. 1930) zählt zur Spitze der deutschen Charakterdarsteller. Mit der Verkörperung des Massenmörders Lüdke in Robert Siodmaks Film »Nachts, wenn der Teufel kam« feierte er 1957 seinen internationalen Durchbruch. Seit den 1960er-Jahren lebt und arbeitet er vorwiegend in Italien. Große Erfolge erzielte er unter anderem mit den Filmen »Die Blechtrommel«, »Der Schattenmann«, »Momo«, »Der große Bellheim« oder »Rossini«. In über 70 Kinoproduktionen war Mario Adorf in tragenden Rollen zu sehen und wurde mit den renommiertesten Filmpreisen bedacht. Mario Adorf berichtet im Gespräch mit den Autoren, wie das Älterwerden eine innere Reifung abverlangt.

Als Filmschauspieler haben Sie eine besonders lange historische Präsenzzeit, denn Sie leben schließlich auf der Leinwand und dem TV-Bildschirm noch lange nach dem Tod weiter. Wie empfinden Sie vor diesem Hintergrund das Älterwerden?
Ich nehme an, und vielleicht ist es eine berufliche Deformation, dass der Schauspieler sich intensiver beobachtet als der Durchschnittsmensch, jedenfalls empfinde ich das Älterwerden weniger, als dass ich es unablässig an mir und anderen beobachte und analysiere.

Welche Überzeugung hilft Ihnen dabei?
Beim Älterwerden? Gewiss nicht die weitverbreitete Seniorenheiterkeit: Wie schön ist das Alter! Es gibt keine Überzeugung, die

mir helfen kann. Es ist die vage Hoffnung, dass mir die schlimmsten Prüfungen, eine schwere Krankheit etwa, erspart bleiben mögen. Und wenn dem nicht so sein soll, dann übe ich mich im Voraus darin, nicht zu fragen: Warum (ausgerechnet) ich? Sondern: Warum ich nicht?

Wie sehen Ihre weiteren Ziele aus?
Die Ziele sind die gleichen wie früher, nur der Weg dahin wird immer kürzer gesteckt.

Und das Nichterreichen dieser Ziele würde mich nicht mehr schrecken. Georg Kaiser sagte: »Alles ist Vorübung für etwas, das wir nicht leisten werden.«

Was können Sie jüngeren Menschen mit auf den Weg geben?
Ich habe mich immer gehütet, jungen Menschen gute Ratschläge zu geben. Wie wir wissen, werden sie ja nicht befolgt, beziehungsweise das Gegenteil wird gemacht. Scherzhaft gesagt, wäre daher logisch, schlechte Ratschläge zu geben, die ja auch nicht befolgt würden, sodass aus dem Zuwiderhandeln sich schließlich doch das Gute ergeben könnte.

Was sollte sich in Bezug auf das Älterwerden schleunigst in der Gesellschaft ändern?
Der übertriebene Jugendwahn.

6.

ICH WERDE ÄLTER UND WEISS, DASS SCHEITERN ZUM LEBEN GEHÖRT

Erst ein Scheitern lässt uns innehalten, um zu sehen, was einem geblieben ist, hat der polnisch-englische Schriftsteller Joseph Conrad gesagt. Durch die moderne Forschung wissen wir, dass es im Leben immer um die innere Stabilität geht. Diese ist nur zu erreichen, wenn man auch mal gescheitert oder einen falschen Weg gegangen ist. Dass Scheitern für unser inneres Gleichgewicht notwendig ist, begreift man erst mit zunehmendem Alter.

FORSCHUNG –
Vom Maat der Reserve zum Prinzip der Parallelaktion

Der dicke Luftpolsterumschlag trug einen Stempel, den Pöppel schon lange nicht mehr gesehen hatte. Ein Kreuz mit vier gleichlangen Schenkeln, die sich zu den Außenseiten hin verdicken. Darunter in blauen Buchstaben der Schriftzug: Marine. Abgestempelt im Jahr 2009 in Kiel. Dort hatten immer die Ausbildungsreisen mit dem Segelschulschiff »Gorch Fock« und der Fregatte »Graf Spee« begonnen, an denen Pöppel als junger Mann teilgenommen hatte. Unwillkürlich fing sein Herz wieder zu rasen an, genau wie damals, als er vor Jahrzehnten den letzten Brief der Marine erhalten hatte.

Der Kadett mischt sich ein

Das war Anfang der Sechzigerjahre gewesen. Die Zeit des Kalten Krieges und des Mauerbaus in Berlin. Das rote Telefon zur Konfliktentschärfung war noch nicht eingerichtet. Die Supermächte standen wegen der sowjetischen Atomraketen auf Kuba am Rand eines neuen Weltkriegs. Atomwaffen der USA wurden auch auf deutschem Boden stationiert. Der deutsche Verteidigungsminister wollte aber noch mehr, nämlich dass die Bundeswehr ebenfalls mit Atomwaffen bestückt würde.

»Aufgrund unserer Geschichte können wir nicht den Anspruch erheben, dass das deutsche Militär Zugang zu Atomwaffen und damit eine weltpolitische Macht erhält«, hatte Pöppel daraufhin an seinen obersten Kapitän geschrieben. Er hatte sich vorgestellt, dass sein Brief eine Diskussion über die neue Bewaffnung entfachen würde. Er hatte sich auch vorgestellt, dass er als Soldat ein Bürger in Uniform sei, mit dem Recht auf freie Meinungsäußerung. Doch dann wurde er auf der Hardthöhe in Bonn, dem Sitz des Verteidigungsministeriums, eines anderen belehrt. Hier musste er sich vor einem Admiral der Marine rechtfertigen. Die Stimmung war laut und explosiv. Was der Kadett sich einbilde, was er sich dabei gedacht habe, was er wohl glaube, wer er sei, wer hinter diesem Brief stehe, wie sein Auftraggeber heiße, ob er ein Spion aus dem Osten sei. Die Fragen kamen schnell, wie aus dem Maschinengewehr. Nach einer Stunde war das Verhör beendet. Pöppel klingelten die Ohren. Er war aufgebracht. Er hatte nicht viel sagen können, denn jedes Mal, wenn er mit seiner Erklärung ansetzen wollte, hatte der Admiral schon weitergebrüllt. Das Ergebnis der Aussprache oder besser des Verhörs war wohl schon von vornherein festgelegt. Denn als Pöppel wieder in die Marineschule Flensburg-Mürwik zurückkam, wo er jetzt stationiert war, lag der Brief bereits in seinem Postfach. Darin wurde ihm mitgeteilt, dass er nicht für die höhere Offizierslaufbahn geeignet sei, und er wurde in der Position eines Maats der Reserve, einem Unteroffiziersgrad, entlassen. Auch unter den Kameraden hatte sich das schon gerüchteweise herumgesprochen. Sie schauten ihn mit frostigem Blick an. Pöppel – »der Spion, der aus dem Osten kam«. Kein Wunder, dass er Jahrzehnte später wieder erstaunt war, als der Brief der Marine eintraf.

Nachträgliche Anerkennung

Der Umschlag enthielt einige Zeilen und eine CD. »Sehr geehrter Herr Professor Pöppel, lieber Ernst, mit Freude möchten wir heute ein Präsent überreichen, das uns an die schöne gemeinsame Zeit auf der ›Graf Spee‹ erinnert …« Es handelte sich um eine Aufnahme des Hörspiels »Die Panne« von Dürrenmatt. Pöppel hatte es damals für das Schiffsradio inszeniert, wobei er die wenigen weiblichen Stimmen entfernte, weil die Mannschaft schließlich nur aus Männern bestand. Die CD packte er gar nicht erst aus: »Wer weiß, wie peinlich meine Stimme wohl klingt. Das möchte ich gar nicht hören.« Aber den Brief las er noch einmal durch. Denn er klang geradezu wie eine Danksagung. Zwar nachträglich und inoffiziell, aber trotzdem eindeutig freundlich. Der Tonfall in diesem Brief und das Anliegen erweckten den Eindruck, als sei seine ehemalige Crew IV/60, der er offiziell immer noch angehörte, mittlerweile sogar stolz auf ihn.

Schluss jetzt. Sicher, er war damals gescheitert mit seinem Ziel, Marineoffizier zu werden. Aber das war ein Missverständnis auf beiden Seiten gewesen und war lange vorbei. Schon bald danach hatte er sich erleichtert gefühlt. Denn er hätte sich in einer Gemeinschaft, in der man seine Meinung nicht sagen darf, auf Dauer sowieso nicht wohlgefühlt. Mittlerweile hatte er mit dem Prinzip des Scheiterns seinen Frieden geschlossen. Und mehr noch: Im Laufe seines weiteren Lebens hatte er sogar eine wissenschaftliche Theorie des Scheiterns – das Prinzip der Parallelaktion – entworfen, die es ihm erleichterte, an den missglückten Stationen seines Lebens aufrecht weiterzugehen.

Streitgespräch in Cambridge

Die wissenschaftliche Theorie des Scheiterns wurzelt in einer hitzigen Diskussion am Massachusetts Institute of Technology (MIT) in Cambridge, wo Pöppel in den Siebzigerjahren, gute zehn Jahre nach seinem Marineerlebnis, als Gastwissenschaftler arbeitete. Dort hielt sich zur selben Zeit der sehr bekannte amerikanische Psychologe James J. Gibson als Gastprofessor auf. Gibson hatte sich auf die visuelle Wahrnehmung und die Wahrnehmung im Allgemeinen spezialisiert. Jeden Freitagnachmittag fand am psychologischen Institut des MIT ein wissenschaftliches Seminar statt, wo auch Gibson sprach. Einmal stellte er dort seine Wahrnehmungstheorie vor: »Die körperliche und die bewusste Erfahrung sind völlig unterschiedliche Seinsbereiche«, so Gibson. »Diese Fliege hier im Raum ist für uns lästig. Einer Schwalbe wäre sie willkommen, die würde sich darauf stürzen. So bestimmen die Bedürfnisse eines Organismus, ob eine Fliege wichtige Beute, lästige Begleiterscheinung oder vielleicht auch nur unbedeutender Sachverhalt ist. Und dafür ist es unerheblich, wie diese Fliege im Gehirn rezipiert wird. Wir sehen die Welt also nicht, wie sie ist. Sondern wir haben gelernt, das zu sehen, was wir sehen wollen. Und dafür ist es völlig egal, was im Gehirn vorgeht.« – Pöppel hörte interessiert zu. Aber der Schlusssatz überzeugte ihn nicht. Denn das Gehirn ist unser wichtigstes Organ, oder – nach Woody Allen – unser zweitwichtigstes. Alles, was wir brauchen, tragen wir mit dem Gehirn bei uns. »Meiner Meinung nach können wir nicht unter Umgehung des Gehirns über die Frage der Wahrnehmung nachdenken, denn es sind Verarbeitungsprozesse im Gehirn, welche die Welt stabil erscheinen lassen«, antwortete er. – »Aber natürlich können wir das Gehirn umgehen«, meinte Gibson, der den Einwand des jungen Wissenschaftlers nicht besonders ernst nahm. »Sie fahren doch Auto. Machen Sie sich denn jedes Mal klar, was passiert, wenn Sie das Gaspedal drücken? Oder geht es Ihnen wie allen Autofahrern, dass Sie nur schnell und sicher von A nach B kommen wollen?« – Aber Pöppel ließ sich nicht so leicht aus der Fassung bringen. Die Mittwochskolloquien mit Konrad Lorenz waren eine gute Lehrzeit gewesen, um sich in solchen Situationen nicht einschüchtern zu lassen. »Der Unterschied zum Pkw besteht darin, dass die Autofahrer das Produkt nur benutzen. Wir aber sind Forscher. Also müssten wir uns mit den Ingenieuren messen, denen die Vorgänge im Motor sicher bewusst sind.« Pöppel wollte nun aber den Bezug zu einem bestimmten Regelprinzip herstellen: »Das Reafferenzprinzip besagt, dass wir zum Beispiel bei einer Augen- oder Kopfbewegung die Umwelt als unbeweglich wahrnehmen. Das ist doch verwunderlich. Wieso sehe ich die Welt als stabil, wenn ich mich in ihr bewege und das Bild in meinen Augen sich dadurch permanent verändert. Offenbar gleicht das Gehirn die Bewegungen aus, die von ihm selbst erzeugt werden. Somit prägt das Gehirn unsere Wahrnehmung, das sollte uns doch interessieren.« – Gibson war jedoch offenbar zu sehr von seiner eigenen wissenschaftlichen Bedeutung beeindruckt, um sein Lebenswerk von einem jungen Forscher kritisieren zu lassen. So beendete er seinen Vortrag: »Der Versuch zu erklären, was im Gehirn vor sich geht, ist unspezifisch physikalisch. Die menschliche Wahrnehmung ist darauf gerichtet, die eigenen Handlungsmöglichkeiten zu erkennen. Damit erwerben wir eine mentale Orientierung, die wir im Laufe des Lebens immer weiter aufbauen.«

Lässt sich das Reafferenzprinzip verallgemeinern?

Pöppel war frustriert. »Der wollte mich doch gar nicht verstehen«, meinte er zu seinem Mentor Professor Hans-Lukas Teuber, ein deutsch-amerikanischer Wissenschaftler und Vorstand des Departements für Psychologie am MIT. – »Sei nicht verärgert. Ihr habt auf verschiedenen Ebenen argumentiert«, entgegnete der wohlwollend. »Lass uns besser gemeinsam über eine Verallgemeinerung des Reafferenzprinzips nachdenken. Du hast da eine gute Überlegung geäußert.« – Pöppels schlechte Laune verflog. Das Konstruktive ist doch immer besser als der Ärger über verflossene Situationen.

Sein Mentor Teuber hatte Pöppels Idee verstanden. Das Reafferenzprinzip erklärt, wieso die Umgebung stabil erscheint, wenn wir uns bewegen, und es besagt, dass bei jeder Bewegung nicht nur die entsprechenden Muskeln in Gang gesetzt werden, sondern auch eine Kopie der beabsichtigten Bewegung im Gehirn gespeichert wird. Wenn die Bewegung – also auch eine Augenbewegung – beendet wird, das Ziel also erreicht ist, gibt es eine Rückmeldung über die Sinnesorgane ins Gehirn. Dort wird die Rückmeldung mit der gespeicherten Bewegung verglichen. Das gespeicherte Programm ist die sogenannte Efferenzkopie, die 1950 von den Wissenschaftlern Erich von Holst und Horst Mittelstaedt beschrieben, konzeptionell aber schon von Hermann von Helmholtz im 19. Jahrhundert formuliert worden war.

Mitten in einer tiefen Winternacht bot sich die Gelegenheit, das Gespräch wieder aufzugreifen. Teuber hatte in New York zu tun gehabt, er war dabei, das bedeutendste interdisziplinäre

Forschungsinstitut in den USA aufzubauen. Abends wollte er wieder in Cambridge sein, wegen eines Schneesturms kam er aber erst um Mitternacht ins MIT. Pöppel machte es nichts aus, so lange auf ihn zu warten. Hans-Lukas Teuber war immerhin einer seiner wichtigsten akademischen Lehrer, und die Gespräche mit ihm waren immer sehr aufschlussreich.

»Wenn sich die beabsichtigte Bewegung und die Rückmeldung entsprechen, wird dies vom Gehirn so interpretiert, dass sich in der Welt selbst nichts verändert hat, also alles stabil geblieben ist. Das stabile Bild sorgt auch für einen ungestörten Gleichgewichtssinn, sodass uns bei unseren Eigenbewegungen nicht schwindelig wird. Im Alkoholrausch funktioniert das Prinzip dann allerdings nicht mehr so gut. Die optischen Informationen und der Gleichgewichtssinn reden nicht mehr miteinander, sie sind voneinander entkoppelt«, sagte Pöppel und rekapitulierte damit noch einmal, was über das Reafferenzprinzip bekannt war. Teuber dachte offenbar an seinen stürmischen Herflug: »Wenn man mit dem Flugzeug durchgeschüttelt wird oder in Luftlöchern tief absackt, stellt sich ein etwas anderes Phänomen ein. Desgleichen bei der Seekrankheit und Reisekrankheit. In diesen Fällen wird die Übelkeit dadurch bedingt, dass die Interaktion zwischen dem Gleichgewichtssystem und dem Auge nicht mehr funktioniert. Die Informationen von Optik und Gleichgewichtssinn entsprechen sich nicht mehr. Und wenn das Gehirn die Welt als instabil interpretiert, kann das zum Erbrechen führen.«

Dieses Phänomen der Seekrankheit ist übrigens auch von Astronauten bekannt: Aufgrund der fehlenden Schwerkraft kann der Gleichgewichtssinn nicht richtig arbeiten. Dadurch wird dem Gehirn eine unbewegte Welt vorgegaukelt, während ihm die Augen einen bewegten Eindruck vermitteln. Deswegen leiden Astronauten an Raumkrankheit. Und auch diese lässt sich durch das Reafferenzprinzip erklären.

Die Spannung zwischen Erwartung und Erfüllung

Gemeinsam mit Teuber dachte Pöppel nun einen Schritt weiter, und Teuber ermunterte ihn, das Reafferenzprinzip in einer allgemeineren Weise darzustellen, die auch das zielorientierte Verhalten mit einbeziehen würde. – »Das werde ich machen«, versprach Pöppel ihm. Doch er war der Meinung, dass er für das allgemeine Reafferenzprinzip einen neuen Namen benötigte. Irgendetwas, was die Spannung zwischen der Erwartung und der Erfüllung mit nachfolgender Handlungsrückmeldung ausdrückt. Deshalb bezeichnete er es fortan als das »Prinzip der Parallelaktion«.

Wer ein Ziel hat, erstellt auch eine entsprechende Strategie mit Zwischenzielen. Diese Pläne werden im Gehirn gespeichert. Damit hat man ein System der Selbstüberwachung in sich. Das Gehirn vergleicht das gespeicherte Ziel mit dem Stand der Dinge. Erst wenn das gespeicherte mit dem erreichten Ziel zusammenfällt, wird die Freisetzung des Neurotransmitters Dopamin im Belohnungszentrum (Nucleus accumbens) gefördert. Diese Aktivierung führt zu einem angenehmen Gefühl. Glück und Zufriedenheit stellen sich ein.

Wir können also den Zustand der Zufriedenheit nur dann erreichen, wenn wir realistische Ziele bestimmen. Diese können greifbar nah sein, wie etwa jemandem einen Brief oder eine E-Mail schicken. Sie können mittelfristig angelegt sein, wie ein Buch schreiben, eine neue Sprache lernen oder beruflich eine weitere Karrierestufe erklimmen. Sie können aber auch sehr weit gesteckt sein, sodass sie das ganze Leben bestimmen. Wie etwa eine Familie gründen und für die Kinder auch wirklich da sein. Oder ein Haus bauen und womöglich bis ins Alter den Kredit bei der Bank abbezahlen. Oder sich einem Forschungsprojekt verschreiben, das erst Jahrzehnte später Ergebnisse erzielen wird. Um ein zufriedenes Leben zu führen, sollten wir also immer in einem leichten inneren Spannungszustand handeln. Der wird durch ein selbst gestecktes, realistisches Ziel aufgebaut. Erreicht man das Ziel und auch seine Zwischenetappen, belohnt uns das Gehirn mit einer gehörigen Dopaminausschüttung – und, wie gesagt, damit auch mit Glück und Zufriedenheit.

Das Pick'sche Syndrom und die Anzüglichkeit

Bei Patienten mit einer bestimmten Hirnerkrankung geht allerdings die Fähigkeit verloren, Ziele zu definieren und sie erreichen zu wollen. Zum Beispiel bei diesem Mann, der im Jahr 2008, vor Pöppel stand. Die Ehefrau hatte ihn ins Institut für Medizinische Psychologie gebracht und den Hirnforscher um Hilfe gebeten. Der Mann litt unter dem Pick'schen Syndrom. Das Leben mit ihm sei so schwer geworden, sie würde ihn gar nicht mehr wiedererkennen, erzählte sie. Früher sei er ein toller und feinfühliger Mann gewesen. Aber heute lebe er in den Tag hinein, er lasse sich gehen und sei sehr anzüglich geworden. Dann ließ sie den Professor alleine mit ihrem Mann.

Die ersten Sätze waren noch ganz normal. E.H. beantwortete ohne Schwierigkeiten Pöppels Fragen, wie es ihm gehe und wie die Fahrt nach München verlaufen sei. Dann schnitt E.H. wie aus heiterem Himmel ein neues Thema an. »Ich möchte mal wieder mit meiner Frau schlafen. Aber sie will einfach nicht.« Pöppel schaute irritiert. Er wusste zwar, dass es bei Patienten mit dem Pick'schen Syndrom zu einer fortschreitenden Veränderung der Persönlichkeit und der sozialen Verhaltensweisen kommt. Aber es war neu für ihn, dass diese Patienten ihre unmittelbarsten Bedürfnisse so unvermutet mitteilen. Denn was Menschen normalerweise auszeichnet, ist: Sie können warten. Sie können eine Pause zwischen dem Auftreten eines Bedürfnisses und seiner Erfüllung einlegen. Aber bei Menschen mit Pick'schem Syndrom geht diese Fähigkeit verloren. Vor allem die intimen Angelegenheiten werden nicht mehr zurückhaltend behandelt.

Bevor Pöppel wusste, was er auf E.H.s Offenbarung antworten sollte, begann der schon zu erzählen: Wie viele Frauen ihn in der letzten Zeit angemacht hätten, wie sie dabei flirteten und lächelten, wie sie sich auffordernd bewegten, was ihm an ihnen besonders gefalle, wie und wo er am liebsten mit ihnen geschlafen hätte. Pöppel machte sich bewusst, dass dieser Mann in einer Fantasiewelt lebte. ›Für jemanden mit einem Hammer sieht alles aus wie ein Nagel‹, dachte er sich. Und in E.H. hatte sich offenbar ein hoher hormoneller Druck aufgebaut. Goethe hat das in der Szene »Hexenküche« in seinem »Faust« sehr anschaulich beschrieben: »Mit diesem Trank in deinem Leibe siehst du bald Helena in jedem Weibe.« In Kombination mit einer niedrigen Hemmschwelle und fehlenden sozialen Bremsen bezog E.H. schließlich jedes kleine, unbeabsichtigte Signal von Frauen auf sich.

Das Pick'sche Syndrom ist eine besondere Form von Demenz, bei der innerhalb von wenigen Jahren die Gehirnzellen im Frontallappen, also direkt hinter der Stirn, zugrunde gehen. Dies ist unaufhaltbar und hat tragische Konsequenzen. Denn in diesem Bereich ist die Fähigkeit angesiedelt, einzelne Schritte zu einer zielgerichteten Handlung zu ordnen. Die Betroffenen können also keine Ziele aufbauen und zu erreichen versuchen. Außerdem stumpfen sie emotional ab, zeigen einen Hang zu schmutzigen Witzen und ändern ihr Wesen. Aus zielorientierten Menschen werden Träumer, die in den Tag hinein leben. Egal, was Pöppel seinen Patienten über Finanzen, das kommende Weihnachtsfest oder Urlaubspläne auch fragte, es kam nie eine angemessene Antwort. Stattdessen klammerte sich E.H. an alte, längst nicht mehr aktuelle Ziele: So war er fixiert auf eine absolute Verehrung seiner Kinder, übersah aber dabei, dass diese mittlerweile zu Jugendlichen herangewachsen waren und ihre eigenen Pläne hatten. Pöppel versuchte, im Laufe der Therapie zusammen mit E.H. herauszufinden, was dieser gerne machen würde, um dann kurzfristige

Ziele zu vereinbaren und Rituale für den Tagesablauf zu finden. Allerdings haben solche Therapien nur einen aufschiebenden Erfolg. Die Krankheit lässt sich damit nicht stoppen. Irgendwann kommt es in jedem Fall zu starker Unruhe, Depressionen, Schlafstörungen, starken Sprachstörungen; die Patienten vergessen einfache Fakten wie zum Beispiel ihre Adresse. Wenige Jahre nach der Diagnose kommt es zum Tod.

Das Prinzip der Parallelaktion

»Es gehört zu unserem Wesen, Empathie und Mitgefühl zu zeigen. Und es gehört genauso zu unserem Wesen, die Welt analytisch zu durchdringen«, sagte sich Pöppel. »Ich habe Mitgefühl mit diesem Patienten und seiner Familie, aber das darf mich nicht daran hindern, meine Beobachtungen in die Forschung einfließen zu lassen.« Denn es gilt wieder einmal: In der Störung zeigt sich das Normale. Dieser Patient hat keine Ziele mehr, seit der Abbau der Neuronen im Frontalhirn begonnen hat. Damit löst sich auch das Prinzip der Parallelaktion auf. Denn etwa 40 Prozent des gesamten Gehirns im Frontalbereich dienen dem Zweck, sich zu beherrschen, warten zu können, sich die Konsequenzen von Handlungen auszumalen, die Perspektive eines anderen einnehmen zu können, Distanz zu sich zu haben und zwischen gut und schlecht abwägen zu können. Also mit anderen Worten: Ziele erreichen zu wollen. Und dahinter steckt das Prinzip der Parallelaktion, mit dem wir Ziele im Gehirn fixieren und sie zu erreichen versuchen, um dann das belohnende Gefühl des Erfolgs zu genießen. Aber auch: beim Nichterreichen von Zielen das Gefühl des Scheiterns zu haben.

Pöppel schüttelte unwirsch den Kopf. Er hielt immer noch den Brief von der Marine in der Hand, mit dem das Nachdenken über das Scheitern begonnen hatte. Wobei es sich nicht eigentlich um Nachdenken handelte, sondern um eine Abfolge von Lebensbildern. Wie lange hatte diese Bilderreise jetzt gedauert? Zwei Minuten? Tatsächlich jedenfalls hatte es Jahrzehnte in Anspruch genommen, um mithilfe des Prinzips der Parallelaktion zu begründen, wie Scheitern abläuft: Menschen beginnen eine Handlung mit einer bestimmten Erwartung, das heißt, sie steuern ein Ziel an. Alle Aktionen, die damit verbunden sind, das Ziel zu erreichen, bleiben in einem selbst gespeichert und werden immer mit dem angestrebten Ziel verglichen. Wird dieses Ziel nicht erreicht, stellt sich Frustration ein – wir sind gescheitert.

Fazit für das Älterwerden

Scheitern gehört zum Leben. Das ist in der Jugend genauso wie im Alter. Doch man lernt mit zunehmendem Alter, besser mit dem Scheitern umzugehen. Denn wir lernen im Lauf der Zeit, dass das Leben nicht planbar ist. Man scheitert ja deshalb, weil man sich etwas vornimmt, dessen Ausgang man noch nicht kennt. Nur wer ein Risiko auf sich nimmt beziehungsweise auf sich genommen hat, kann scheitern – oder eben auch erfolgreich sein. Älteren Menschen gelingt es durch diese Lebenserfahrung besser, das Scheitern als impliziten Bestandteil des Erfolgs anzuerkennen: denn der Erfolg im Leben stellt sich eben nur ein, wenn man etwas Neues wagt und damit auch das mögliche Scheitern akzeptiert. Das Scheitern ist also ein Lebensprinzip. Dies zu erkennen, macht einen Menschen innerlich stabil.

SELBSTREFLEXION – Man erreicht mehr, als man denkt

Ich scheitere täglich, aber weil ich das weiß und akzeptiere, habe ich eine gewisse Fehlerfreundlichkeit mir gegenüber aufgebaut. Was mir zusätzlich hilft, mit dem Scheitern zurechtzukommen, ist Humor. Nur wer über sich selbst lachen kann, hat eine Chance, mit sich und den eigenen Unzulänglichkeiten auszukommen.

Hinter diesen Prinzipien – Fehlerfreundlichkeit und Humor – steckt eine Art Realitätstherapie, die ich mir als ausgebildeter Gesprächpsychotherapeut selbst verordnet habe. Ich versuche mir klarzumachen, dass ich Ziele setzen muss, die erreichbar sind. Dazu ist es wichtig, mit offenen Augen durch die Welt zu gehen. Ziele, berufliche wie private, sind fast nie auf direktem Wege zu erreichen. Hier verfahre ich nach dem Prinzip der Serendipität, das auf ein persisches Märchen, »Die drei Prinzen von Serendip«, zurückgeht: mit offenen Augen durch die Welt gehen und Zufälle aufgreifen, die sich dann als überraschende Entdeckungen erweisen. Dann erreiche ich oft auch ein persönliches Ziel, das vielleicht implizit in mir wartete, auch wenn es gar nicht das ursprünglich Gesuchte ist. Auch wenn ich jeden Tag meine, ich hätte nichts erreicht: Abends stelle ich dann erstaunt fest, dass es doch eine ganze Menge war.

Nicht einverstanden bin ich mit manchen Formen der Psychotherapie, die versuchen, nach einem traumatischen oder schmerzhaften Erlebnis die Grundstrukturen der Persönlichkeit an die Erfordernisse des Lebens anzupassen. Denn das ist zum Scheitern verurteilt. Was geschehen ist, ist geschehen. Es gibt kein Zurück. Man ist, wie man ist. Man hat nur die Möglichkeit, eine gewisse Selbsttransparenz zu erzeugen, sich von außen zu betrachten oder sich im Spiegel zu sehen. Sich zu erkennen und zu akzeptieren, wie man ist, inklusive seiner Fehler und Schwächen, ist das einzig sinnvolle Ziel einer Therapie. Auch ich versuche immerzu, eigene Umgangsformen mit mir selbst zu entwickeln, um mich zu ertragen, was aber nicht immer gelingt.

Wenn Glück unglücklich macht

Sozial bin ich oft gescheitert. Das ist für mich insofern interessant, als man mir als Professor eine Karriere nachsagt. Denn gleichzeitig sind mir Freundschaften ein wichtiges Ziel in meinem Leben.

Sie sind mir sehr wertvoll, denn die Welt wird durch den Wert des Wortes von Menschen zusammengehalten.

Das Scheitern liegt darin, dass ich nach jedem Schritt des Erfolgs weniger Freunde hatte. Ich merkte in der Reaktion des anderen sofort, ob er sich für mich oder mit mir freute, oder ob er einen Stich im Herzen und Missgunst empfand. Deshalb bin ich aus einer Situation des Glücks oftmals sehr unglücklich und betroffen herausgegangen, weil ich merkte, dass sich andere gar nicht mitfreuen konnten.

Richtig gescheitert bin ich in meinen Liebesbeziehungen. Hier lag der Grund oft darin, dass ich die falschen Ziele verfolgte, Ziele, die nicht erreichbar waren. Zum Beispiel hatte ich das Ziel, absolut offen zu sein und dem anderen immer alles zu sagen. Heute weiß ich, dass das ein Fehler war. Man muss auch seine Geheimnisse wahren; was einem durch den Kopf geht, kann den anderen auch zerstören und verletzen. Und wer sagt überhaupt, dass das gesprochene Wort wichtiger ist als die wortlose Handlung.

Ein anderes Ziel war, alle Bedürfnisse gemeinsam mit dem Partner zu befriedigen. Diese Bedürfnisse erstrecken sich auf den gesamten Lebensbereich, wie Beruf, Freundschaft, Sexualität, Kultur und so weiter. Heute weiß ich, dass die andere Person und ich jeweils Freiheiten brauchen, weil die verschiedenen Teilziele nicht alle übereinstimmen können.

Eine Beziehung geht zu Ende, wenn man sich fremd und die gemeinsame Schnittmenge zu klein geworden ist. An diesem Punkt sollte man etwas Erloschenes auf charmante und würdige Weise beenden, damit man sich auch hinterher noch in die Augen sehen kann. Dies ist mir auch nicht immer gelungen.

Sehr häufig bin ich zudem im beruflichen Bereich gescheitert. Das bedeutet für mich als Wissenschaftler, nicht erfolgreich mit anderen Teilkulturen zusammenarbeiten zu können. Ich bin zum Beispiel bisher an einem Projekt gescheitert, bei dem es darum ging, wie man Erkenntnisse aus den Wissenschaften der Wirtschaft zur Verfügung stellen kann. Ich konnte viele Menschen von der Idee begeistern. Aber letztlich habe ich es noch nicht geschafft, die Politiker dazu zu bewegen, das Projekt finanziell zu unterstützen. Vielleicht konnte ich mein Ziel nicht richtig deutlich machen. Oder war es zu weit von der ökonomischen Wertschöpfung entfernt?

Mehrere Ziele gleichzeitig verfolgen

Aber merkwürdigerweise mache ich doch immer wieder Fortschritte, und bei der Bilanz meines bisherigen Lebens stelle ich fest, wie oft ich auch Glück gehabt habe, wie oft mir etwas gelungen ist, ohne dass ich es wollte. Das heißt, ich verfolge immer mehrere Ziele gleichzeitig. Wenn das vordergründige Ziel nicht zu erreichen ist, versuche ich trotzdem, das Beste daraus zu machen und offen für Zufälle und neue Anregungen zu sein. Manchmal bilden sich aus den Endpunkten eines gescheiterten Ziels neue Wegkreuzungen, die mich einem anderen Ziel dann wieder ein gutes Stück näher bringen. Der Punkt ist also, am Scheitern nicht zu verzweifeln. Denn das Delta, also der empfundene Abstand zwischen dem Status quo und den angestrebten Zielen, bewirkt Frustration und Antrieb. Ein Satz aus dem Roman »Der Mann ohne Eigenschaften« von Robert Musil ist in diesem Zusammenhang vielleicht hilfreich: »Was man erreicht, formt die Seele, während das, was man ohne Erfüllung will, sie nur verbiegt.«

TIPPS FÜR DIE LESER

Wie Sie das Scheitern als Chance nutzen

Menschen setzen sich Ziele. Aber manchmal erreichen sie die Ziele nicht. Nutzen Sie diese Momente des Scheiterns, um sich zu fragen, wer Sie sind und was Sie eigentlich wollen. Die folgenden Tipps helfen Ihnen dabei, wie übrigens auch beim Überwinden der Krise.

☞ Netzwerken: Nutzen Sie Internet-Kontaktnetzwerke, geläufiger als Social Networks bezeichnet. Blogs oder Twitter sind beispielsweise Möglichkeiten, Spuren und Erinnerungen zu hinterlassen. Und durch die Reaktionen der anderen kann man sich stets seiner selbst versichern. Das sind akzeptable Versuche, die Einsamkeit zu überwinden, die ja auch Zeugnis eines Scheiterns sein kann.

☞ Selbsttherapie: Vergegenwärtigen Sie sich drei Situationen Ihres Lebens, in denen Sie gescheitert sind. Schreiben Sie sie auf. Überlegen Sie dann, welche positiven Wendungen Ihnen jede dieser Situationen gebracht hat.

☞ Ziele reduzieren: Wenn Sie merken, dass Sie Ihren Zielen hinterherhecheln, machen Sie sich bewusst, dass es zu viele geworden sind. Denn Ziele sollen Kraft geben, aber nicht Kraft rauben. Jetzt heißt es, zwischen den verschiedenen Zielen abzuwägen, auszuwählen und einige über Bord zu schmeißen.

☞ Lächeln gegen Misserfolg: Versuchen Sie, andere Menschen anzulächeln und freundlich zu sein. Nach einer psychologischen Theorie der Gefühle geht es Ihnen dann selbst besser. Außerdem ermöglichen Sie anderen Menschen damit, leicht zu Ihnen in Kontakt zu treten. Diese neuen Kontakte helfen wiederum Ihnen selbst, Ihre vielleicht durch das Scheitern verletzte Identität zu heilen.

☞ Vergleich mit anderen: Zum Menschsein gehört das Scheitern dazu. Denn die Ziele liegen in der Zukunft und im Ungewissen, deshalb können Sie den Erfolg nicht vorhersehen. Wenn es Ihnen hilft zu erfahren, wie andere Menschen mit dem Scheitern umgehen, dann lesen Sie den Roman *Lord Jim* von Joseph Conrad. Machen Sie sich bewusst, dass Scheitern zum Schicksal eines Menschen gehört, wenn er etwas erreichen will und sich für seine Ziele einsetzt.

Ein humorvolles Gedicht über das Scheitern hat die polnisch-deutsch-jüdische Lyrikerin Mascha Kaléko geschrieben.

Wie wäre es mit einem »Borschtsch«?
Man nehme erstens zirka sieben
Fein abgeschälte rote Rüben.
Dann hacke man den Weißkohl klein,
Tu Zwiebel, Salz und Essig rein.
Mit Hammelfleisch muss das nun kochen,
Auf kleiner Flamme, sieben Wochen.
Jetzt Kaviar und Wodka ran
Nebst Zimt und frischem Thymian.
Nun schüttet man das Ganze aus
Und isst am besten – außer Haus.

Mascha Kaléko

INTERVIEW MIT

dem Politiker Dr. Bernhard Vogel

Dr. Bernhard Vogel (geb. 1932) ist der bislang einzige Mensch in Deutschland, der in zwei verschiedenen Bundesländern Ministerpräsident war, nämlich von 1976 bis 1988 in Rheinland-Pfalz und von 1992 bis 2003 in Thüringen. Außerdem ist er seit 1989 (mit Unterbrechung) Vorsitzender der Konrad-Adenauer-Stiftung. Dass es nach dem Scheitern weitergehen muss und kann, das hat Bernhard Vogel auf eindrucksvolle Weise erfahren, nachdem er auf dem Koblenzer Parteitag 1988 als CDU-Landesvorsitzender und Ministerpräsident von Rheinland-Pfalz von seinem Parteigenossen Hans-Otto Wilhelm gestürzt wurde: Vogel kandidierte danach erfolgreich in Thüringen.

Als Ihre Ministerpräsidentschaft in Rheinland-Pfalz im Jahr 1988 so abrupt beendet wurde, waren Sie 56. Gar nicht so wenige Menschen hätten sich dann zur Ruhe gesetzt und ihre Wunden geleckt. Sie aber gehen Ihren Berufsweg bis heute erfolgreich weiter. Wie machen Sie das?
Auf die Idee, mich einmal auszuruhen und nichts mehr zu tun, bin ich noch nie gekommen. Ich habe kein geruhsames Berufsleben geführt; wahrscheinlich bin ich deshalb nun auch kein geruhsamer Rentner, sondern habe immer noch die unterschiedlichsten Aufgaben zu bewältigen. Mein aktuelles Ziel ist es, mein Amt als Vorsitzender der Konrad-Adenauer-Stiftung gut auszufüllen. Dazu gehört sowohl das Sich-Kümmern um unsere Geschichte als auch der intensive Stipendiatenaustausch weltweit, also alles, was dazu beiträgt, die Demokratie weiter zu festigen. Wenn ich meine Aufgaben an der Spitze der Adenauerstiftung zu einem guten Ende geführt haben werde, möchte ich mir etwas mehr Zeit für mich selbst einräumen. Ich würde gerne über einiges nachdenken und für mich ein bisschen ordnen, was ich über die Jahre erlebt habe. Außerdem würde ich dann mehr lesen und zudem einmal an Orte in der Welt reisen, weil sie mich interessieren, und nicht, weil ich aus beruflichen Gründen reisen muss.

Wie gehen Sie mit dem Älterwerden um?
Ich fange langsam an, mir zu vergegenwärtigen, dass ich mittlerweile zur älteren oder gar zur alten Generation gehöre. Das ist eine sehr ungewohnte Vorstellung, denn einen Großteil meines Lebens gehörte ich zu den Jungen oder Jüngeren in einer jeweiligen Position. So habe ich beispielsweise mit 32 Jahren bei den

Bundestagswahlen das Direktmandat meines Wahlkreises gewonnen. Oder mit 35 Jahren wurde ich Landesminister für Unterricht und Kultus.

Dass das nun vorbei ist, mache ich mir vom Kopf her klar, gelegentlich fühle ich das Älterwerden auch körperlich. Das Bewusstwerden der eigenen Vergänglichkeit geht bei mir aber gänzlich ohne Sinnkrisen vonstatten. So bin ich auch nicht auf die Idee gekommen, in ein Wohnstift oder gar eine Alters-WG zu ziehen. Ich habe mir vor 35 Jahren in Speyer ein Haus gebaut, wo ich alleine lebe. Das Haus möchte ich auch als mein Standbein beibehalten.

Welchen Rat haben Sie für die Jüngeren?

In Bezug auf die jüngere Generation möchte ich sagen: Jede Generation hat das Recht auf ihr Leben. Das 21. Jahrhundert gehört der heutigen jungen Generation. Deswegen habe ich vor allem einen Rat an die Älteren: Wir, die heute Älteren, sollten den Jüngeren keine Vorschriften machen. Denn das haben wir ein paar Jahre zuvor auch nicht gewollt, als wir selbst zu den Jüngeren gehörten. Wir sollten allerdings bereit sein, jemandem einen Rat zu erteilen, wenn er das will, oder ein paar Erkenntnisse weiterzugeben, wenn wir gefragt werden.

Vor über 2000 Jahren hat Plato beklagt, dass die Jüngeren keinen Respekt mehr vor den Älteren haben und dem Müßiggang nachhängen. Den Vorwurf hören wir auch heute immer wieder. Doch er stimmte damals nicht, und er stimmt heute nicht. Natürlich wünsche ich mir, dass Jüngere Respekt vor den Älteren haben. Aber genauso notwendig ist es, dass Ältere Respekt vor den Jüngeren haben.

7.

ICH WERDE ÄLTER UND ÖFFNE MICH FÜR DAS RÄTSELHAFTE DER WELT

Albert Einstein hat von der kosmischen Religiosität gesprochen, die Grundlage ist für das Staunen, ohne das man kein guter Wissenschaftler sein kann. In der modernen Forschung bestätigt sich, dass erst das Zusammenwirken aus rationalem Denken und gefühlvollem Staunen die Arbeit erfolgreich macht.

FORSCHUNG –
Das Verhältnis von Rationalität und Spiritualität

Es war sommerlich, die Sonne strahlte, und der Himmel war wolkenlos blau. Ein Bilderbuchwetter. 1948. Auf dem Feldweg ging ein kleiner Junge, gerade eben acht Jahre alt geworden. Er kam vom Moor, dort war er an einem Teich angeln gewesen. Ein langer Heimweg lag vor ihm. So hatte er viel Zeit zum Nachdenken, da niemand dabei war, mit dem er hätte reden können. Nachdenken zum Beispiel über die schwarze Nacht, in der die russischen Soldaten in das damals noch deutsche Dorf Schwessin in Pommern einmarschiert waren. Es waren seitdem erst drei Jahre vergangen, und immer wenn der Junge alleine war, drängten sich die Bilder von damals wieder in sein Bewusstsein. Er hatte sich auf dem Dachboden versteckt und musste die Schreie mitanhören. Die Schreie der Tiere, als sie zerstückelt wurden. Die Schreie der Mutter, als die Soldaten über sie herfielen. Und dieses Bild, als die Männer nach getaner »Arbeit« die Mutter mit Fußtritten in den Dreck zurückstießen. In der Morgendämmerung, als die Soldaten endlich abzogen, lag die Mutter immer noch da, inmitten von Blut und Tierleichenteilen.

Das war jetzt alles vorbei. Die Mutter überlebte und konnte mit ihren beiden kleinen Söhnen – es waren Ernst und sein jüngerer Bruder – fliehen. Die kleine Familie landete im Dörfchen Timmerhorn und fand hier, nahe Hamburg, vorläufig eine neue Heimat. Aber die Erinnerungen an den Zweiten Weltkrieg waren in allen Menschen noch lebendig. Es genügte wenig, um sie wieder in Panik zu versetzen. In diesen Tagen hatte irgendein Astrologe den Weltuntergang vorhergesagt. Dies fiel auf fruchtbaren Boden. »Morgen geht die Welt unter«, das hatte der kleine Junge Ernst vor dem Weggehen noch mitbekommen. Und jetzt dieser blaue Himmel, der das völlige Gegenteil von einer Weltuntergangsstimmung beschwor.

Die erste Unendlichkeitserfahrung

Der Junge legte sich ins Gras und blickte hinauf. Er hatte Angst. Morgen würde vielleicht alles, was ist, nicht mehr sein. Wie würde das aussehen? Würden nur die Menschen sterben? Oder würde die Erde auseinanderbrechen und sich im Weltall verteilen? Partikel der Erde und der Menschen würden in die Unendlichkeit abdriften. Auch wenn er dann tot wäre: Der Gedanke, dass jeder Rahmen gesprengt wird, war bedrohlich. Der Junge zwang sich zu der Vorstellung, das Weltall hätte eine Grenze, welche die versprengten Erdpartikel zurückhält, sodass irgendwie doch alles zusammengehalten wird. Aber wenn es eine Grenze gibt, kann man die doch durchbrechen. Und wenn es danach wieder eine Grenze gibt, ist auch diese überwindbar, und so fort. Die Welt, in der er lebte, war unendlich. Selbst wenn er sich zu der Vorstellung zwang, dass das Weltall begrenzt sei, entstand zwangsläufig wieder die Unendlichkeit.

Und während der Junge auf dem Boden lag, im Rücken die warme Erde und über sich das unendliche Blau, stellte sich plötzlich ein noch nie da gewesener Zustand von Auflösung ein. Seine eigenen Körpergrenzen verschmolzen mit denen der Erde und des Weltalls. Er wurde ein Teil des unendlich großen Universums. Das Staunen darüber wurde stärker als die Angst. Und in dieser Stimmung packte er seine gefangenen Fische und ging zuversichtlich nach Hause.

Immer wieder musste Pöppel im Lauf seines Lebens an dieses Erlebnis denken. Denn es kam ihm unvermittelt in Erinnerung, wenn er sich in schwierigen Lebensphasen befand und sich alleine, unsicher, missverstanden oder enttäuscht fühlte. Es gab ihm Mut und Trost, auch als er schon längst erwachsen war. Immer relativierte das Staunen vor dem Wunder der Unendlichkeit die eigenen Probleme und Nöte.

»Aber wie kann das sein?«, fragte sich Pöppel Jahre nach dem Erlebnis. Einerseits hatte er sich dem Wissen, der Karriere und der Rationalität verschrieben. Der Zwergschule damals in Timmerhorn war ein Gymnasium in Freiburg gefolgt. Und an das Abitur schlossen sich dann die Jahre bei der Marine und schließlich der

Werdegang als Wissenschaftler an. Für einen Bauernlümmel aus Pommern war das ein ungewöhnlicher Lebenslauf. Andererseits gab ihm nicht die Wissenschaft Halt, sondern ausgerechnet ein mystisches Erlebnis, welches Psychologen vielleicht nur als Reaktion auf seine traumatischen Kriegserfahrungen ansehen würden. Aber war er wirklich nur deswegen für die Unfassbarkeit des Unendlichen empfänglich, weil als er als Kind diese schreckliche Metzelei miterleben musste? Doch es kam zu einem weiteren Erlebnis, das wiederum eine spirituelle Dimension enthielt.

Ich-nahes Erleben auf der »Gorch Fock«

Nach der Schule war Pöppel erst einmal zum Studium der Geisteswissenschaften in Freiburg geblieben. Er hörte beeindruckende Vorlesungen, etwa von dem Philosophen Martin Heidegger oder dem jungen Gelehrten Walter Jens, der damals bereits ein Star war und jetzt an einer schweren Alzheimer-Demenz leidet. Trotzdem erkannte Pöppel schon im ersten Jahr, dass dieses Studium nichts für ihn war. Geld zu verdienen, das war sein nächstes Ziel, und so heuerte er als Tagelöhner am Hamburger Hafen an, um Frachtschiffe zu be- und entladen. »Schauermann« war die heute kaum noch verwendete Bezeichnung dafür. Aber eigentlich wollte er – schon als Kind – zur See fahren. Und so hat er sich bei der Marine beworben. Freiwillig, denn aufgrund einer Handverletzung hätte er gar nicht zum Militär gemusst. Nun aber landete er auf dem deutschen Segelschulschiff »Gorch Fock«. Auf dem Atlantik, nicht weit von der Untergangsstelle des deutschen Schlachtschiffs »Bismarck« – die Mannschaft der »Gorch Fock« hatte noch einen Kranz ins Meer geworfen und der toten Kameraden gedacht – ereignete sich ein weiteres mystisches Erlebnis. Es war eine klare Nacht, Pöppel hatte den letzten Teil der Nachtwache zugeteilt bekommen. Er war also bis zum Morgengrauen wach. Als die Sonne aufging, sah er zuerst den Strahlenkranz am

Horizont. Der Horizont war gewölbt. Nicht von Häusern oder Wäldern verstellt, wie Pöppel es aus Deutschland kannte, sondern eine Wölbung, die seitlich abfiel. Das musste natürlich so sein, weil die Erde eine Kugel ist. Aber der Unterschied zwischen schulischem Wissen und sinnlicher Erfahrung war noch nie so deutlich zutage getreten wie an diesem Morgen. ›Die Erde ist eine Kugel. Ein Wunder, dass wir auf ihr haften bleiben und nicht herunterrutschen!‹ Es war etwas anderes, in der Schule gelernt zu haben, dass die Erde eine Kugel ist, oder es jetzt, hier und heute, tatsächlich zu sehen. Eine Verzauberung, die deutlich den Unterschied zwischen dem abstrakten Wissen und dem empathischen Bezug der Ich-Nähe zeigt, die man zu den Dingen der Welt haben kann. Ich-nahes Wissen bedeutet hier, dass man ein Erlebnis gemäß seiner eigenen Persönlichkeit empfindet und man diese Empfindungen nicht mit anderen Menschen teilen kann. Ich-nahe Erlebnisse sind also an das eigene Ich gekoppelt.

Als sie wieder an Land waren, versuchte Pöppel, von seinem Erlebnis zu erzählen. Aber er erntete nur Schulterzucken: »Ja klar ist die Erde eine Kugel, das weiß man doch, oder?« Die Gefühle, die ihn auf hoher See beim Sonnenaufgang ergriffen hatten, konnte er niemandem vermitteln. Pöppel wurde klar, dass dieses ganz eigene Erleben nur für ihn geschaffen war und dass er mit anderen darüber nicht sprechen konnte. Selbst wenn er es auszudrücken versuchte, so war es doch immer eine Illusion zu denken, ein anderer Mensch würde genau dasselbe Empfinden nachvollziehen können. Das heißt, die ganz auf sich selbst bezogenen Erfahrungen rufen ein Glücksempfinden hervor, aber machen in gewisser Weise auch einsam.

Diesmal sah er das Erlebnis nicht mehr als Ausnahmeerscheinung an, sondern fügte es seinem Kindheitserlebnis als weitere Unendlichkeitserfahrung hinzu. Und er wurde neugierig, wie sein nächstes mystisches Erlebnis aussehen würde.

Pöppels Angst vor dem Nichts

Es kam in einem Traum, in dem er den Weltuntergang erlebte. Pöppel war bereits über 50 und Ordinarius am Institut für Medizinische Psychologie an der Ludwig-Maximilians-Universität in München gelandet. In seinem Traum wurde es plötzlich dunkel, und die Sonne verschwand. Von oben rechts kommend zog sich eine undurchdringliche Finsternis ins Bild, die jedes Sehen unmöglich machte. Man sah einfach – nichts.

Das war bedrohlich, unheimlich wie eine böse, dunkle Macht. Sie griff mit kalten, dürren Händen nach dem Leben und wollte es in das Nichts hineinziehen – der Sturz ins Nichts; Horror Vacui, eine unaussprechbare Angst vor der Leere oder davor, dass man sich in nichts auflöst. Als Pöppel dies träumte, erlebte er eine Vernichtung, einen persönlichen realen Weltuntergang. Das Traumerlebnis war so grauenvoll, dass er schrie und in Angstschweiß erwachte.

Später stellte sich heraus, dass Pöppel damals unter einer Störung des Gleichgewichtssinns litt, des vestibulären Apparats. In einem solchen Fall besteht immer die Möglichkeit, dass man sich außerhalb seines Körpers wahrnimmt. Auch beim Sterben scheint wohl zuerst der vestibuläre Apparat auszufallen, bevor man das Bewusstsein verliert. Dieser Ausfall erklärt auch teilweise das vermeintliche Schweben über dem Operationstisch oder der Unfallstelle bei Patienten oder Schwerverletzten. Aber diese Erklärungen ändern nichts daran, dass der Vernichtungstraum »reale« Ängste hervorgerufen hatte und zu einer bleibenden Erinnerung wurde.

Staunen über das Wunder des Lebens

Schon einige Monate darauf ereignete sich wieder ein mystisches Erlebnis. Diesmal war es die »Nahaufnahme«, welche Pöppel erstaunen ließ. Er hatte im Münchner Umland viel fotografiert, vor allem Baumstämme. Diese kantigen, knotigen und doch verletzlichen Gebilde hatten es ihm angetan. Einige Baumstämme waren von weichem Moos besiedelt, das man am liebsten hätte streicheln wollen. Andere – sterbende – Baumstämme hatten ihren neuen Zweck darin gefunden, dass sie verschiedenartigen Pilzen einen Lebensraum spendeten. Manchmal siegte auch der Baum über die Schmarotzer, indem er sie mit seiner holzigen Rinde überzog. All dies sah fast surrealistisch aus. Baumstämme erhoben sich aus grünem Flusswasser, aus schwarzem Lehmboden, aus bunten Wiesen – diese Vielfalt der Natur; diese Schönheit. Der Anblick rief tiefe ehrfurchtsvolle Gefühle über die Ordnung der Welt hervor und ein Staunen über das Wunder des Lebens. Es war das ganz Reale, Nahe, vor den Augen Liegende, das Pöppel ergriff. Diesmal versuchte er gar nicht erst, seine Erlebnisse anderen Menschen mitzuteilen. »Wenn man tiefe Gefühle verbal teilt, dann zerteilt man sie«, sagte sich Pöppel. Aber eine Frage geisterte immer wieder in seinem Kopf umher, seit er diese Art von mystischen Erlebnissen hatte: Widerspricht das Staunen und Glauben nicht völlig der wissenschaftlichen Anschauungsweise? Ist das Weltall nun ein atemberaubend schöner Raum, in dem alles seine Ordnung hat, die wir nicht begreifen können? Oder ist es ein mathematisch beschreibbares, in sich gekrümmtes Gebilde aus Raum und Zeit, in dem schwarze Löcher offenbar für verzerrte Dimensionen sorgen? Die Welt ist voll von Beispielen für die beiden unterschiedlichen Sichtweisen auf sie: Eröffnen Träume, Telepathie und Déjà-vu-Erlebnisse den Zugang zu einer noch unbekannten Verbindung zwischen Gehirn und Außenwelt, oder sind diese Effekte schlichtweg auf Fehlschaltungen unseres Gehirns zurückzuführen? Ist das Wunder des Lebens Ausdruck von etwas Unbegreifbarem, oder ist Leben einfach dem zufälligen Entstehen von ersten organischen Verbindungen aus der Ursuppe vor Milliarden von Jahren zu verdanken?

Zwischen Distanz und Verzauberung

Und so kam Pöppel zu der Frage, ob ein Mensch gleichzeitig wissen und glauben kann. Ist er dazu in der Lage, gleichzeitig zwei verschiedene Standpunkte zu einem Sachverhalt einzunehmen? Wir sind doch immer ein und derselbe Mensch. Und doch sehen wir einmal einen Wald als Naturerlebnis, dabei genießen und erleben wir ihn mit jeder Faser unseres Körpers. Ein anderes Mal aber gehen wir durch ihn hindurch und richten unsere Aufmerksamkeit auf die Landkarte, die Streckenführung, die Waldschäden. Im zwischenmenschlichen Bereich verhält es sich ganz ähnlich: Im einen Moment sind wir wie verzaubert: Die andere Person wird bei einem Gespräch, beim Essen, in der Liebe wie ein Teil des eigenen Selbst. Aber im nächsten Augenblick, wenn man eine retrospektive Reflexion vornimmt, eine rückwärtsgewandte Betrachtung aus der Distanz heraus, dann können wir den anderen rein wissenschaftlich analytisch betrachten und sehen ihn wieder getrennt von uns. Der Grund liegt darin, dass wir im Wachbewusstsein mindestens zwei Bewusstseinszustände haben. Da ist zum einen die Fähigkeit zur Abstraktion, zum Denken und zur distanzierten Analyse, bei der vor allem die linke Hirnhälfte beteiligt ist. Zum anderen haben wir eine Gabe für das Einschließende, Verbindende, Ungetrennte, Empathische, die besonders mit der rechten Hirnhälfte verbunden ist. Beide Zustände sind möglich. Sie erlauben eine jeweils unterschiedliche Sicht auf die Welt. Bei Entscheidungen müssen wir sogar beide Anteile in uns berücksichtigen. Unser rationales Wesen muss gefragt werden, aber genauso auch unser empathisches Wesen. Mit dem Älterwerden fällt es leichter, diese beiden Bewusstseinsformen, die in unserem Kopf verankert sind, zu begreifen und zu akzeptieren. Damit wird es einfacher, die richtige Bewusstseinsform im richtigen Moment einzusetzen. Und es fällt auch leichter, den empathischen Bezug zur Welt an sich zu akzeptieren. Vor allem in Grenzsituationen wie Krankheit, Scheidung oder Tod eines Angehörigen ist der empathische Bezug derjenige, der uns Halt verleiht.

Der Mensch – Einheit aus Geist und Gefühl

Aber hängen die beiden Prinzipien zusammen? Ist es ausreichend, die Zweiheit unserer Hirnfunktionen zu beschreiben? Oder brauchen die beiden Hirnfunktionen einander? Kann die eine gar nicht ohne die andere? Auch diese Fragen hatten sich in Pöppels Kopf festgesetzt. Wie ein stummer Arbeitsauftrag lauerten sie irgendwo in verborgenen Hirnwindungen. Und zuverlässig kamen sie jedes Mal wieder zum Vorschein, wenn Pöppel irgendetwas las, hörte und erlebte, was ihn der Lösung näher bringen sollte.

Erst eine Studienreise nach China aber festigte Pöppels Idee, dass Glauben und Wissen sich gegenseitig bedingen. Es gibt also kein »Entweder-oder«. Die beiden Gegensätze gehören zusammen, sie bilden ein »generatives Prinzip der Komplementarität«. Denn nach der traditionellen chinesischen Philosophie haben alle Phänomene der Welt und des Universums ein Gegenteil und bilden mit ihm zusammen eine Einheit. Die Gegensätze Yin und Yang gehören wie die Vorder- und Rückseite eines Blattes Papier zusammen. Das heißt, die beiden Prinzipien existieren nicht einfach nur so nebeneinander, sondern sie brauchen einander, um existieren zu können. »Menschen sind nicht zu unterteilen in Rationalität und Spiritualität«, sagte sich Pöppel. »Sie bilden eine Einheit aus Geist und Gefühl.«

Der Glaube gehört zur Natur des Menschen

Oft beginnt die Wissenschaft mit dem Glauben, etwas zu können. Zu fliegen, Krankheiten zu besiegen, die Welt zu verstehen – erst der Glaube an das Machbare setzt wissenschaftliches Fragen und Handeln in Gang. So ist der Glaube der Geburtshelfer für die Wissenschaft. Auch nach der Initialzündung braucht das

Forschen und Denken den Glauben. Der Glaube gibt nämlich dem Denken erst seine Existenzberechtigung. Denn woher haben die Menschen die Gewissheit, dass das Denken sie nicht trügt und dass das, was sie als folgerichtig empfinden, nicht doch unrichtig ist? Schließlich machen sie täglich die Erfahrung, dass die Sinnesorgane sie täuschen: So fällt man auf optische Irrtümer herein, wie zum Beispiel eine Fata Morgana. Oder man bildet sich ein, sein Handy klingeln zu hören, obwohl es stumm ist. Und Verliebte nehmen süßen und bitteren Geschmack weniger intensiv wahr als Nichtverliebte. Dies wissen wir, und deshalb »trauen wir unseren Augen nicht« oder »hören wohl nicht richtig« und wissen – was tendenziell richtig ist – dass die versalzene Suppe auf die Verliebtheit des Kochs zurückgeht. Unserem Denkvermögen aber gestehen wir solche Täuschungen nicht zu. Wir kommen wohl manchmal auf falsche Schlussfolgerungen, was sich aber auch widerlegen lässt. Zudem ist das Gehirn so intelligent, dass es ihm ein Leichtes wäre, uns eine Welt vorzuspielen, die gar nicht existiert. Und doch zweifeln die Menschen nicht daran, dass ihr Denken richtig funktioniert. Dieser Glaube gehört zu unserer Natur. Den Unterschied zwischen Glauben und Meinen hat einer der Begründer der abendländischen Philosophie entdeckt, nämlich Parmenides, auf den der fundamentale Satz zurückgeht: »Dasselbe ist Denken und Sein«, während uns unsere Sinnesorgane nur Meinungen vorspielen. Damit ist Parmenides auch der Begründer der Logik.

Was ist Religion?

Einen wichtigen Baustein für die Antwort auf die Frage, was Glaube und Spiritualität sind, fand Pöppel in einem VW Käfer an der Donau auf der Rückfahrt von Visegrád nach Budapest. Es war 1975, also 14 Jahre vor der Wende. Im ungarischen Visegrád hatte eine internationale Konferenz über Hirnforschung stattgefunden. Eingeladen hatte der berühmte ungarische Hirnforscher János

Szentágothai von der Semmelweis-Universität und Präsident der ungarischen Akademie der Wissenschaften. Sein Geburtsname war Schimert, sein Vater war ein deutscher Arzt gewesen. Doch diesen Namen hatte Szentágothai schon 1940 abgelegt, denn, so seine Begründung: »Ich hasste die Nazis, und ich wollte nicht mit einem deutschen Namen leben.« Der Begriff »Szentágothai« bedeutet »aus der Gegend kommend«. Das Symbol- und Bildhafte war dem Forscher sehr wichtig. Oft illustrierte er auch Gehirnproben und entdeckte dabei immer wieder bildhafte Strukturen, wie Wale, Tintenfische, Frauentorsos. »János, du bist ja ein richtiger Neuro-Romantiker«, sagte ihm Pöppel oft scherzhaft.

Jetzt im Auto aber ging es weder um zellulär-molekulare Grundlagen, welche Thema des Kongresses gewesen waren, noch um Rückkopplungsprinzipien, sondern um Religion. Szentágothai hatte seinen Chauffeur vorausgeschickt, um mit seinem Freund Ernst in dessen Wagen ungestört reden zu können. Szentágothai war nämlich aktiver Christ und verfolgte das Ziel, in Ungarn eine christliche Universität zu gründen. Im damals noch kommunistischen Osten kein ungefährliches Unterfangen. Deshalb wollte er Pöppel wieder einmal um eine Einladung in den Westen bitten, um dann von dort aus die Geheimverhandlungen mit den Kirchen nahestehenden Vertretern von politischem Gewicht über die zukünftige Universität führen zu können.

»Wie bitte?« Pöppel schreckte aus seinen Gedanken auf. Er hatte sich gerade überlegt, dass die meisten großen Städte am Ufer eines Flusses gebaut wurden. Kairo am Nil, New Orleans am Mississippi, London an der Themse, Prag an der Moldau und Budapest – wohin sie gerade steuerten – an der Donau. Wie breit und mächtig die ehemals schmale Donau hier geworden ist! – »Die religiöse Erziehung prägt uns in den ersten zehn Jahren. Sie legt unsere Gehirnstruktur fest. Es ist daher eine Illusion, Kinder unreligiös zu erziehen und zu meinen, sie hätten dann als Jugendliche tatsächlich noch die Freiheit, sich für den Glauben entscheiden zu können. Wenn wir das zulassen, hat der Kommunismus gewonnen. Deswegen ist es so wichtig, dass wir eine christliche Universität gründen, damit dort christliche Lehrer ausgebildet werden, die den Glauben dann an die Schüler weitergeben können. Oder wie siehst du das, Ernst?«

Szentágothai redete sich gerade wieder einmal in Fahrt. Ohne die Antwort Pöppels abzuwarten, fuhr er fort: »Wer in seiner Kindheit Religion erfahren durfte, fühlt sich sein Leben lang behüteter als jemand mit einer atheistischen Erziehung. Man kann zwar später konvertieren oder aus der Kirche austreten, aber die tiefe Überzeugung, dass da etwas ist, was uns beschützt, was uns Sinn gibt, ist dennoch unausrottbar mit unserem Leben verknüpft.« Im Prinzip stimmte Pöppel seinem väterlichen Freund bei. Menschen sind ein Konstrukt und auf das hin optimiert, was unsere Umwelt erfordert. Je nachdem, welchen Einflüssen wir innerhalb der ersten zehn Prägungsjahre ausgesetzt sind, entscheidet es sich, ob neuronale Vernetzungen zustande kommen oder nicht. So verhält es sich auch mit der Religion, die Pöppel nicht prinzipiell ablehnte, aber auch nicht befürwortete. Denn er hatte auf dem Internat in Freiburg seltsame Erfahrungen mit der Religion gemacht. Junge Männer, die sich in kirchlichen Zirkeln öffentlich geißelten, in einer Runde von anderen sexuell lüsternen jungen Männern. Pubertäre ungerichtete Potenz, umgedeutet als Religiosität. Naja. Er widersprach: »Was ist eigentlich Religion? Man gibt dem Staunen vor dem Unbegreiflichen den Namen Gott. Aber es ist doch unerheblich, ob Gott, Allah, Buddha oder Brahma als wichtigstes Prinzip verehrt werden. Es geht um die menschliche Fähigkeit, vor der Natur zu staunen. Erst die Fähigkeit zu staunen macht einen Menschen zum Menschen. Das spirituelle Eingebundensein hilft zu erkennen, dass man niemals alleine ist, auch wenn man sich ausgestoßen fühlt.«

Spititualität – ein heikles Thema

Aber ob dies auch andere Menschen so sehen? Um diesen letzten Aspekt zu ergründen, teilte Pöppel während einer Vortragsreihe am Kulturzentrum Gasteig in München einen Fragebogen aus. Die Zuhörer – die meisten hatten sich für das Seniorenstudium an der Ludwigs-Maximilians-Universität immatrikuliert – gaben sehr unterschiedliche Antworten. Für viele Menschen ist spirituelle und religiöse Einbindung offensichtlich absolut notwendig. Für andere hingegen gar nicht. Der Fragebogen beinhaltete noch andere Fragen, zum Beispiel, ob ihnen die Bildung wichtig ist oder die Gartenarbeit oder Sexualität. Aber die Frage nach Spiritualität/Religion erbrachte als einziges Thema eine klare Entweder-oder-Trennung zwischen Ja und Nein.

»Das kann man so interpretieren, dass wir es hier mit einem heiklen Thema zu tun haben«, sagte sich Pöppel. »Aber bedeutet das, dass die, die Nein sagen, keine spirituellen Interessen haben? Das kann ich mir nicht vorstellen. Jeder fragt sich doch, warum er eigentlich hier auf der Welt ist. Oder welche Bedeutung das Sein in der Natur hat? Warum es Leben gibt? Ich kann mir nicht vorstellen, dass jemand dies alles als selbstverständlich hinnimmt.« Und es liegt in der Natur des Themas, dass dieses Kapitel mit offenen Fragen enden muss.

Fazit für das Älterwerden

Die Welt ist voll von Beispielen für zwei komplett unterschiedliche Sichtweisen auf sie: denn für den einen sind Träume, Telepathie und Déjà-vu-Erlebnisse Erklärungen dafür, dass es eine noch unbekannte Verbindung zwischen Gehirn und Außenwelt gibt. Und für den anderen sind diese Effekte schlichtweg auf Fehlschaltungen unseres Denkorgans zurückzuführen. Im Alter allerdings gelingt es immer häufiger, diese beiden Sichtweisen in einer Person zu vereinen. So lernen wir zum Beispiel mit der Zeit, gleichzeitig zu wissen und zu glauben. Wir lernen, gleichzeitig zwei verschiedene Standpunkte zu einem Sachverhalt einnehmen. Und es fällt uns immer leichter, zwei unterschiedliche Bewusstseinsformen, die in unserem Kopf verankert sind, zu begreifen und zu akzeptieren. Damit wird es auch einfacher, die richtige Bewusstseinsform im richtigen Moment einzusetzen. Und es fällt auch leichter, den empathischen Bezug zur Welt an sich zu akzeptieren. Dies ist wichtig, auch für rationale Menschen: Denn vor allem in Grenzsituationen wie Krankheit, Scheidung oder Tod eines Angehörigen ist der empathische Bezug derjenige, der uns Halt verleiht.

SELBSTREFLEXION – Spiritualität als treibende Kraft

Für mich hat Spiritualität etwas mit dem Staunen zu tun, das einen manchmal vor allem auch als Forscher ergreift, wenn man über die Ursprünge der Welt und des Lebens nachdenkt. Doch muss ich gleich hinzufügen, dass dieses Ergriffensein, das nackte Staunen, sofort verfliegt, wenn ich merke, dass ich staune. Dennoch habe ich dann eine eindrucksvolle Erinnerung an jenen Augenblick, der mich überwältigt hat und der mich weitersuchen lässt, was denn die Geheimnisse der Natur sein könnten, ob wir nicht doch Einblicke in das Rätselhafte gewinnen können. Für mich als Forscher ist es wichtig, dass ich hinsichtlich dieser grundlegenden Spiritualität kein Sonderfall bin. Gerne orientiere ich mich an bedeutenden Persönlichkeiten, wichtig sind mir dabei ihre Aussprüche oder Texte, in denen auf die spirituellen Grundlagen unseres Lebens und jedes kreativen Handelns eingegangen wird.

Heideggers Antwort auf den Verlust der Bodenständigkeit

Eine dieser bedeutenden Persönlichkeiten ist der Philosoph Martin Heidegger. Nach dem Abitur hatte ich in Freiburg eine seiner Vorlesungen besucht. Er interpretierte ein Gedicht von Hölderlin, und ich verstand nichts. Aber gestaunt habe ich dennoch, nämlich darüber, was ein Mensch alles denken kann, und ich war beunruhigt über die Beschränktheit meines eigenen Geistes. Diese Erfahrung in der Heidegger-Vorlesung hat in mehrfacher Hinsicht Spuren bei mir hinterlassen: Ich weiß, dass ich bestimmte Höhen des Denkens nie erreichen werde, und ich mag mich immer wieder mit dem Denken dieses Philosophen befassen. Besonders der Text »Gelassenheit« von Heidegger ist mir immer wichtiger geworden, und der hat etwas mit Spiritualität zu tun. Hierin erklärt Heidegger, wie wir mit dem Verlust der Bodenständigkeit umgehen können, den wir als moderne Menschen erfahren: »Die Gelassenheit zu den Dingen und die Offenheit für das Geheimnis geben uns den Ausblick auf eine neue Bodenständigkeit.« Nur wenn wir offen sind, können wir staunend die Welt erfahren, und mit Gelassenheit können wir durch die Weltmeere unserer eigenen Erlebnisse segeln, jeden Tag mit den Möglichkeiten neuer Erfahrungen, und man tut manchmal gut daran, vergangenen Erlebnissen auszuweichen (siehe dazu auch Kapitel 5).

Einsteins verzücktes Staunen

Eine andere der Persönlichkeiten, deren Gedanken mich geprägt haben und die sich auch mit Spiritualität befassten, ist der Physiker Albert Einstein. Ich finde es bemerkenswert, dass neben Religionsgründern, Dichtern oder Philosophen vor allem auch Naturforscher auf das Spirituelle hingewiesen haben und darauf, wie das Rätselhafte der Welt sie in ihrer Arbeit antreibt. So eben auch Albert Einstein, der in diesem Zusammenhang einmal schrieb: »Ich behaupte, dass die kosmische Religiosität die stärkste und edelste Triebfeder wissenschaftlicher Forschung ist … Welch ein tiefer Glaube an die Vernunft des Weltenbaus und welche Sehnsucht nach dem Begreifen wenn auch nur eines geringen Abglanzes der in dieser Welt geoffenbarten Vernunft musste in

Kepler und Newton lebendig sein, dass sie den Mechanismus der Himmelsmechanik in der einsamen Arbeit vieler Jahre entwirren konnten! … Ein Zeitgenosse hat nicht mit Unrecht gesagt, dass die ernsthaften Forscher in unserer im Allgemeinen materialistisch eingestellten Zeit die einzigen tief religiösen Menschen seien.« Und an anderer Stelle sagte Einstein: »Der Forscher aber ist von der Kausalität allen Geschehens durchdrungen. Seine Religiosität liegt im verzückten Staunen über die Harmonie der Naturgesetzlichkeit, in der sich eine so überlegene Vernunft offenbart, dass alles Sinnvolle menschlichen Denkens und Anordnens dagegen ein gänzlich nüchterner Abglanz ist.« Ist es nicht erstaunlich, dass ein theoretischer Physiker wie Albert Einstein mehrfach von der »Offenbarung« spricht?

Wittgenstein, Pascal, Kant und die Mystik

Ich bekenne, dass mich auch immer wieder Worte des Philosophen Ludwig Wittgenstein beeindrucken, etwa der Satz 6.44 aus dem »Tractatus logico-philosophicus«: »Nicht wie die Welt ist, ist das Mystische, sondern dass sie ist.« Unmittelbar davor (6.4311) heißt es, und das korrespondiert mit dem Thema, das wir im zweiten Kapitel behandelt haben: »Wenn man unter Ewigkeit nicht unendliche Zeitdauer, sondern Unzeitlichkeit versteht, dann lebt der ewig, der in der Gegenwart lebt.« Und ein wenig später (6.521) schreibt Wittgenstein: »Die Lösung des Problems des Lebens merkt man am Verschwinden dieses Problems. (Ist nicht dies der Grund, warum Menschen, denen der Sinn des Lebens nach langen Zweifeln klar wurde, warum diese dann nicht sagen können, worin dieser Sinn bestand.)« Und in seinem Tagebuch vermerkte Wittgenstein am 20. Oktober 1916: »Das künstlerische Wunder ist, dass es die Welt gibt, dass es das gibt, was es gibt.«

Bewegend sind auch die berühmten Worte des französischen Mathematikers und Philosophen Blaise Pascal: »Quand je considère la petite durée de ma vie … – »Wenn ich die kurze Dauer meines Lebens betrachte, verschlungen in die Ewigkeit, die ihm vorausgeht und folgt, den kleinen Raum, den ich ausfülle, und selbst jenen, den ich erblicke, der in der grenzenlosen Weite der Räume versinkt, von denen ich nichts weiß und die von mir nichts wissen, dann erschrecke ich und erstaune darüber, dass ich mich eher hier als dort erlebe; denn es gibt keinen Grund, warum ich eher hier bin als dort, warum eher jetzt als früher einmal. Wer hat mich dahin gestellt? Durch wessen Anordnung und Führung ist dieser Ort und diese Zeit für mich bestimmt?«

Und als ich vor einigen Jahren die heutige Stadt Kaliningrad besuchte, die vielen noch als Königsberg vertraut ist, besuchte ich auch das Grab eines anderen Philosophen, nämlich das Immanuel Kants. In den Grabstein sind Worte aus seinem Werk »Kritik der praktischen Vernunft« eingemeißelt, die jeden von uns betreffen und viele sicher berühren: »Zwei Dinge erfüllen das Gemüth mit immer neuer Bewunderung und Ehrfurcht, je öfter und anhaltender sich das Nachdenken damit beschäftigt: Der bestirnte Himmel über mir und das moralische Gesetz in mir.«

Die Grenzen des menschlichen Geistes

Viele sind geneigt, Spiritualität mit außersinnlichen Phänomenen in Verbindung zu bringen, und was besonders interessant ist: Je höher der Bildungsstand, desto eher glauben Menschen an paranormale Phänomene wie Gedankenübertragung, Hellsehen und Wahrsagen (also etwas unter Umgehung aller bekannten Informationskanäle erkennen oder vorhersehen) oder auch Telekinese (also mit Gedankenkraft unter Umgehung der bekannten physikalischen Kräfte Materie beeinflussen). Als ich als junger Forscher meinem Mentor am Massachusetts Institute of Technology, Professor Hans-Lukas Teuber, gegenüber mein Interesse an solchen Phänomenen erwähnte, meinte er: »Das Normale ist so rätselhaft, da brauchst du dich nicht mit dem Paranormalen zu beschäftigen.« Ich habe es trotzdem getan und festgestellt: Es gibt – nach meiner Einschätzung – keinen einzigen Beleg für das Hellsehen, das Wahrsagen oder die Telekinese. Positive Berichte beruhen entweder auf Mogelei oder lassen sich letztlich durchaus »natürlich« erklären. Wenn ich sage, dass es keinen Beleg gibt, dann heißt das selbstverständlich nicht, dass es ihn nicht geben könnte. Die Nichtexistenz von Phänomenen kann prinzipiell nicht bewiesen werden. Hier stößt der menschliche Geist an seine natürlichen Grenzen.

Es ist aber nicht auszuschließen, und hierfür gibt es positive Belege, dass es so etwas wie Gedankenübertragung zwischen den Gehirnen von Menschen gibt, also Telepathie. Dieser Übertragungsweg funktioniert sicher nicht für Belangloses. Wohl aber, wenn es um Informationen geht, die für einen Menschen persönlich bedeutsam sind. So sagte mir einmal ein Hellseher in Südamerika, dass mein Vater gestorben sei, als ich elf Jahre alt war. Das Besondere daran ist, dass diese Aussage objektiv falsch, doch subjektiv richtig war. Mein Vater starb im Zweiten Weltkrieg, als ich vier Jahre alt war. Erfahren habe ich aber erst mit elf Jahren von seinem Tod. Die Falschheit der Aussage hat mich durch ihren subjektiv richtigen Gehalt überrascht. Wie konnte der Wahrsager mir dieses Wissen abzapfen? Auf sprachlicher Ebene sicher nicht, denn der Hellseher sprach nur Spanisch, mein Wissen ist aber auf Deutsch in meinem Gehirn repräsentiert. Ist damit gesagt, dass Zahlenwissen nichtsprachlich repräsentiert ist? Ich muss der Sache nachgehen. Einmal unterstellt, dass der Hellseher auf ungewöhnliche Weise etwas aus meinem Gehirn herausgeholt hat, dann bedeutet dies nicht, dass hier ungewöhnliche, also außerhalb unserer Welt liegende Faktoren eine Rolle spielen.

Was gegen die Existenz übersinnlicher Phänomene spricht

Es gibt aber auch genügend Erklärungen, die gegen die Existenz außersinnlicher oder paranormaler Phänomene sprechen. Ein Gegenargument lautet: Unser leistungsfähiges und immer nach Erklärungen suchendes Gehirn kann uns jederzeit Streiche spielen. Es kann beliebig viele Glaubenssysteme erfinden, die so ausgereift sind, dass man schließlich selbst an sie glaubt. Je weniger konkret und nachweisbar die Grundlage des jeweils neuen Systems ist – wie etwa bei Verschwörungstheorien – , desto wilder ranken sich unsere Erklärungsmodelle und Hypothesen darum herum; dies hat Umberto Eco sehr schön in dem Roman »Das Foucaultsche Pendel« beschrieben. Darin geht es auch um scheinbare Zusammenhänge von zufälligen Ereignissen. »Wenn man Zusammenhänge finden will, findet man immer welche«, schreibt Eco. Dies ist eine Art von magischem Denken, das auch bei den sogenannten Beweisen für paranormale Phänomenen eine Rolle spielt. Und hier bin ich bei meinem zweiten Gegenargument: Magisches Denken ist tief in der Natur des Menschen verwurzelt. So leben Kinder im Vorschulalter in dem Glauben, sie würden mit bestimmten Handlungen ein Ereignis beeinflussen, und setzen bei der Wahl ihrer Spielsteine auf ihre Lieblingsfarbe, weil diese ihr Glücksbringer wäre. Ähnliches finden wir in der Kulturgeschichte. Der schweizerische Psychiater und Psychoanalytiker C. G. Jung besuchte Anfang des 20. Jahrhunderts Pueblo-Indianer in Neu-Mexiko, die überzeugt sind, dass ihre religiöse Riten der Sonne helfen, täglich über den Himmel zu wandern. Nach ihrer Vorstellung würde die Welt untergehen, wenn alle Menschen die Augen schließen, und nur das Betrachten der Welt hält diese am Leben. Wenn wir an paranormale Phänomene glauben, so sagt mein kritischer Verstand, dann stellen wir durch magisches Denken auch nichtbeweisbare Zusammenhänge zwischen Ereignissen her, in dem Wunsch, der Natur nicht ausgeliefert zu sein. Das ist eine Kausalattribution, die Umkehr des Kausalitätsgesetzes, das im Übrigen in Goethes »Faust« dargestellt ist. In der Hexenküche fragt Mephisto die Tiere, wann die Hexe nach Hause komme: »Wie lange pflegt sie wohl zu schwärmen?« Und die Tiere antworten: »Solange wir uns die Pfoten wärmen.«

Verschiedene Wege zur Spiritualität

Wir sollten nicht vergessen, dass unsere Spiritualität ganz schlicht von körperlichen Bedingungen abhängig ist. Anders ist kaum zu verstehen, dass man durch Fasten einen körperlichen Zustand herbeiführen kann, in dem sich die Seele für das Rätselhafte der Welt und für neue Erkenntnisse öffnet. Ein Beispiel der meditativen Erschließung der Welt ist der buddhistische Mönch Dharma Master Hsin Tao (siehe auch Kapitel 9). Er zeigt, dass er sich mit Meditation von den eigenen Zwängen befreite.

Oder nehmen wir den Rausch. Auch er verändert die Wahrnehmung. Wollen wir, wenn wir uns in einen rauschhaften Zustand begeben, nicht auch etwas Außergewöhnliches über die Welt entdecken? Auf dieser Suche helfen, so meinen manche, Drogenrausch, Alkoholrausch, Liebesrausch, Hungerrausch. Damit glauben sie höhere oder andere Bewusstseinszustände und einen Einblick in das Verborgene zu erreichen.

Das mag alles so sein, doch gehöre ich eher zu jenen, die Spiritualität mehr im »Normalen« suchen. Und so ist meine Essenz all dieser Abwägungen über das Paranormale, das Außersinnliche und die Spiritualität: Ich will nicht besinnungslos durch die Welt rennen, sondern mit Achtsamkeit und Muße auf die Oberfläche eines Sees schauen, Vögel beobachten, mich in ein Gedicht vertiefen, in Musik versinken oder ein Bild betrachten und mich auf diese Weise für das Rätselhafte der Welt öffnen.

TIPPS FÜR DIE LESER Wie Sie Achtsamkeit und Staunen in Ihr Leben bringen

Im Alltag geht man oft gleichgültig an den Wundern der Welt vorüber. Man nimmt viel zu leicht viel zu viel als selbstverständlich hin. Dabei wird das Leben reicher, wenn Sie das Staunen wieder lernen. Dies ist besonders im Alter wertvoll.

☞ Betrachtungen anstellen: Nehmen Sie sich aus dem Fluss des Ewiggleichen heraus. Beschäftigen Sie sich jeden Tag eine Viertelstunde lang mit einer Sache, die ungewöhnlich ist. Das ist Meditation. Schauen Sie das Blatt eines Baumes einmal genau an oder überlegen und zählen Sie, wie viele Erfindungen im Laufe der Menschheitsgeschichte dazu nötig waren, damit Sie jetzt an einem Tisch sitzen können, oder kochen, fernsehen und Auto fahren. Dies lässt Sie automatisch über die Wunder der Menschheit und der Natur staunen.

☞ Komplementarität akzeptieren: Akzeptieren Sie sowohl Ihren empathischen Bezug zur Welt als auch Ihre Fähigkeit, Distanz zu sich herzustellen. Diese beiden Seiten Ihres Selbst ergänzen sich gegenseitig, sie sind komplementär. Man kann nicht nur ein rationales Wesen sein, das sich kontrolliert. Man kann aber auch nicht nur ein emotionales Wesen sein, das von allem ergriffen ist. Indem Sie die verschiedenen, gegensätzlichen Anteile in sich akzeptieren, schaffen Sie die Grundlage dafür, diese auch zu erleben.

☞ Beide Seiten leben: Die Kunst besteht darin, sowohl Ihre analytischen als auch Ihre emotionalen/spirituellen Anteile zu fördern. Betrachten Sie sich daher beim Staunen und beim emotionalen Reagieren auch von außen und reflektieren Sie, was passiert. So versinken Sie nicht nur im Gefühl, sondern bedenken es auch. Und wenn Sie Nachrichten hören, dann versuchen Sie nicht nur, diese zu analysieren, sondern auch Mitgefühl zu entwickeln und sich zu wundern, wie etwas so Schreckliches passieren kann. Diese beiden Zustände können Sie nicht gleichzeitig einnehmen, aber Sie schaffen es, innerhalb von wenigen Sekunden zum jeweils anderen Zustand zu wechseln. Auf diese Weise halten Sie beide Seiten, die einem Menschen mitgegeben wurden, lebendig.

☞ Religiosität praktizieren: Wenn Sie ein religiöser Mensch sind, dann praktizieren Sie dies auch. Ein Gebet ist auch aus Sicht der Hirnforschung gut, denn es ist eine Meditation, die Sie zu sich selbst führt. Praktizieren Sie auch Ihre eigenen religiösen Rituale, indem Sie beispielsweise jeden Tag einen Psalm oder ein buddhistisches Sutra lesen. Vergegenwärtigen Sie sich, was andere Menschen gesagt haben, die sich mit den Rätseln der Welt beschäftigen. Aber respektieren Sie auch andere Glaubenssysteme. Religion ist immer der Ausdruck einer Sehnsucht nach dem Verborgenen. Verschiedene Religionen geben unterschiedliche Antworten auf diese Sehnsucht. Stellen Sie die Identität der anderen nicht in Frage.

Und zum Abschluss noch ein Psalm, also eines der religiösen Lieder des jüdischen Volkes, die im Alten Testament gesammelt wurden. Diesen Psalm hat der jüdische Philosoph Hans Jonas seinem jungen Freund Ernst Pöppel als Empfehlung für eine religiöse Meditation auf den Weg gegeben:

Psalm 90

Ein Gebet Moses, des Mannes Gottes.
Herr Gott, du bist unsere Zuflucht für und für.
Ehe denn die Berge worden und die Erde und die Welt
geschaffen worden, bist du, Gott, von Ewigkeit zu Ewigkeit,
der du die Menschen lässest sterben und sprichst:
Kommt wieder, Menschenkinder!

Denn tausend Jahre sind vor dir wie der Tag,
der gestern vergangen ist, und wie eine Nachtwache.
Du lässest sie dahinfahren wie einen Strom, und sind
wie ein Schlaf, gleichwie ein Gras, das doch bald welk wird,
das da frühe blühet und bald welk wird und des Abends
abgehauen wird und verdorret.
Das macht dein Zorn, daß wir so vergehen, und dein Grimm,
daß wir so plötzlich dahin müssen.
Denn unsere Missetat stellest du vor dich, unsere unerkannte
Sünde ins Licht vor deinem Angesichte.
Darum fahren alle unsere Tage dahin durch deinen Zorn;
wir≈bringen unsere Jahre zu wie ein Geschwätz.
Unser Leben währet siebenzig Jahre, und wenn's hoch kommt,
so sind's achtzig Jahre; und wenn's köstlich gewesen ist,
so ist's Mühe und Arbeit gewesen; denn es fähret schnell dahin,
als flögen wir davon.
Wer glaubt es aber, daß du so sehr zürnest? und wer fürchtet sich
vor solchem deinem Grimm?
Lehre uns bedenken, daß wir sterben müssen,
auf daß wir klug werden.
Herr, kehre dich doch wieder zu uns und sei
deinen Knechten gnädig!
Fülle uns frühe mit deiner Gnade, so wollen wir rühmen und
fröhlich sein unser Leben lang.
Erfreue uns nun wieder, nachdem du uns so lange plagest,
nachdem wir so lange Unglück leiden.
Zeige deinen Knechten deine Werke und deine Ehre
ihren Kindern!
Und der Herr, unser Gott, sei uns freundlich und fördere
das Werk unserer Hände bei uns; ja das Werk unserer
Hände wolle er fördern!

Übersetzung von Martin Luther in der Ausgabe von 1912

INTERVIEW MIT

dem Architekten und Stifter Peter Schilffarth

Peter Schilffarth (geb. 1926) ist Architekt und wohnt im Süden von München. Hier in der Gegend entwarf er 250 Einfamilienhäuser und zahlreiche Industriebauten. Auch beim Wiederaufbau der Dresdner Frauenkirche war er mit eigenen Händen beteiligt – und spendete außerdem großzügig. Aktuell bringt er sein Immobilienvermögen in die Stiftung »Peter-Schilffarth-Institut für Soziotechnologie« ein, das unter anderem das intelligente Wohnen im Alter erforscht. Triebfeder für sein soziales Engagement war ein religiöses Erlebnis während des Krieges, bei dem er dem Tod gleich mehrfach von der Schippe sprang.

Herr Schilffarth, Sie haben in Ihrem Leben erfolgreich als Architekt gearbeitet. Jetzt wollen Sie Ihr finanzielles Lebenswerk großzügig in eine Stiftung einbringen. Was ist das für eine Stiftung?
Zuerst einmal möchte ich betonen, dass es meiner verstorbenen Frau Erika und mir nicht vergönnt war, Kinder zu haben. So haben wir immer gesagt, wir wollen mit unserem Geld etwas für die alten Menschen in unserer Gesellschaft tun. Zuerst haben wir die kirchliche Stiftung in Holzkirchen gegründet, mit dem Ziel, den alten Menschen in dieser Gemeinde zu helfen. Aber dann wurde mit meinem Geld etwas anderes finanziert, und das ursprüngliche Ziel, die Altenhilfe, ging unter. Hier werde ich mich deshalb nicht mehr einbringen. Danach kam ich in Kontakt mit »Sophia«, das hat mir imponiert. Das ist ein Kürzel für »Soziale Personenbetreuung Hilfen im Alltag«. Ehrenamtliche

Paten besuchen die Senioren zu Hause. Mit Gesprächsangeboten, Dienstleistungen und Hilfen soll ihnen so lange wie möglich ein selbstständiges Leben in den eigenen vier Wänden ermöglicht werden. Ich muss jeden Monat viel Geld dazuschießen, damit Sophia am Leben bleibt.

Mit dem übrigen Vermögen wollte ich etwas Neues machen. So unterstütze ich mit der Peter-Schilffarth-Stiftung ein Forschungsprojekt in Bad Tölz, das sich mit den technologischen Hilfen für ältere Menschen befasst. Dieses GRP – Generation Research Program – ist ein Ableger der Universität München. Durch seine Forschung fördert es das, was auch ich verwirklichen will, nämlich älteren Menschen so lange wie möglich ein selbstständiges Leben in den eigenen vier Wänden zu erlauben. Ich möchte, dass die hervorragenden Forschungsergebnisse vom GRP bekannt werden.

Aber die nicht vorhandenen Kinder sind nur eine Triebfeder für mein Engagement. Die andere sind prägende Ereignisse im Zweiten Weltkrieg.

Würden Sie uns diese Ereignisse beschreiben?

Es war 1944 in Dorsten, Westfalen. Als der Krieg zu Ende ging und die Amerikaner über den Rhein kamen, war ich in einer Einheit der Flak-Artillerie eingesetzt. Ich war damals Fahnenjunker und befand mich kurz vor der Ernennung zum Leutnant. Ich unterstand meinem Vater, einem General. Allerdings wurde ich von ihm nicht bevorzugt, sondern im Gegenteil sogar schlechter behandelt als meine Kameraden. Wir hatten damals kaum mehr Munition, um uns zu wehren. Meinen Vater musste ich dann unterwürfig bitten, so bekamen wir weitere zehn Granaten für den Kampf gegen die Amerikaner zugeteilt.

Mir ist bewusst, dass dies für uns heute sehr fremd klingt, aber man muss bedenken, dass es eine andere Zeit war und wir uns damals im Krieg befanden.

Und dann war es so weit, die Amerikaner hatten uns eingekesselt und uns mit Panzern angegriffen. Von den 300 Männern meiner Einheit starben fast alle, nur zwei kamen in Gefangenschaft, das waren ein heutiger Rechtsanwalt und ich. In einer sumpfigen Wiese mussten wir dann Rücken an Rücken sitzen, mit Stacheldraht um uns herum. Da löste sich ein Schuss vom Wachturm. Mein Kamerad schrie auf, der Schuss hatte ihn in die rechte Schulter getroffen. Ich wollte ihm die Wunde verbinden, damit er nicht verblutet. Aber es hieß, ich solle mich setzen, sonst würde noch einmal geschossen. Mein Kamerad hatte die Nacht über schreckliche Schmerzen, erst morgens wurde er verbunden. Ich war der Einzige aus meiner ganzen Einheit, der unversehrt davonkam.

Später haben uns die Amerikaner mit anderen Gefangenen in offenen Güterwagen durch Frankreich transportiert. Auch das Erlebnis war nicht rosig, wir waren zusammengepfercht wie die Ölsardinen und konnten nur stehen. Ich verstehe, dass die Franzosen auf uns wütend waren: Sie haben brennenden Teer auf uns geworfen. Die Wagen vor und nach uns wurden getroffen, der Wagen, in dem ich mich befand, blieb unversehrt. Dies war also ein weiteres Mal, wo ich dem Tod sehr nah war.

Das Gefangenenlager wurde zuerst von den US-Soldaten geführt, später dann von den Franzosen. Diese hatten selbst nichts zu essen, und so konnten sie auch uns nur wenig geben. Einer nach dem anderen ist an Hunger gestorben. Dann ist der Lagerkoller entstanden, weil es so eng war, dass wir beispielsweise aus Platzmangel nicht alle gleichzeitig auf dem Rücken schlafen konnten. Manche haben das nicht mehr ausgehalten und sind an den Stacheldrahtzaun gesprungen, weil sie fliehen wollten, und sind dann erschossen worden. Aus irgendeinem Grunde habe ich das alles überlebt.

Damals habe ich mich darüber nur gewundert, ohne dass die Erlebnisse einen tieferen Sinneswandel in mir ausgelöst hätten.

Was hat Sie dann besinnlich gemacht?

Es war kurz vor Pfingsten im Frühjahr 1945, der Krieg war noch im Gange, und die Franzosen hatten uns wieder an die Amerikaner zurückgegeben. Es wurde ein Gottesdienst ausgerichtet. Hier wurde von einer theologischen Schule erzählt, in der – im Lager – Pfarrer ausgebildet werden. Ich dachte, bevor ich mit dem Stacheldraht und der seelischen Zerstörung verrückt werde, möchte ich lieber dort mitmachen, in der Hoffnung, dass es dort vielleicht sogar Bücher geben würde. Von da an wendete sich alles zum Besseren. Ich habe in den darauffolgenden drei Jahren das Hebraicum und das Graecum nachgeholt und die ersten drei Semester Theologie studiert. Noch heute lese ich die Bibel in den Urschriften. Aus diesen habe ich meinen Glauben entwickelt. Und der Glaube besteht darin, mich immer zu fragen: Was kann man für die Menschen tun? Diese Frage ist durch meine Kriegserlebnisse auf fruchtbaren Boden gefallen, und ich versuche, sie bis heute umzusetzen.

8.

ICH WERDE ÄLTER UND KOMME MIR SELBST IMMER NÄHER

Horaz, der römische Dichter, hat in einer berühmten Ode geschrieben: »Genieße den Tag (Carpe diem) und verlass dich möglichst wenig auf den nächsten.« Damit spielt er auf den ich-nahen Teil des Menschseins an. Diesen auszubauen, ist notwendig, um sich von der Versklavung durch das Bewusstsein zu befreien, das unentwegt versucht, ich-ferne Informationen aufzunehmen. Im Alter lernen Menschen endlich, Ich-Nähe und Ich-Ferne kreativ zu vereinen.

FORSCHUNG –
Über die Balance von ich-nahen und ich-fernen Zuständen

Das Tyrrhenische Meer war tiefblau und kristallklar. Nur kleine Wellen plätscherten vor sich hin. Es hatten sich an diesem Tag keine anderen Menschen so weit von der Insel Elba aus ins Meer hinausgewagt wie Pöppel. ›Das ist schon eine merkwürdige Perspektive, wenn man sich das einmal genau überlegt‹, dachte er. ›Nur der Kopf ist sichtbar, alles andere wird vom Wasser verdeckt. Der Kopf als kleine Insel, eine schwimmende Bewusstseinsinsel.‹ Der Gedanke gefiel ihm. Er hielt die Luft an und schwamm unter der Wasseroberfläche weiter. War er jetzt in das Unterbewusstsein eingetaucht?

Allerdings gibt es in Pöppels Anschauung kein Unterbewusstsein oder Unbewusstes. Es gibt nur verschiedene Wissensformen im Bereich des Langzeitgedächtnisses: Das explizite Wissen ist dasjenige, das man explizit und ausdrücklich benennen kann. Man kann es mit anderen Menschen teilen, aufschreiben oder nachlesen. Das implizite Wissen drückt sich in Gefühlen, Körperwissen aus. Und das bildhafte Wissen ist dasjenige, das sich in Form von Bildern und Episoden in uns eingespeichert hat. Bildhaftes und implizites Wissen lassen sich schlecht mit Worten einem anderen Menschen mitteilen.

Diese beiden Wissensformen sind demnach auf den Körper angewiesen, der sozusagen ihr Trägermedium ist. Wenn es das Trägermedium nicht mehr gibt, sind sie verloren. Deswegen bezeichnet Pöppel das implizite und das bildhafte Wissen als »ich-nah«. Und das explizite Wissen als »ich-fern« (Mehr zum bildhaften Wissen, auch episodisches Gedächtnis genannt, in den Kapiteln 4 und 5).

Was verbindet alle Lebewesen?

Jetzt war Pöppel gerade dabei, sein ich-nahes Wissen anzureichern, indem er kräftig mit Armen und Beinen ausholte und sich unter Wasser richtig verausgabte. Als er wieder auftauchte, sah er in weiter Ferne die Felseninsel Montecristo emporragen. Die kleine Insel wurde durch den Roman »Der Graf von Monte Christo« von Alexandre Dumas d. Ä. weltberühmt, wobei die reale Insel mit der des Romans wenig Gemeinsamkeiten hat. Das ist auch ein eindrucksvolles Sinnbild, dachte sich Pöppel. Der schroffe Felsen, mit wilden Ziegen, Dorngebüsch und Klosterruinen steht für das sichtbare, explizite Wissen. Aber darunter brodelt das Leben, verbergen sich unbekannte Gebiete und Untiefen – wie das unsichtbare, implizite Wissen.

Pöppel war schon viele Jahre dabei, sich über die grundlegenden Prinzipien des Lebens Gedanken zu machen. Bei den »Denkkonferenzen« der Parmenides-Stiftung auf der Insel Elba gelang ihm das besonders gut. Diese Stiftung war von Albrecht von Müller unter Mithilfe von Pöppel (siehe Anhang) gegründet worden. Die Denkkonferenzen fanden zwar im Innern eines kühlen alten Gemäuers statt. Vorher und nachher aber wurde Pöppel von der wunderbaren Pflanzen- und Tierwelt Elbas betört. Die Düfte und Farben der wuchernden Gewächse hier. Der Gesang von Vögeln verschiedenster Arten dort. Eine Vielfalt von Steinen an wieder einer anderen Stelle der Insel. Und unter Wasser gab es schillernde Fischschwärme und über Wasser manchmal springende Delphine zu bestaunen. Hier wurde er förmlich auf den Reichtum der Natur gestoßen.

So hatte er sich auf Elba immer schon gefragt, ob es ein grundlegendes Prinzip gibt, das alle Lebewesen kennzeichnet, vom Einzeller bis zum Menschen. Und während er die üppige Natur in sich aufsog, wurde ihm wieder einmal klar: Es geht immer darum, ein inneres Gleichgewicht zu erhalten. Das wird durch die Nahrungsaufnahme gesichert, durch das Aufsuchen von Orten, wo es einem gut geht, wo die Temperatur stimmt, wo man Schutz findet. An diesen Orten werden die Fortpflanzung sowie das sichere Eingebettetsein in die Natur – auch für die Nachkommen – sichergestellt.

So weit waren Pöppel die Zusammenhänge vertraut. Aber jetzt, während er auf die Insel Montecristo zuschwamm, gerieten auch die Gedanken ins Schwimmen. Um das innere Gleichgewicht zu erhalten und sich dorthin zu bewegen, wo es einem gut geht, muss man die richtigen Entscheidungen treffen. Diesen liegt immer die Frage zugrunde: Was ist gut für mich, was ist schlecht für mich – um dann das jeweils Bessere zu wählen. Das heißt, immerzu Informationen von außen aufzunehmen und immerzu mit den Sinnesorganen an die Welt angekoppelt zu sein. Nur so kann das Leben erhalten bleiben.

Aber auch wenn es jetzt den Anschein hat, man sei frei, weil man sich ja selbst entscheiden kann, ob man das Bessere wählen will oder nicht, stellt sich trotzdem die Frage: Handelt es sich wirklich um freie Entscheidungen oder steht hinter der vermeintlichen Freiheit nicht vielmehr der Zwang, sich ununterbrochen in der Welt orientieren zu müssen? Das gilt für den Einzeller genauso wie für den Menschen.

Ich-Nähe macht frei

Pöppel dachte an sein Leben in München. Dauernd kommen Anrufe, SMS und E-Mails herein. Wie soll man damit verfahren? Sofort reagieren? Oder immer erst zu einer festen Stunde des Tages antworten? Oder prinzipiell erst am Tag danach? Einige Menschen aus seinem Umkreis sind richtig süchtig nach diesen Lebenszeichen. Nachrichtenjunkies! Wenn Pöppel solche Menschen kennenlernte, war er gleichzeitig fasziniert und abgestoßen. Wie kann es sein, dass sich intelligente Menschen derart von der Technik einnehmen lassen und ihr sogar zugestehen, ihren Tagesablauf zu bestimmen?

Dachte er aber genauer darüber nach, wurde Pöppel sanfter. Denn das musste mit dem uralten überlebensnotwendigen Prinzip des Gehirns zusammenhängen, in regelmäßigen Abständen – er hatte damals den Rhythmus von drei Sekunden entdeckt (siehe Kapitel 2) – die Umwelt mit seinen Sinnen danach abzuchecken, ob sich etwas verändert hat. Nur dann ist man vor unliebsamen

Überraschungen sicher und wird auch nicht plötzlich von einer Informationsflut überrollt.

Aber diese technische Umgebung war jetzt weit weg. Pöppel dachte an die Natur ringsumher, er sah sogar Fischschwärme unter sich im Meer, und plötzlich wurde ihm mit Schrecken bewusst, dass er nicht nur durch die Technik, sondern durch sein Bewusstsein versklavt und damit sich selbst ausgeliefert ist. Wie diese Fische unter ihm ist kein Lebewesen je alleine, sondern notwendigerweise immer mit anderen verbunden, sonst gäbe es kein Überleben. Tiere werden sich darüber kaum Gedanken machen, sondern einfach gemäß ihrer Natur leben. Nur für den Menschen wird die Sache »bedenklich«, denn er ist in der Lage, über sich selbst nachzudenken, Zusammenhänge zu durchschauen und sie zu hinterfragen.

Und jetzt steht einem das eigene Bewusstsein im Wege, um frei und unabhängig zu sein. Weil das eigene Bewusstsein im Rhythmus von etwa drei Sekunden immer wieder Anschluss an die Welt sucht. Dieser Gedanke ist auch beängstigend, denn er bedeutet schließlich nichts anderes als Versklavung. Aber während Pöppel immer weiter schwamm, kam ihm auch die Idee, dass es wohl eine Möglichkeit gibt, um aus der Versklavung herauszutreten, nämlich ich-nahen Tätigkeiten nachzugehen. Wie zum Beispiel dieses Schwimmen jetzt – kein Handy, kein Internet, aber dafür mit allen Sinnen dem Wasser, der Sonne und der eigenen Kraft hingegeben. Ich-nah war für ihn alles, was er mit Empathie erlebte, im Gegensatz zum ich-fernen abstrakten Beobachten. Ich-nah war für ihn auch das gemeinsame Essen auf dieser Konferenz, das jetzt bald beginnen würde. Die toskanische Elba-Küche ist schon für sich alleine ein Fest. Und dann noch kombiniert mit dem gemeinsamen Lachen und Erzählen all derer, die vorher im gemeinsamen Denken vereint waren. Pöppel kehrte um und schwamm schnell zum Boot zurück.

Gemeinsamkeit herstellen im Workshop

In diesem Jahr war die Essenszeremonie besonders unterhaltsam. Denn diesmal, im Frühling 2002, waren junge Leute aus der ganzen Welt nach Elba gekommen, um zehn Tage unter der Leitung von Albrecht von Müller, Georg Kreutzberg und Ernst Pöppel über das Thema »Was ist Denken?« intensiv zu diskutieren. Schon gleich der erste Tag versprach, dass es einer der kreativsten Workshops werden sollte, die er jemals organisiert hatte. Das lag nicht nur daran, dass die Konferenzteilnehmer jung waren, sondern auch daran, dass die älteren Konferenzleiter mit dabei waren. Wie das Prinzip der Evolution: Eine hohe Diversität ermöglicht eine große Vermischungsmöglichkeit, also auch viele Variationen und viel Kreativität.

Unvermittelt stand Pöppel beim ersten gemeinsamen Essen auf und klopfte an sein Glas. Er hatte ein paar Grußworte zu sagen. Dabei kam er darauf zu sprechen, dass vor 2500 Jahren im Süden Italiens der Philosoph Parmenides mit großem Mut, großer Unabhängigkeit und dichterischer Phantasie ein Werk geschaffen hatte, das uns nur zum geringen Teil erhalten ist. Pöppel gestand, dass ihm mit seinem Faible für Frauen aufgefallen war, dass im parmenideischen Gesang über die Natur nur Göttinnen und Frauen vorkommen, die den jungen Mann in die Geheimnisse der Welt einweihen; genau genommen war es die Göttin Dike, die für Gerechtigkeit steht.

Was die anderen Teilnehmer noch nicht wussten: Auch sie sollten aus dem Stegreif etwas über sich erzählen. Pöppel war es wichtig, dass bei solchen Zusammenkünften jeder Teilnehmer eine kleine spontane Rede hielt. Damit wollte er eine Tradition aufrechterhalten, nämlich die Tradition in unserem Kulturkreis, dass Menschen, wenn sie zusammenkommen, auch kommunizieren sollen. Sie sollten nicht nur dumpf vor sich hin essen, sondern beschwingt vom Wein und den Speisen miteinander sprechen und sich bekennen, wozu Mut gehört. Damit verfolgte er eine pädagogische Absicht: Weil das gemeinsame Speisen und Feiern Vertrauen herstellt, sollten sich Wissenschaftler aus verschiedenen Kontinenten zusammengehörig fühlen und damit zu natürlichen Botschaftern ihrer Fachdisziplin, aber auch ihrer Kultur werden.

Die Reaktionen auf die Aufforderung zum Reden fielen wie immer aus: Erst wunderten sich alle und senkten die Blicke, denn sie wollten nicht sprechen. Aber da kein Auskommen möglich war, musste schließlich doch jeder Teilnehmer seine Scheu überwinden. Und wie fast immer waren die spontanen Reden sehr ehrlich und offen. Spontane Reden erlauben immer einen unverstellten Blick auf das, was die jeweilige Person bewegt. Und so stellte sich anschließend ein Gefühl des Dabeiseins ein. »Das ist auch ein Akt der Ich-Nähe, Pöppel. Niemand kann vorab Bücher wälzen und sich auf die Reden vorbereiten. Deswegen teilt uns jeder seine ich-nahen Gedanken mit«, sagte er sich später. Und indem sich jeder öffnet, stellt sich auch eine gemeinsame Verantwortung her – durch Ich-Nähe erzeugt und nicht etwa durch ein abstraktes Reden darüber.

Es entwickelte sich ein Tischgespräch, in das alle eingebunden waren. Pöppel erzählte von seinen Marineerlebnissen und wie intensiv der Moment war, als sich auf dem offenen Meer die Sonne langsam über die Erdkugel hinauf in den Himmel schob. Von den Marinefregatten wandte sich das Gespräch zu Motorbooten hin. Mit einem Mal hatte Albrecht von Müller die Idee, jetzt spontan mitten in der Nacht über das Meer von Porto Azzuro nach Rio Marina zu fahren. Einige sprangen sofort auf. Auch Pöppel war mit dabei. Und das Unterfangen entwickelte sich zu einem sehr ich-nahen Erlebnis.

Das Wasser war dunkel wie ein schwarzes Loch, das bis zum Horizont zu reichen schien. Nur darüber war das Leuchten des roten Mars und der gelben Sterne zu sehen. Diese Einschränkung des Sehens schärfte die anderen Sinne in besonderem Maße: den Gleichgewichtssinn, der das Vibrieren des Motors vermerkte, welches sich auf das Boot übertrug. Den Gehörsinn, der das gleichmäßige Rauschen des vorbeiziehenden Wassers wahrnahm. Den Tastsinn, der die Gischtspritzer und den warmen Fahrtwind auf der Haut registrierte. Und den Geruchssinn, der sensibel das Salz und die Algen wahrnahm. Es war ein sinnlicher Flug durch die Nacht mit dem blinden Vertrauen, dass alles gut gehen wird.

Was sind ich-nahe Tätigkeiten?

»Im schnellen Motorboot, das Rauschen des Wassers hörend, das man nicht sieht, warst du mit Gelassenheit in der Welt, Pöppel, und nicht reflektierend. Überhaupt hat es heute sehr viele Möglichkeiten gegeben, um sich aus der Versklavung des Bewusstseins zu befreien. Das Schwimmen, das gemeinsame Essen, die spontanen Reden und die Motorbootfahrt in der Nacht – du hast dich den Tätigkeiten und inneren Zuständen hingegeben und dabei nicht über dich oder über die Welt nachgedacht.« Pöppel redete mit sich selbst, als er wieder in seinem Gästezimmer war. Aber wie war das mit dem Denken beim Schwimmen gewesen? War das nun ich-nah oder ich-fern? Das war schließlich kein profanes Nachdenken über Alltagsprobleme. Sondern es war kreativ und damit auch ich-nah.

»Bevor neue Theorien entstehen, geraten die Gedanken ins Schwimmen, bis sie sich irgendwann sinnvoll zusammenfügen. Das ist sogar ein Zustand von intensivster Ich-Nähe«, stellte Pöppel fest. »Ich-ferne Tätigkeiten sind auch notwendig, sie gehören zu dem Teil unseres Bewusstseins, der uns erkennen lässt, wie die Welt außerhalb unserer selbst ist. So lässt uns das ich-ferne Denken erkennen, dass wir versklavt sind. Aber dann sind wir auch klug genug, uns immer wieder in solche Situationen zu begeben, die wir ohne distanzierte Betrachtung und Hinterfragungen erleben können. In diesen Situationen befreien wir uns von der Versklavung durch unser Bewusstsein.« Und er nahm sich vor, sich bei nächster Gelegenheit einige solcher Situationen auszudenken und in seinem Notizbuch festzuhalten.

Diese Gelegenheit bot sich schneller als erhofft. Pöppel hatte seit einigen Jahren mit einer besonderen Art der Schlaflosigkeit zu kämpfen. Das Einschlafen ging gut, und das Aufwachen ebenfalls – allerdings meist schon um drei Uhr morgens. Aber anstatt ärgerlich ein Wiedereinschlafen zu versuchen, setzte sich Pöppel dann immer an den Schreibtisch. Er hatte das Gefühl, in dieser Zeit besonders ich-nah zu denken. Alle seine Vorträge der letzten Jahre hatte er nachts während der schlaflosen Phase in ich-nahem Zustand vorbereitet. Jetzt nahm er die Gelegenheit wahr, um in sein längliches japanisches Notizbuch eine Liste weiterer Tätigkeiten zu schreiben, mit denen er der Versklavung des Bewusstseins entrinnen konnte.

Gespräche können Befreiungsversuche sein, fiel ihm als Erstes ein. Die fließende Unterhaltung, bei der man sich richtig fallen lässt. Dabei sind natürlich Menschen beteiligt, für die man eine Sympathie empfindet. Oder mehr noch: Starke Gefühle, die man mit anderen Menschen teilt, sind auch ich-nah. Ich-nah kann auch das gemeinsame Singen und Marschieren beim Militär sein, wenn man Demagogen ausgeliefert ist. Und der gleiche Effekt wird erzielt, in freundlicher Form, beim Klatschen und Schreien auf einem Popkonzert. Die künstlerischen Tätigkeiten gehören ebenfalls in den Bereich der Ich-Nähe. Generell ist ich-nah, wenn man in einen Flow gerät, in ein Gefühl des völligen Aufgehens in einer Tätigkeit. Dies kann beim Forschen genauso passieren wie beim Kochen und gemeinsamen Speisen mit anderen. Ich-nah ist das Genießen, die unreflektierte Freude an Dingen und Ereignissen. In dem Augenblick aber, in dem man sich fragt, warum etwas schön und gut ist, verschwindet das Gute und Schöne.

Kreativ sein mit Yin und Yang

Da hatte Pöppel ja schon einige Stichpunkte gesammelt. Ungeordnet, assoziativ, gerade so wie es ihm mitten in der Nacht zwischen zwei Schlafepisoden einfiel. Im ostasiatischen Raum führen besonders die Meditationen, wie sie im Zen-Buddhismus entwickelt wurden, zu Ich-Nähe, hatte ihm sein Freund, der Religionswissenschaftler Michael von Brück erzählt (siehe auch dessen Essay am Ende des Buchs). Durch die kontinuierliche Konzentration auf einen konkreten Gegenstand oder einen Sachverhalt kann man willentlich versuchen, sich von dem Strom des Denkens und Analysierens zu befreien und gleichzeitig mit der Welt um sich herum eine Einheit zu verspüren, ohne dass diese detailliert als Information aufgenommen wird.

Doch die Kunst hierzulande schien darin zu bestehen, sich nicht nur dem einen oder dem anderen Zustand ganz und gar hinzugeben, sondern im Zustand der Ich-Nähe beispielsweise einen Einschub an wissenschaftlichen Gedanken zuzulassen. Oder beim ich-fernen Analysieren von Untersuchungsergebnissen auch einen vertrauten Anflug von Ich-Nähe zu verspüren. So wie in der Monade, dem Symbol für Yin und Yang, im weißen Yang-Bereich ein schwarzer Punkt vorhanden ist und im schwarzen Yin-Bereich ein weißer Punkt. Und Pöppel hatte den Eindruck, dass dieses kreative Vereinen von Gegensätzen mit dem Älterwerden leichter wird.

Er hatte noch nie meditiert, aber es gab Tätigkeiten, die er als äquivalent ansah. Durch die Berge zu wandern, bis man sich oben am Gipfel mit dem Himmel verbunden fühlt. Der Liebesakt mit einer Frau, wenn sich die gemeinsamen Bewegungen wie von alleine synchronisieren. Oder auch das Golfspielen: zum Beispiel damals, als er morgens um fünf Uhr völlig alleine auf dem Platz stand und den Ball abschlug. In der Nacht hatte es leicht gefroren, und deshalb knirschte das Gras, als Pöppel über den Raureif ging und seine Spuren hinterließ, fast wie der erste Mensch auf unberührter Erde. Auch dieses Erlebnis war sehr intensiv und ich-nah gewesen.

Experiment mit starken Marken

Vier Jahre später, im Jahr 2006 in München: Pöppel befand sich weit entfernt von der Natur in einem kahlen Raum, ohne Tageslicht, ohne Pflanzen, ohne Bilder an den Wänden. Man gelangte nur über lange, schummrig beleuchtete Flure dorthin, ins Herz des Klinikums Großhadern zum Institut für klinische Radiologie. Hier stand in der Mitte des Raums ein moderner Kernspintomograf. Hirnforscher benutzen solch ein Gerät, um das Gehirn zu »durchleuchten«. Es baut ein starkes Magnetfeld auf, welches Kernteilchen wie Wasserstoff- und Sauerstoffatome zum Schwingen bringt. Mit den Antennen des Geräts werden die Schwingungen erfasst. Überall im Gehirn ist Wasserstoff vorhanden. Die Schwingungen der Wasserstoffteilchen werden gemessen, wenn man die Gestalt beziehungsweise Morphologie des Gehirns darstellen will. Die Schwingungen der Sauerstoffteilchen hingegen benutzen die Forscher gezielt, um zu erkennen, welche Hirnbereiche aktiv sind. Denn die aktiven Bereiche sind besonders gut durchblutet und enthalten daher mehr Sauerstoff als andere Hirnareale.

Bei dem nun anstehenden Experiment sollten die Schwingungen der Sauerstoffteilchen gemessen werden, denn Pöppel wollte die Repräsentation von starken und schwachen Handelsmarken im menschlichen Gehirn unterscheiden. Und was er darüber hinaus erhoffte: dass dieses Experiment das Konzept der Ich-Nähe bestätigen würde.

Im Kernspin lag eine junge Probandin. Eine Gruppe von Menschen stand um sie herum, darunter Pöppel, sowie die Radiologin Christine Born und einige weitere Mitarbeiter. »Sie bekommen jetzt auf diesem Monitor nacheinander einige Bilder zu sehen. Die Bilder erscheinen nur für kurze Zeit. In einer darauffolgenden Pause sollen Sie die Bilder bewerten, sodass wir gleichzeitig unbewusste Hirnaktivität und bewusste Reaktion erfassen können.« Aber die Probandin wusste schon Bescheid und gab salopp ihr Okay. Pöppel gab ihr noch einen Notfalldrücker für alle Fälle in die Hand und erklärte, dass man sie jetzt allein lassen, sie aber durch die Glasscheibe des Technikraums beobachten werde. Dann begann der Kernspintomograf mit lautem Rumoren sein Magnetfeld aufzubauen.

Die Bilder handelten von Autos und Versicherungen: von VW und Seat sowie von der Allianz und der Volksfürsorge, also von einer bekannten und einer weniger bekannten Autofirma sowie einer bekannten und einer weniger bekannten Versicherung. Die Probandin bekam, wie später auch jede weitere Versuchsperson, entsprechende Fotos aus der Werbung, Embleme, Markenzeichen und Schriftzüge zu sehen.

Es zeigte sich in der Gesamtauswertung, dass die bekannte Automarke und die bekannte Versicherung im Gehirn dieselben Bezirke zum Leuchten brachten. Pöppel hatte dies vorhergesagt. Es wäre auch denkbar gewesen, dass die beiden Automarken bestimmte Bereiche im Gehirn wachrufen würden und die beiden Versicherungen andere Bereiche. Doch dem war nicht so. Das Gehirn unterscheidet also nicht immer nach Inhalten. In diesem Fall lösten die starken Marken – VW und Allianz – im Gehirn eine gemeinsame Aktivität an den Orten aus, die etwas mit Vertrauen zu tun haben. Insgesamt war zudem die Aktivität bei den starken Marken geringer als bei den schwachen. Denn das Gehirn hat wenig Arbeit damit, sie zu identifizieren, es muss sich deshalb bei den starken Marken nur wenig anstrengen. Starke Marken sind bekannt, sie gehören wie selbstverständlich zum Leben dazu. Sie sind ein Teil von uns, wir brauchen gar nicht darüber nachzudenken, wofür sie stehen. Sie sind in uns und damit ichnah repräsentiert. Und Ich-Nähe erzeugt Vertrauen und damit Zugehörigkeit. Damit war Pöppels von langer Hand entworfenes Konzept auch technisch bestätigt.

Die Harmonie in der Gesellschaft stärken

Durch spätere Diskussionen und Zeitungsberichte musste Pöppel übrigens erfahren, dass nicht alle Menschen seine Euphorie über die Ergebnisse des Experiments teilten. Viele Menschen haben ihn falsch verstanden und gemeint, er wolle sein Talent nun dafür hergeben, um einen »Kaufknopf« im Gehirn zu finden. Pöppel war über dieses Missverständnis ziemlich erstaunt. Denn es war ihm von Anfang an um etwas völlig anderes, ja sogar um etwas nahezu Idealistisches gegangen. Er hatte nicht den Konsum ankurbeln wollen, sondern war daran interessiert gewesen, die Harmonie in der Gesellschaft zu stärken. Denn die Grundfrage, die sich Pöppel stellte, lautete: Wie wird eigentlich unsere persönliche Identität bestimmt? Auch Produkte spielen dabei eine große Rolle, da wir auch danach auswählen, was wir darstellen wollen, vor anderen und vor uns selbst. Die Bedürfnisbefriedigung durch Produkte und Dienstleistungen tragen somit auch zur Bestimmung unserer Identität bei. Und wer sich seiner Identität sicher ist, der kann auch zufrieden leben und muss nicht in einer Gesellschaft für Unruhe sorgen. Insofern stiften ich-nahe Produkte auch Harmonie. Pöppel ist sich allerdings auch der gesellschaftlichen Probleme bewusst, die mit starken Marken in Zusammenhang stehen: Konsumentenverhalten kann schon im Kindesalter geprägt werden. Deswegen sehen viele Kinder und spätere Erwachsene Coca Cola und Hamburger von McDonald's ganz selbstverständlich als vertraute Produkte der Bedürfnisbefriedigung an. Diese Konditionierung ist aber nicht im Sinne einer sinnvollen und gesunden Ernährung.

Eine Opernsängerin im Kernspintomografen

Zwei weitere Jahre später, man schrieb mittlerweile das Jahr 2008: Pöppel befand sich in demselben fensterlosen Raum im Klinikum Großhadern, diesmal zusammen mit seinem jungen russischen Kollegen Evgeny Gutyrchik und Edda Moser, der weltberühmten deutschen Sopranistin und Professorin für Gesang (siehe das Interview mit ihr in Kapitel 1). Pöppel hatte ihr vorgeschlagen, sich der Wissenschaft zuliebe einmal in den Kernspin zu legen und beobachten zu lassen, wie ihr Gehirn auf Musik reagiert.

Edda Moser war von Anfang an sehr kooperativ. Evgeny Gutyrchik hatte ihr zuvor die obligatorische Patienteninformation zu lesen gegeben. Um hundertprozentig sicher zu sein, dass sie wusste, worauf sie sich einließ, hatte er der Sopranistin dann noch einmal ausführlich das Prinzip des Kernspins erklärt und sie detailliert auf mögliche Risiken des anstehenden Prozedere hingewiesen. Diese sind übrigens vernachlässigenswert, sofern man keine Metallteile im Körper hat. Edda Moser war diesbezüglich völlig gesund und erklärte resolut, dass diese Aufklärung unnötig gewesen sei und sie nun mit dem Experiment beginnen wolle.

Die Sängerin bekam nun kurze Ausschnitte aus Mozart-Arien vorgespielt, darunter auch die Rachearie aus der »Zauberflöte«. Mal waren die Gesangsstücke von ihr selbst gesungen, mal von einer anderen Sopranistin. Als die beiden Forscher die dabei entstandenen Hirnbilder miteinander verglichen, offenbarten sich faszinierende Unterschiede: Beim Anhören der eigenen Gesangsaufnahmen leuchteten Gebiete der somatomotorischen Hirnrinde, die im Hirninnern liegenden Thalamuskerne und das Kleinhirn sehr stark auf. All diese Bereiche sind für das leiblich-körperliche Selbst, die Grundlage der menschlichen Identität, von entscheidender Bedeutung. »Das heißt, wenn Edda Moser ihren eigenen Gesang hört, leuchtet der Bereich im Gehirn auf, der mit der körperlichen Erfahrung in Verbindung gebracht wird«, erkannte Gutyrchik.

Die gesammelten körperlichen Erfahrungen und Lernvorgänge einer Person bilden ihr implizites Wissen, ihr individuelles Körperwissen. Das heißt, Edda Moser erinnert sich beim Hören ihrer Stimme auch körperlich daran, wie sie die Arie gesungen hat. Pöppel war ganz Gutyrchiks Meinung: »Ihr eigener Gesang ist für sie untrennbar mit der Leiblichkeit und dem Körper verbunden.« Er war fasziniert: Hier, auf diesen Aufnahmen, war es endlich zu sehen, das implizite Wissen. Die nicht teilbaren, über ein ganzes Leben hinweg erworbenen Empfindungen der Musikerin waren tatsächlich an dem Ort für Ich-Nähe eingespeichert!

Auch Edda Moser war von dem Experiment begeistert und ließ sich ihre Erschöpfung nicht anmerken. Aber sie hatte auch nichts dagegen einzuwenden, anschließend Pöppels Einladung zum Essen anzunehmen, um sich auf angenehme, ich-nahe Weise wieder von den Strapazen zu erholen.

Fazit für das Älterwerden

Menschen gehen ich-fernen und ich-nahen Tätigkeiten nach. Beides entspricht der menschlichen Erfahrung. Und beides ist auch in Kernspinaufnahmen von Gehirnen erkennbar.

Ich-ferne Tätigkeiten sind notwendig für unser Leben, denn sie lassen uns erkennen, wie die Welt außerhalb unserer selbst ist. Ich-nahe Tätigkeiten erlauben es uns, Situationen ohne distanzierte Betrachtung und Hinterfragungen zu erleben. Allerdings stellt sich das Gefühl, intensiv gelebt zu haben, nur ein, wenn wir reichhaltige ich-nahe Gedächtnisinhalte gesammelt haben. Es ist also für das ganze Leben und insbesondere für das Altern wichtig, auch den ich-nahen Tätigkeiten nachzugehen. Die Kunst besteht nun darin, sich nicht nur dem einen oder dem anderen Zustand ganz und gar hinzugeben, sondern das jeweils andere zu integrieren. Dieses kreative Vereinen von Gegensätzen gelingt mit dem Älterwerden immer leichter.

SELBSTREFLEXION – Mit Empathie und Vertrauen zu gemeinsamer Verantwortung

Für mich ist beides notwendig, Ich-Ferne und Ich-Nähe. Es wäre absurd, zu meinen, dass man immer nur rational Dinge erledigen könne. Genauso absurd ist es, zu glauben, dass man sich in einem permanenten Zustand der absoluten Ich-Nähe befinden könne. Beide Zustände sind im Kontakt mit Menschen wichtig, sei es im privaten, sei es im beruflichen Bereich.

Da ich das weiß, kann ich in ganz anderer Weise mit Menschen umgehen. So versuche ich, in einem wissenschaftlichen Gespräch auch eine Atmosphäre der Ich-Nähe zu erzeugen, um auf dieser Grundlage dann rationale Entscheidungen zu treffen. Auch wenn ich Sitzungen leite, Vorträge und Vorlesungen halte, springe ich nicht gleich in die Tagesordnung hinein, sondern versuche zuerst, eine Atmosphäre herzustellen. Ich sage dann etwas zu der Situation, in der ich und die anderen sich befinden, oder mache einen Scherz, denn Lachen entspannt und erzeugt einen Rahmen des Zuhörens. Indem dann in den Zuhörern ein Gefühl ihrer eigenen Ich-Nähe und Authentizität geweckt wird, sind sie auf eine ganz andere Weise in den kommenden Vortrag involviert, nämlich weniger distanziert und mehr empathisch. Jeder, der in eine humorvolle Atmosphäre kommt, fühlt sich auch sicher. Das mag überhaupt auch die soziale Bedeutung von Witzen sein, dass man sich durch das Lachen mit anderen verbunden fühlt, aber auch seine eigene Identität bestätigt. Wenn ich also eine Atmosphäre der Ich-Nähe schaffe, kann ich auch Inhalte leichter vermitteln. Denn die Zuhörer schauen mich dann aufmerksam an und zeigen mir, dass sie mitdenken und mit dabei sind.

Einen emotionalem Rahmen schaffen

Auch wenn ich Entscheidungen treffen muss, versuche ich, die Ich-Nähe einzubeziehen und nicht nur die logischen Argumente sprechen zu lassen. So inszeniere ich vor einer Entscheidung beide Situationen, den emotionalen Rahmen und die Klarheit des Gedankens. Wenn ich etwa darüber entscheide, ob ich einen Doktoranden annehmen soll oder nicht, lasse ich mir seine wissenschaftliche Idee durch den Kopf gehen, aber ich unterhalte mich auch privat mit ihm, um ein Gefühl für ihn zu bekommen.

Die Balance von Ich-Nähe und Ich-Ferne strebe ich auch auf einer Konferenz an. Diese lasse ich immer am Abend vor den Vorträgen und Workshops beginnen, damit sich alle persönlich kennenlernen, ein Glas Wein zusammen trinken und auch abschätzen können, wo man selbst und wo die anderen stehen. So verliert man mit dem Beginn der eigentlichen Konferenz dann keine Zeit mehr mit »Sandkastenspielen« des gegenseitigen Abgrenzens. Ich inszeniere also für alle Teilnehmer Ich-Nähe, damit man schnell zum Thema kommt und vertrauensvoll miteinander diskutieren kann.

Vertrauen – ein kostbares Gut

Und nur durch die gemeinsamen Erlebnisse und das vertrauensvolle Miteinander entsteht schließlich Verantwortung. Die Verantwortung kann man als ein abstraktes Konzept begreifen, dann ist sie bedeutungslos. Oder man kann Verantwortung unmittelbar einem anderen gegenüber empfinden, dann wird sie handlungsleitend. Sie ist dann sehr stark in uns verankert, bedingt durch Ich-Nähe. Vertrauen ist ein kostbares und verletzliches Gut. Deswegen verurteile ich auch die Hasspredigten, die im Wahlkampf gegen die jeweils anderen Parteien oder Kandidaten gehalten werden. Denn wenn der Wahlkampf hasserfüllt war, kann eine spätere Koalition nicht funktionieren, und die Politiker können die ihnen gemeinsam von den Wählern übertragene Verantwortung nicht gemeinsam wahrnehmen. Es ist die Aufgabe von uns Älteren, diese Dinge auszusprechen und der politischen Klasse einen Hinweis zu geben, was wir eigentlich wollen, nämlich Aufgaben für die Gemeinschaft übernehmen. Natürlich können auch jüngere Menschen kritisieren: Aber sie stürzen sich eher mit Leidenschaft ins Tagesgeschäft hinein. Wir Älteren dagegen können die Kritik mit Erfahrung und Bedachtsamkeit aussprechen.

TIPPS FÜR DIE LESER

Wie Sie ich-nahe Tätigkeiten entdecken und genießen lernen

Mit Arbeit und Pflichterfüllung kennen sich viele Menschen gut aus. Das Leben zu genießen und zu spüren, fällt Menschen oft deutlich schwerer, denn dies wird in unserer Gesellschaft nicht gelehrt. Jetzt im Alter haben Sie die Chance, vermehrt auch den »nicht arbeitsamen« ich-nahen Tätigkeiten nachzugehen und dabei Ihre subjektiven bildhaften Erinnerungen anzureichern. Im Folgenden finden Sie eine Liste von ich-nahen Tätigkeiten, die Sie nach Belieben erweitern können. Generell gilt: Alles, was Kreativität erfordert, ist ich-nah. Denn dabei schöpfen Sie aus sich selbst.

☞ Kreativ kochen: Das echte Kochen (also nicht nur eine Dose öffnen und den Inhalt aufwärmen) ist eine ich-nahe Tätigkeit, die volle Konzentration auf Auswahl und Zubereitung der Zutaten und auf die eigenen Geschmacksknospen erfordert. Mit dem Kochen lässt sich auch das Prinzip der Parallelaktion trainieren (siehe Kapitel 6). Nehmen Sie das Kochen und das anschließende Essen und Genießen ernst, und verbinden Sie es vielleicht mit dem nächsten Tipp.

☞ Sich als Gastgeber inszenieren: Gäste einzuladen, ist eine sehr ich-nahe Tätigkeit und zudem eine große Kunst. Erfinden Sie das zeitaufwendige Konzept des Gastmahls neu. Laden Sie sechs bis acht Leute ein. Dabei geht es nicht in erster Linie um das Essen, sondern um die richtige Atmosphäre: Überlegen Sie, welche Gäste zusammenpassen. Stellen Sie jeden Gast den anderen vor, indem Sie natürlich seinen Namen nennen und dann etwa 20 bis 30 Sekunden etwas über ihn erzählen. Bevor Sie zu Tisch bitten, ist eine Stehphase wichtig, bei der die Gäste das bereits Gesagte aufgreifen und miteinander ins Gespräch kommen können. Als Gastgeber haben Sie die Aufgabe, unauffällig eine Vernetzung zu inszenieren. Achten Sie deshalb darauf, dass sich zwei Gäste nicht einfach von den anderen absondern, sondern stellen Sie ihnen in dem Fall einfach einen weiteren Gast vor. Achten Sie darauf, was der andere braucht. Feiern Sie die Begegnung und die Gemeinsamkeit. Tauschen Sie sich aus, hören Sie kreativ zu, indem Sie die Worte der anderen mitdenken und weiterdenken.

Und wenn Sie Gast sind, halten Sie es wie Coco Chanel: »Nach zwölf passiert sowieso nichts mehr«, und verabschieden Sie sich vor Mitternacht, dem Gastgeber zuliebe.

☞ Renovieren: Entdecken Sie den Handwerker und Innenarchitekten in sich. Schauen Sie sich in Ihrer Wohnung um. Was könnten Sie selbst kreativ gestalten? Lassen Sie einmal nicht den Fachmann kommen, sondern setzen Sie Ihre Ideen selbst um.

☞ Garten gestalten: Falls Sie das Glück haben sollten, einen Garten zu besitzen, dann gestalten Sie ihn selbst und erleben Sie in ihm die Jahreszeiten. Auch hier können Sie viel Fantasie und Kreativität entwickeln. So stellt sich auch der unmittelbare Bezug zur Natur und damit ebenfalls zu sich selbst her. Und wenn Sie keinen Garten, sondern einen Balkon oder eine große Fensterbank haben, dann können Sie auch diese mit Blumen und Pflanzen gestalten.

Ich-Nähe wird sehr eindrucksvoll in der elften Ode des ersten Buchs von Horaz zum Ausdruck gebracht, geschrieben vor über 2000 Jahren, in der das berühmte »carpe diem« – »Genieße den

Tag« – vorkommt. Lesen Sie den Text laut und lassen Sie den Klang auf sich wirken. Für jene Leser, die Latein können, geben wir auch das lateinische Original dieses römischen Sprachkünstlers wieder.

Ode 11

Frage nicht, denn es wäre nicht recht zu wissen,
welches Ende mir, welches dir
Die Götter bestimmt haben, Leukonoe,
und laß dich auch nicht auf die babylonische
Sterndeutung ein! Wie viel besser ist's,
was immer geschieht, hinzunehmen,
Ob nun Jupiter noch mehr Winter gewährt
oder den als letzten,
Der jetzt an den ragenden Lavaklippen das
Tyrrhenische Meer sich brechen läßt,
Sei vernünftig! Kläre den Wein und
stutze auf ein bescheidenes Maß
Deine weitgespannten Hoffnungen zurück!
Während wir plaudern, entflieht neidisch
Die Zeit. Genieße den Tag und verlaß dich
möglichst wenig auf den nächsten.

Horaz, Übersetzung: Gerhard Fink

Tu ne quaesieris, scire nefas, quem mihi, quem tibi
Finem di dederint, Leuconoe, nec Babylonios
Temptaris numeros. Ut melius, quidquid erit, pati,
Seu pluris hiemes seu tribuit Iuppiter ultimam,
Quae nunc oppositis debilitat pumicibus mare
Tyrrhenum. Sapias: vina liques et spatio brevi
Spem longam reseces. Dum loquimur, fugerit invida
Aetas: carpe diem quam minimum credula postero.

Horaz

INTERVIEW MIT

dem Sexualaufklärer Oswalt Kolle

Oswalt Kolle (geb. 1928) ist Journalist, Buchautor und Filmemacher aus Deutschland. Er wurde in den 1960er und 1970er Jahren durch seine sachlichen und faktisch korrekten Werke über Sexualität bekannt. »Wir benötigen einen neuen Moralkodex«, so lautete sein innerer Auftrag. Diesen erfüllte er in einer Zeit, als es verboten war, Werbung für empfängnisverhütende Mittel zu machen, und Kondome nur an Ehepaare abgegeben werden durften, als es den Kuppelei-Paragrafen gab, nach dem Eltern der Förderung der Unzucht beschuldigt wurden, wenn sie Jugendliche unter 21 mit einem andersgeschlechtlichen Menschen in einem Zimmer schlafen ließen. Förderung der Unzucht wurde mit Gefängnis bestraft, ebenso wie Ehebruch und Homosexualität. Was liegt näher, als zum Thema Sexualität und Älterwerden diesen engagierten und renommierten Sexualaufklärer zu interviewen? Und da Sexualität ein Bereich ist, in dem Ich-Nähe auf besonders beglückende Weise zu erreichen ist, hat er indirekt auch dazu einiges zu sagen.

Herr Kolle, was haben Sie uns über das Altwerden zu sagen?
Was ich über das Altwerden zu sagen habe, ist mit einem Satz zusammenzufassen: Alt werden ist nicht schön, aber nicht alt werden noch weniger. Das Altwerden beginnt mit 50, denn dann halten die ersten körperlichen Beschwerden Einzug. Und die vermehren sich schlagartig Jahr für Jahr. Irgendwann hat man es verstanden: Sollte man einmal morgens aufwachen und es tut nichts mehr weh, ist man tot.

Wirkt der Sex beim guten Altwerden hilfreich?
Beim guten Altwerden hilft eine positive Lebenseinstellung. Damit meine ich ganz konkret, sich immer wieder dem Genuss hinzugeben. Die schönste der Möglichkeiten, die wir hier zur Auswahl haben, ist der Sex. Das ist eine wunderbare Sache. Ich meine damit nicht, ein bisschen streicheln und beim Sonnenuntergang auf einer Parkbank sitzen. Jüngere Menschen sind oft der Meinung, dass Ältere nur noch Zärtlichkeit und Wärme suchen. Aber für Wärme reicht eine Rheumadecke. Ich rede vom Sex.

Allerdings haben auch die Älteren Probleme damit, sich die Lust am Sex einzugestehen. Denn auch sie sind von dem Jugendideal geprägt, Sexualität sei nur etwas für junge Leute. Meine Antwort darauf: Seid doch nicht verrückt, auf Sex zu verzichten, sonst könnt ihr das Leben gleich aufgeben. Wenn ihr noch Lust habt, dann genießt sie. Und lasst euch von niemandem erzählen, dass sich das nicht gehört!

Wie geht es Ihnen selbst mit dem Sex?
Ich empfinde Sexualität als etwas außerordentliches Positives. Und nicht als etwas Quälendes wie Arthur Schopenhauer, von dem der Seufzer überliefert ist: »Gott sei Dank bin ich das quälende Tier Lust los.« Ich selbst habe Sexualität immer als die schönste Kraft der Welt gesehen.

Damit meine ich nicht, dass jeder ältere Mensch zwangsläufig Lust haben muss. Es gibt in jedem Alter immer Leute, die stark an Sexualität interessiert sind, und andere, die gar nichts davon wissen wollen. Etwa 20 Prozent der Menschen haben kein Interesse an Sex, das war in jungen Jahren so und wird auch im Alter so bleiben. Das Gleiche gilt für die Häufigkeit von Sex. Auch hier ist das eigene Wollen der Maßstab. Ich will nicht täglich Sex haben, weder früher noch heute. Man braucht auch Zeiten ohne Sex. Für mich hat sich herausgestellt: Zweimal in der Woche oder dreimal im Monat, in dieser Spanne liegt ein guter Rhythmus, dann wird das Erleben immer wieder neu.

In einer langjährigen Partnerschaft leidet der Sex oftmals. Man hat weniger Lust aufeinander und bedauert das Fehlen der Lust sogar. Können Sie uns auch dazu etwas sagen?
In der langjährigen Partnerschaft, wie früher mit meiner Ehefrau Marlies oder heute mit meiner Freundin Jose, halte ich es mit der Einstellung, immer ein bisschen unverheiratet zu bleiben. Wie diese Meinung zu interpretieren ist, dazu gebe ich keinen Kommentar.

Jeder muss selbst herausfinden, ob das für ihn bedeutet, mal wieder fremdzuflirten, oder ob es heißt, sich wieder mehr umeinander zu kümmern. Entscheidend ist, dass die gewählte Taktik Lust in die Beziehung bringt.

Was könnte man tun, wenn man sich mit dem Älterwerden als weniger attraktiv empfindet?
Männer und Frauen entwickeln im Laufe der Jahre unterschiedliche Probleme in Bezug auf die Sexualität. Männer haben vor allem Angst davor, nicht mehr richtig eindringen zu können, also ihre Leistungsfähigkeit einzubüßen. Sie sollten aber wissen, dass sie auf viele unterschiedliche Arten Liebe und Lust geben und auch empfinden können. Der Sex sollte in der Jugend nicht penisorientiert sein und im Alter genauso wenig.

Frauen haben ein anderes Problem: Sie fühlen ihre Attraktivität und Jugendlichkeit schwinden. Jeder dieser Frauen sage ich: Denk nicht daran, was du nicht mehr hast, sondern daran, was du hast. Und du hast eine Menge: Du bist sinnlich. Du kannst Sexualität geschickter als früher praktizieren, denn du weißt, wie du einen Mann anfassen musst. Mit 20 wusstest du das alles nicht, und du warst gehemmt. Heute hast du Lebenserfahrung und Ausstrahlung. Überschätze die Attraktivität des Körperlichen nicht. In dem Moment, wo du flirten kannst, spielt die keine Rolle mehr. Ein Mann schaut dich nicht an, als ob er in einem Striptease-Club wäre. Er will dich fühlen, er will deine Feuchtigkeit und deine Lust spüren. Dann ist er stolz und glücklich, dass er das alles in dir hervorrufen kann.

9.

ICH WERDE ÄLTER – UND HOFFENTLICH AUCH WEISE

Laut Nietzsches Zarathustra *sollte der menschliche Geist auf dem Wege zur Weisheit drei Verwandlungen durchmachen, vom geduldigen Kamel über den raubenden Löwen zum vergessenden Kind. Die Hirnforschung bestätigt: Vergessen ist ein kreativer Akt zur Erlangung von Weisheit. Die Kunst besteht allerdings darin, nur den Gedächtnismüll aktiv zu beseitigen, nicht aber die wertvollen persönlichen Erinnerungen. Ansonsten verliert man sich womöglich selbst.*

FORSCHUNG – Wie kreative Müllbeseitigung zu Weisheit führt

Man konnte sehr leicht einnicken an diesem strahlend heißen Sommertag im Hinterland des Chiemsees – monotone Stimmen von Referenten, in die sich Froschgequake mischte, summende

Insekten. Die Anwesenden wischten sich immer wieder mit Taschentüchern über die Stirn. Es war so drückend, dass alle ein erlösendes Gewitter herbeisehnten. Vor allem die vier kahl geschorenen Nonnen sahen unter ihren grauen Kutten sehr ungesund aus und schienen stark zu schwitzen.

»Ob das der richtige Rahmen ist, um gleich meinen Vortrag über die Weisheit in der Natur zu halten?«, fragte sich Pöppel. Er würde erläutern, dass Menschen das Wissen der Natur erkennen sollten, da es sich in ihnen wiederholt. Und wenn wir in unserer Weisheit eine Harmonie und Ausgeglichenheit erzielen wollten, dann sei auch dafür die lebende Natur unser Lehrmeister. Weisheit sei in der lebenden Natur jedoch nichts Beständiges, sondern etwas sich stets Erneuerndes, denn durch evolutionäre Prozesse würden immer wieder neue Lebensentfaltungen ermöglicht.

Was die Natur in der augenblicklichen Situation jedem der Anwesenden diktierte, war sehr leicht zu erkennen, nämlich: sich zu einem Mittagsschläfchen in den Schatten unter einen Baum zurückzuziehen oder in den Schatten der Kapelle, die etwa 50 Meter von den Referenten und ihren Zuhörern entfernt stand, anstatt sich auf einem Stuhl mühsam wach zu halten.

Erste Begegnung mit Dharma Master Hsin Tao

Die von Michael von Brück (siehe auch seinen Essay am Ende des Buches) initiierte Konferenz »Religion – Segen oder Fluch der Menschheit« fand im Park des Unternehmers Ernst Freiberger im Jahr 2007 statt. Der hatte am Ortsrand von Amerang auf einer Anhöhe eine ganz besondere Kapelle gebaut. Von außen passt sie mit ihrem Zwiebelturm in die bayerische Landschaft hinein. Aber wer in die vermeintlich katholische Kapelle eintritt, reibt sich erst einmal die Augen. Denn er findet nicht, wie erwartet, nur Figuren vom auferstandenen Christus, einen Muttergottesalter und Ikonenmalerei, sondern auch den Elefantengott Ganesha, eine Buddhastatue, einen siebenarmigen Leuchter und die Torarolle, sowie den Koran mit einem Koranständer. Es ist die Kapelle der Weltreligionen. Auch die vier Nonnen, die unterhalb der Kapelle einem Vortrag lauschten, gehörten keinem katholischen Orden an, sondern einem buddhistischen Kloster. Sie kamen aus Taiwan, in der Gefolgschaft des buddhistischen Friedensstifters und Vermittlers zwischen den Religionen Dharma Master Hsin Tao (siehe dessen Beitrag auf Seite 221–225).

Dem schien die Hitze überhaupt nichts auszumachen. Und mit bordeauxroter Kutte und Kopfbedeckung stach er auch rein farblich unter den Anwesenden heraus. Was Pöppel aber am meisten beeindruckte, waren seine Augen. Mit klarem Blick sah er die Referenten an, weder Hitze noch Bremsen und Fliegen oder das heranziehende Gewitter schienen ihn davon abhalten zu können, die Worte der anderen in sich aufzusaugen. Als Pöppel referierte, musste er immer wieder zu diesem Mann schauen. Und jedes Mal saß der Dharma Master unverändert wie in Stein gehauen an seinem Platz, die Augen fest auf den Referenten gerichtet. ›Er ruht in sich, er scheint auf eine besondere Art zu denken und hat eine unglaubliche Präsenz. Er scheint die Verkörperung der Weisheit zu sein‹, dachte sich Pöppel.

»Very hot in Germany, wie kann man sich denn hier abkühlen?« – »Wenn es sehr heiß ist, trinken wir einfach ein kühles Bier.« – Das Gespräch der beiden Männer fand auf Englisch statt und begann recht heiter.

Zur Überraschung Pöppels ließ sich der Mönch wirklich zu einem kühlen Bier in einem schönen traditionellen Wirtshaus in Amerang einladen. »Die Mönche und Nonnen in den bayerischen Klöstern haben die Kunst des Bierbrauens erst richtig entwickelt. Um etwa 1000 nach Christus haben die Fürsten Braurechte vergeben, auch an die Klöster. So entstanden die Klosterbrauereien. Sie brauten auch die Starkbiere – da die Mönche zur Fastenzeit nichts essen, sondern nur trinken durften«, erzählte Pöppel dem Mönch aus Taiwan. Dem gefiel diese Tradition seiner westlichen Brüder. Überhaupt war er sehr offen für die Riten und Prinzipien anderer Religionen.

Meditation macht unabhängig

Die beiden Männer fanden schnell Zugang zueinander. Sie kamen nämlich auch darauf, dass sie beide traumatische Erlebnisse mit Soldaten gehabt hatten. Der Dharma Master war Kindersoldat in Myanmar gewesen und konnte als Jugendlicher fliehen. Pöppel hatte als Kind den brutalen Einmarsch der Russen in sein Heimatdorf erlebt.

Beide Männer hatten stark unter ihren Kriegserlebnissen gelitten. Der Dharma Master hat sich davon befreit, indem er als 25-Jähriger beschloss, Mönch zu werden. Um sich vorzubereiten, hatte er viele Jahre allein auf entlegenen Friedhöfen gefastet und meditiert. Danach hatte er ungestört weitere zwei Jahre bei erneutem strikten Fasten und Meditieren in einer isolierten Höhle auf einem Berg verbracht. Dieser Ort ist jetzt als Ling-Jiou-Berg bekannt, ein Kloster wurde in der Nähe der Höhle erbaut. Denn die besondere Persönlichkeit des Dharma Master und die Weisheit seiner Worte hatten viele Menschen angezogen, Schüler und Gläubige, seit er seine Isolation beendet hatte. Pöppel hatte einen anderen Weg gewählt, er hatte sich in die Wissenschaft gestürzt, was ebenfalls ein Versuch war, seine traumatischen Erfahrungen zu verarbeiteten oder ihrer Herr zu werden.

›Er redet überhaupt nicht distanziert, sondern aufmerksam und sehr persönlich, also mit großer Ich-Nähe. Wir beide sprechen unverstellt und authentisch miteinander. Mit einem Pfarrer wäre das kaum möglich‹, fiel Pöppel auf. ›Der Dharma Master wirkt selbst dann undogmatisch, wenn er berichtet, dass er jeden Morgen um drei oder vier Uhr aufsteht, um den Tag mit einer ausgiebigen Meditation zu beginnen.‹ Die beiden Männer unterhielten sich mittlerweile über die Ursprünge des Lebens und darüber, was Bewusstsein sein könnte. Auch die vier Nonnen beteiligten sich rege und gar nicht schüchtern an dem Gespräch. Pöppel erklärte ihnen den Ursprung des Bewusstseins anhand von Einzellern und dass das Bewusstsein immerzu unter dem Zwang stehe, Anschluss an die Welt zu finden. Wobei Handy, Internet, Telefonanrufe es einem heutzutage erleichterten, diesem Zwang nachzugeben. »Eine biologisch bedingte Selbstversklavung«, erklärte er. Diese Überlegungen waren den Nonnen und ihrem Meister offenbar nicht fremd, denn sie erklärten, dass ihre Meditationen ein Weg seien, sich von ihren eigenen Zwängen zu befreien und sich als ganzer Mensch zu fühlen.

Überhaupt machten die Gespräche mit dem Dharma Master dessen Entschlossenheit zur Unabhängigkeit deutlich. ›Ein Beispiel der Entschlossenheit im Prozess der Ich-Findung, die er mit Meditationsübungen aus dem Zen-Buddhismus kraftvoll vorantreibt‹, dachte er sich. ›Und dabei ist er überhaupt nicht weltfremd. Im Gegenteil, er ist ein erfolgreicher Mensch und hat zum Beispiel Millionen von Dollars für das Museum der Religionen in Taipeh beschafft.‹

Unvermutet erhob sich der Dharma Master, stellte sich aufrecht hin, legte zackig die rechte Hand an seine rote Kopfbedeckung und grüßte »Gute Nacht, Herr Leutnant, ich gehe jetzt zu Bett«. Ein militärischer Gruß! Aber Pöppel wunderte sich nicht mehr über diesen Mann.

Und wie lautete die zentrale Dienstvorschrift bei der Bundeswehr? Ein Grüßender hat Anspruch auf eine korrekte Erwiderung. So erhob er sich ebenfalls zum militärischen Gruß, ein Lächeln in den Augen. Und jedes Mal, wenn er den Dharma Master in Zukunft wieder traf, begrüßten sich die beiden ehemaligen Soldaten mit diesem Ritual.

Was macht den Weisen weise?

Pöppel nutzte den frühen Abgang des Mönchs zu einem flotten Abendspaziergang durch Amerang. Er wollte sich die Begegnung noch einmal vergegenwärtigen. Einen Weisen zeichneten also mehrere Eigenschaften aus. Eine davon war die Fähigkeit, die ihm am Dharma Master zuerst aufgefallen war, nämlich in sich zu ruhen und nicht ständig Bestätigung von außen suchen zu müssen. Die Geschichte des still meditierenden jungen Mannes in einer abgelegenen Höhle auf einem Friedhof in Taiwan, das war für Pöppel das Sinnbild eines in sich ruhenden Menschen schlechthin: Die Kriegserlebnisse als Kindersoldat noch im Bewusstsein, wollte er sich ganz der Natur hingeben, um hier durch Meditation den Geist von allen Gedanken leer zu machen und inneren Frieden zu finden. Aber Weisheit zeigte sich für Pöppel auch darin, dass der Dharma Master auf irgendeine beliebige Situation adäquat reagieren konnte.

Zum Beispiel in dem Moment, als er müde wurde und dann alleine sein wollte: wie er es dann schaffte, mit Humor ein philosophisches Gespräch zu unterbrechen und – mit dem Militärgruß – den Abschied einzuleiten. Damit blieb er nicht zwanghaft an der Philosophie kleben, sondern schaffte spielend leicht den Übergang in eine andere Stimmung. Und das ist eine normalerweise schwierige Angelegenheit.

Weisheit – nicht nur eine Frage des Alters

»Eine Situation sehen, begreifen und dann entsprechend reden und handeln – das ist auch eine Form von Weisheit. Wenn man immer nur in seiner eigenen Gedankenwelt lebt, fällt das schwer«, redete Pöppel vor sich hin.

Er musste an seine Mutter denken. Sie war eine weise Frau gewesen, die sich in andere Menschen hineinversetzen konnte. Wie war noch einmal ihre Begegnung mit diesem Prinzen gewesen?

Der war plötzlich bei Pöppel zu Hause in München-Schwabing aufgetaucht und hatte sich als Prinz Friedrich von Sachsen-Altenburg vorgestellt, also als Angehöriger höchsten deutschen Adels. Aber er sah nicht aus wie ein Adeliger, sondern eher wie ein Penner, mit seiner heruntergekommenen Kleidung. Der Prinz war unruhig gewesen, er redete von der Hofetikette, vom Stammbaum und vom Schicksal seiner Familie, die nach dem Krieg das Leben verpasst hatte und verarmt war.

Pöppel hatte nicht so recht gewusst, was dieser Prinz eigentlich wollte. Aber Pöppels Mutter, die gerade zu Besuch war, hatte schnell erkannt: Der hat einfach Hunger. Und sie lud ihn höflich ein, in die Küche zu kommen und mit ihnen gemeinsam zu speisen. Pöppel hatte sich damals gedacht: Das ist typisch für meine Mutter. Sie erkennt, was andere Menschen benötigen, und gibt es ihnen. Das war selbst im Krieg so gewesen, als es überall an Lebensmitteln mangelte. Wenn Menschen am Bauernhof in Schwessin vorbeikamen, denen es offensichtlich noch schlechter ging als ihnen selbst, dann half sie ihnen.

Sie hatte den Hof für all diejenigen geöffnet, die am Verhungern waren. Und so gab sie den Menschen zu essen und auch Unterkunft, wenn es nötig war. Dabei war es ihr egal, was andere Menschen dazu sagen könnten. Wenn sie etwas für richtig hielt, verhielt sie sich entsprechend. Durch diese Unabhängigkeit von der Meinung anderer wirkte sie auch als Vertrauensperson, sodass alle Menschen zu ihr kamen, um sich bei ihr auszusprechen und sie um Rat zu fragen. Ohne dass sie es eigentlich selbst wusste, war sie seelsorgerisch tätig.

Und so dachte sich Pöppel, dass man zwar im Allgemeinen das Weisesein mit dem Alter verbindet, dass es aber auch Ausnahmen davon gibt. Nämlich Menschen, die von jeher den Eindruck erwecken, in sich zu ruhen, unabhängig zu sein und zu wissen, was richtig ist. So wie seine Mutter Elfriede schon als junge Frau.

Unabhängig und unbestechlich – zwei Eigenschaften des Weisen

Unabhängig war auch der Bauer Harms, dem Pöppel als kleiner Junge beim Heuen geholfen hatte. Pöppel hatte die Heuballen hochgehievt, und der Bauer hatte sie auf dem Heuwagen stehend entgegengenommen und verstaut. Und dabei hatte er dem Jungen immer etwas aus der griechischen Geschichte erzählt, und zwar immer das, was er am Abend zuvor lesend, allein in seiner Stube, selbst erfahren hatte. Pöppel war damals sehr beeindruckt, wie jemand so unabhängig leben konnte: Der Bauer existierte praktisch ohne Geld, sein Hof und sein Land ernährten ihn, und die alten Gelehrten beschäftigten seinen Geist. Auch das war ein Weiser. Schon damals als Kind hatte Pöppel erkannt, dass ein weiser Mensch die Unabhängigkeit benötigt, weil sie ihn unbestechlich macht.

Unbestechlich, das war auch Edwin Land, der Erfinder der Polaroid-Kamera. Unbeeindruckt und unbeeinflusst von anderen hatte er seine Forschungen durchgezogen und seine Entdeckungen gemacht, konzentriert auf das, was ihm wichtig war. Er gab nie Interviews und verzichtete konsequent auf mediale Präsenz. Pöppel war stolz darauf, dass er Edwin Lands Freundschaft gewonnen hatte, indem er ihm aus dem Instinkt heraus einen handschriftlichen Brief geschickt und ihn eingeladen hatte, an einer Konferenz teilzunehmen. Das Handschriftliche, die Mühe und der Respekt, die damit verbunden waren, waren für Edwin Land die Gründe, dem ihm damals unbekannten Pöppel zu antworten und seine Teilnahme zuzusichern. ›Unabhängigkeit und Unbestechlichkeit, diese Eigenschaften machen zum einen Teil einen weisen Menschen aus. Ein Weiser verfolgt also gradlinig seinen Weg. Aber andererseits muss er auch aufgeschlossen gegenüber der Welt und gegenüber dem Wissen anderer Menschen sein. Sonst wäre er einfach nur stur. Ein Weiser kennt zwar seinen inneren Weg, aber ihm ist auch bewusst: Ich bin nicht nur ich. Ich bin ein organischer Teil von der Welt, in der ich lebe‹, dachte Pöppel, während er weiterwanderte.

Was macht Weisheit aus?

Mittlerweile war er vom Gasthof zur Post, wo er mit dem Dharma Master das kühle Bier getrunken hatte, bis hinaus zur Kapelle der Weltreligionen geraten. Wie schnell sich der Weg doch beim intensiven Denken geht. Er trat in die Kapelle ein, die nie verschlossen ist, und erinnerte sich an weitere Weise, denen er im Laufe seines Lebens begegnet war, wenngleich auch nicht immer persönlich.

So etwa dem römischen Dichter Horaz, zu seiner Zeit als Quintus Horatius Flaccus bekannt. Viele kennen die Ode 11 des ersten Buches (siehe auch Seite 198), in der die Worte vorkommen: »Während wir plaudern, entflieht neidisch die Zeit.« Seit Pöppel dies zum ersten Mal gelesen und selbst auch aus dem Lateinischen ins Deutsche übersetzt hatte, war Horaz jemand, der die Gegenwart aufleuchten lies. Sozusagen als eine Orientierung, wie man leben soll. Dieses Gedicht ist für Pöppel so wichtig, dass er es oft – zum Beispiel wenn er nicht schlafen kann – stumm vor sich hin spricht, weil es in einer so unerreichbaren Weise mit wenigen Worten Weisheit zum Ausdruck bringt.

Aber Weisheit ist nicht unbedingt an Wissen geknüpft. Pöppel erinnerte sich an seine Lektüre des »Don Quijote« von Miguel de Cervantes. Sancho Pansa, den Gefährten von Don Quijote, hatte er ebenfalls als weise empfunden. Denn dieser hat in seiner Treue zu seinem Herrn bedingungslos Ja gesagt, hat also auch gradlinig gelebt und war dabei sehr bodenständig. ›Er hat sein Schicksal bedingungslos angenommen, auch seine eigenen Schwächen und Fehler. Das gefällt mir. Denn es gibt keine vollkommenen Menschen. Also muss man zu sich selbst Ja sagen. Das zu können, ist auch weise‹, dachte sich Pöppel.

Er wurde sich bewusst, dass er im Laufe seines Lebens viele unterschiedliche weise Menschen kennengelernt hatte. Gemeinsam war ihnen allen die Fähigkeit, in sich zu ruhen. Aber es kamen noch weitere Eigenschaften hinzu: Humor, Respekt vor anderen, Vertrauen in ihr Wort, Selbstdisziplin sowie das Vermögen, sich mit seinem Schicksal abzufinden und zu sich selbst, in jeder Situation, bedingungslos Ja zu sagen.

»Wenn Ihr nicht wie die Kinder werdet…«

Jetzt wäre noch zu klären, wie man eigentlich weise wird. Kann man Fähigkeiten wie Humor, Respekt vor Anderen, Selbstdisziplin, Vertrauen, Ja-Sagen erwerben? Oder werden sie einem in die Wiege gelegt? Pöppel war sich nicht sicher. Genug für heute. Er kehrte zurück ins Hotel. Aber manchmal sind die Zufälle einfach zu verrückt! Oder war es nur die selektive Wahrnehmung, weswegen ihm ausgerechnet heute die Bibel im Nachttischchen auffiel? »Amen, das sage ich euch: Wenn ihr nicht wie die Kinder werdet, könnt ihr nicht in das Himmelreich kommen«, stand hier beim Evangelisten Matthäus in Kapitel 18, Absatz 3. ›Genau, es ist der naive Weltbezug des Kindes, was wir als weise bezeichnen‹, dachte Pöppel. Kinder haben einen direkten Bezug zur Welt, sie erleben die Welt unvermittelt und besitzen damit einen Weisheitskern. Wir verlieren diesen im Laufe des Lebens, indem wir Außenperspektiven einnehmen und uns aus der Sicht von anderen betrachten. Wir verlieren ihn auch, wenn wir Kränkungen, Ungerechtigkeiten und Blamagen mit uns herumtragen. Aber erst wenn wir die ursprüngliche Naivität und den Bezug zur Welt wieder gewinnen, sind wir wirklich weise. Dazu gehört demnach das Vergessen. »Weisheit ist also auch die Folge von selektivem Vergessen, von einer kreativen Müllbeseitigung und einem Reduzieren von Komplexität. Das muss ich mir aufschreiben«, sagte sich Pöppel noch, schlief dann aber doch gleich ein.

Am Morgen notierte er schließlich: »Persönliche und kulturelle Weisheit bedeutet, zu einer gewissen Naivität zurückzufinden. Damit gelingt es, sich nicht länger mit seinen eigenen Verletzungen aufzuhalten, sondern über sich hinauszuschauen und seine eigene Kleinheit auch in Relation zur Größe des Ganzen zu sehen. Gleichzeitig Abstand zur Welt zu haben und darin zu sein. Die Komplementarität von Spiritualität und Rationalität nicht mehr in Frage stellen. In sich mit Gelassenheit ruhen, aber auch Abstand zu sich haben.«

Aber warum muss ein Mensch aus der ursprünglichen kindlichen Naivität erst heraustreten, erwachsen werden, um dann im Laufe des Lebens wieder zu vergessen und weise zu werden? Als Erwachsener ist dieser letzte Schritt sehr schwer, denn das Leben bringt Schicksalsschläge und Enttäuschungen mit sich. Viele Menschen zerbrechen daran oder verbittern. Die kindliche naive Weisheit verliert sich mit zunehmender Lebenserfahrung ganz von selbst. Die Kunst der Weisheit besteht nun darin, seine Lebenserfahrungen anzunehmen und trotzdem mit intensiver innerer Beteiligung weiterzuleben. Vielleicht ist dies nur möglich, wenn man als erwachsener und vom Leben geprägter Mensch bewusst zu seiner ursprünglichen Einstellung gegenüber der Welt zurückkehrt und seine kindliche Naivität wiederentdeckt.

Weiß der Weise, dass er weise ist?

Aber ob ein Weiser weiß, dass er weise ist? Oder widerspricht sich das vielleicht sogar? Wäre jemand, der von sich behauptet, dass er weise sei, nicht vielmehr selbstgerecht und heuchlerisch? Darüber würde er gleich mit seinem neuen weisen Freund sprechen!

»Ich und weise? Never!« Der Dharma Master Hsin Tao widersprach heftig. »Ich habe so viele Fehler.« – ›Er weiß offenbar nicht, dass er weise ist‹, erkannte Pöppel. ›Es ist wohl so, dass man nur andere als weise bezeichnen kann, nicht sich selbst. Denn sonst wäre man womöglich nicht weise, sondern selbstgefällig. Wir haben aber die Freiheit, an anderen Menschen eine Eigenschaft als weise zu sehen oder als weise zu erkennen.‹ Denn wir haben das Bedürfnis, bestimmte Menschen, an denen wir uns orientieren wollen, als weise zu bezeichnen. Pöppel erkannte auch, dass Weisheit nicht automatisch Vollkommenheit bedeutet. Auch auf der Suche nach einem umfassenderen Sinn des Lebens zu sein, bedeutet schon Weisheit.

Fazit für das Älterwerden

Wenn man alt wird, hat man meist viel erlebt. Vieles davon wird erbaulich gewesen sein, vieles davon aber auch verletzend, enttäuschend oder gar traumatisierend. Wenn man nun trotz seiner auch schlechten Lebenserfahrungen nicht hart und verbittert werden möchte, muss man vergessen können. Das ist der Prozess des Weisewerdens. Aus Sicht der Hirnforschung geht dies mit dem kreativen Akt des Vergessens einher, das heißt, dass wir nicht alles, was uns verletzt und bedrückt, unentwegt zelebrieren und uns selbst wieder in Erinnerung rufen sollen, sondern dass wir dem Gehirn auch eine Chance geben, unschöne Erfahrungen zu verdrängen. Aus Sicht der Hirnforschung ist dies möglich, indem wir uns intensiv mit ich-nahen Dingen beschäftigen, wie wir es in den vorherigen Kapiteln gesehen haben.

Die Philosophie unterstützt die Hirnforschung. Wie Nietzsche schreibt, muss ein Mensch im Laufe des Lebens aus der ursprünglichen kindlichen Naivität heraustreten, erwachsen werden, um dann mit dem Älterwerden wieder zu vergessen. Es ist der naive Weltbezug des Kindes, was wir als weise bezeichnen. Kinder haben einen direkten Bezug zur Welt, sie erleben die Welt unvermittelt und besitzen damit einen Weisheitskern. Mit dem Erwachsenwerden verlieren wir diesen, indem wir Außenperspektiven einnehmen und uns aus der Sicht von anderen betrachten. Wir verlieren ihn auch, wenn wir Kränkungen, Ungerechtigkeiten und Blamagen mit uns herumtragen. Aber erst wenn wir die ursprüngliche Naivität und den Bezug zur Welt wieder gewinnen, sind wir wirklich weise. Als weiser Mensch haben wir dann die Eigenschaften, in uns zu ruhen und uns nicht ständig Bestätigung von außen suchen zu müssen – oder: präsent, unabhängig und unbestechlich zu sein. Das bedeutet schließlich: eine Situation sehen, begreifen und dann entsprechend reden und handeln.

SELBSTREFLEXION –
Die Mitte finden zwischen Lust und Schmerz

Weisheit ist kein Zustand, sondern ein Prozess. Es geht darum, in diesem Prozess Zustände zu erreichen, die man im Rückblick als stimmig empfindet. Wenn man abends sagen kann, das war richtig, das war gut so, dann ist das vermutlich ein Ausdruck von Weisheit. Das entspricht einem biologischen Prinzip der Weisheit, das man auch als Harmonie und innere Balance, Gleichgewicht oder Homöostase bezeichnet. Das Merkwürdige am Menschsein ist, dass dieses Gleichgewicht immer nur ein Ziel sein kann und dass man in dem Prozess, dieses Ziel zu erreichen, immer wieder merkt, es nicht erreicht zu haben. Weisheit ist immer ein Versprechen sich selbst gegenüber. Gerade die Differenz zum Erhofften und nicht Erreichbaren ist das, was antreibt.

Durch Grenzerfahrung zur Weisheit

In allen Fällen geht es also um das innere Gleichgewicht, die Mitte. Man darf also weder Lust noch Schmerz in zu großem Ausmaß herbeiführen, sondern sollte immer zu einer Mitte streben. Und diese erkennt man nur durch Grenzsituationen. Wer nicht tiefen Schmerz oder tiefe Lust empfunden hat, kann auch nicht weise sein. Wer nur in der Mitte des Gleichgültigen lebt und sich nie an die eigenen Grenzen gewagt und diese auch überschritten hat, kann es nicht zur Weisheit bringen. Dies habe ich in meinem Buch »Lust und Schmerz« ausgeführt. Und entsprechend versuche ich auch zu leben, wenn auch natürlich nicht immer erfolgreich. Ich genieße, versuche zu genießen, wenn es etwas zu genießen gibt, allerdings ohne mir darüber zu viele Gedanken zu machen. Man muss es geschehen lassen. Aber ich öffne auch meine Augen, versuche sie zu öffnen für schmerzhafte Wahrheiten und versuche, damit fertig zu werden und sie in mein Leben als notwendigen Teil meiner Existenz einzubinden.

Um Antworten auf schmerzhafte Fragen zu finden, orientiere ich mich an Weisen aus der Weltgeschichte oder aus meinem Bekannten- und Freundeskreis. Dabei stelle ich auch fest: Die Weisen wurden zu Weisen, weil sie in den Augen anderer so gesehen wurden. Sie selbst haben üblicherweise gar nichts Schriftliches hinterlassen, aber ihre Botschaften und Lebensgeschichten wurden von den Mitmenschen dokumentiert.

Die Weisheit der Religionsstifter

Dem Ziel, weise zu werden, scheint man sich durch eine Phase des Verzichts und der Selbstfindung nähern zu können. Dies hat mir vor kurzem Bassem Younes, ein Moslem aus dem Libanon, erklärt, als wir am Fuße des neu errichteten welthöchsten Gebäudes Burj Khalifa in Dubai saßen. »Mohammed war ein einfacher, ungebildeter Beduine, der aus der Wüste kam und dort gefastet hatte. Nur so konnte er die Worte Allahs, den Koran, empfangen und verbreiten.«

Auch Jesus hat seine berühmte Frieden stiftende Bergpredigt durch eine 40-tägige Gebets- und Fastenzeit in der Wüste vorbereitet. Moses stieg auf den Berg Sinai und fastete ebenfalls 40 Tage, bevor er Gottes Wort empfing. Siddharta, später Buddha genannt, ging vor seiner Erleuchtung durch eine Zeit der Askese.

TIPPS FÜR DIE LESER

Wie Sie die Worte von weisen Menschen in Ihr Herz lassen

Um selbst innerlich zu reifen oder sogar weise zu werden, ist es hilfreich, sich an Weisen aus der Weltgeschichte oder aus dem Bekannten- und Freundeskreis zu orientieren. Wer aber ist ein Weiser? Es sind immer Menschen, die von anderen so gesehen werden. Hier geben wir Ihnen eine Auswahl von Menschen und ihren Worten, die wir als weise ansehen.

☞ Plato, der griechische Philosoph, sagte einmal, dass man sich selbst im Auge des anderen erkenne. Das bedeutet, die Fähigkeit zu entwickeln, die Perspektive anderer Menschen einzunehmen, mit denen man zu tun hat. Dies ist eine Form von Weisesein. Hierzu gibt es neue Überlegungen von Wissenschaftlern der Universität Peking: Demnach kann diese Fähigkeit im Alter nachlassen. Aber wenn man das weiß, dann hat man schon gewonnen und kann gegensteuern. Sie können den Perspektivwechsel zudem üben, indem Sie sich dazu anhalten, bei jeder Begegnung nicht nur Ihre eigenen Interessen, sondern auch die der anderen zu sehen.

☞ Immanuel Kant meinte: Handle so, dass die Maxime deines Willens jederzeit zugleich als Prinzip einer allgemeinen Gesetzgebung gelten könnte.

Dieser sogenannte kategorische Imperativ bedeutet, sich anderen gegenüber so zu verhalten, wie man selbst behandelt werden möchte. Kant war ein Weiser, und sein kategorischer Imperativ ist die goldene Regel, die für alle gilt. Diese Regel gibt es übrigens in allen Kulturen. So hat Konfuzius, der chinesische Weise, gesagt: Was man mir nicht antun soll, das will auch ich anderen Menschen nicht antun. Und entsprechende Aussagen gibt es in der christlichen Bibel, im Matthäusevangelium, oder im Koran.

Heutzutage denken viele Menschen viel zu egoistisch, und sie überlegen nicht, welche Welt sie den nachfolgenden Generationen überlassen. Nehmen Sie dies als neue Herausforderung an: Handeln Sie so, wie es künftige Generationen für richtig ansehen. Machen Sie die Zukunft zur Gegenwart, wie es der jüdische Philosoph Hans Jonas in seinem Buch »Prinzip Verantwortung« gefordert hat.

☞ Sokrates, einem weiteren griechischen Philosophen, wird der Spruch zugeschrieben: »Ich weiß, dass ich nichts weiß.« Damit will Sokrates ausdrücken, dass er das hinterfragt, was er zu wissen meint. Nehmen auch Sie nicht alles für wahr, was man Ihnen erzählt, sondern denken Sie immer selbst nach, ob etwas auch wirklich wahr sein kann. Dies gilt natürlich auch für diesen Tipp. Und sagen Sie nie Ja, wenn Sie etwas nicht verstehen.

Von Sokrates ist auch überliefert, dass er immer gefasst wirkte. Und dass er sogar im Falle eines militärischen Rückzugs – statt wie andere kopflos zu flüchten –, gemessenen Schrittes und jederzeit verteidigungsbereit Besonnenheit und entschlossenen Mut bewies. Gehen auch Sie aufrecht und gemessenen Schrittes durch das Leben. Damit können Sie jetzt sofort beginnen, wenn Sie aufstehen, um sich ein Glas Wasser zu holen. Gehen Sie würdevoll und nicht schlurfend, tragen Sie den Kopf oben und nicht gesenkt. Generell gilt: Laufen und hetzen Sie nicht, sondern machen Sie alles mit Umsicht und Überlegung.

☞ Hugo von Hofmannsthal, der österreichische Dichter, sagte einmal: »Wüsst ich genau, wie dieses Blatt aus seinem Zweige herauskam, schwieg ich auf ewige Zeit still: denn ich wüsste genug.« Wenn man weise ist, dann weiß man, dass man nicht alles erklären kann. Erliegen Sie also nicht der (manchmal großen) Verlockung, zu allem etwas zu sagen.

☞ Søren Kierkegaard, der dänische Philosoph, bemerkte: »Müßiggang ist nichts Übles, ja man muss sagen: ein Mensch, der für diesen keinen Sinn hat, zeigt damit, dass er sich nicht zur Humanität erhoben hat.« Seien auch Sie fehlerfreundlich sich selbst gegenüber. Zu sich selbst bedingungslos Ja zu sagen, ist die einzige Möglichkeit, die Kraft zu finden, um auch weniger schöne eigene Eigenschaften zu ändern.

☞ Theodor Fontane, der Autor von »Effi Briest« und anderer Romane und Werke, schrieb die folgenden Gedichtzeilen:

Es kann die Ehre dieser Welt
Dir keine Ehre geben,
Was dich in Wahrheit hebt und hält,
Muß in dir selber leben.

Leben Sie also Ihr Leben in eigener Verantwortung, ohne andere zu beanspruchen, aber auch ohne Entscheidungen für sich selbst an andere zu delegieren.

☞ Bertolt Brecht, deutscher Dramatiker und Lyriker, erzählt folgende Geschichte von Herrn Keuner: »Ein Mann, der Herrn K. lange nicht gesehen hatte, begrüßte ihn mit den Worten: Sie haben sich gar nicht verändert. Oh! Sagte Herr K. und erbleichte.« Man kann diese Geschichte so interpretieren, dass zur Weisheit die Bereitschaft zur Veränderung gehört. Stellen Sie sich deswegen jeden Tag eine neue Frage, über die Sie zuvor noch nie nachgedacht haben. Das ist der Lebensinhalt eines Wissenschaftlers: Fragen erfinden. Und warum sollte dies nicht für jeden gelten?

Lassen Sie sich auch auf Fragen ein, von denen Sie wissen, dass Sie sie nicht beantworten können. Auch das Nachdenken darüber erweitert Ihren Horizont und vergrößert damit Ihre Bereitschaft zur Veränderung. Eine Frage, die Sie sich immer sehr gut stellen können: »Was sind die Beweggründe eines Menschen, der offenbar anderer Meinung ist als ich?« Versuchen Sie die Gedanken eines anderen Menschen zu verstehen – aber natürlich ohne sich selbst aufzugeben.

☞ Epikur, der griechische Denker, hat Folgendes gesagt: »Überm Zaudern schwindet aber das Leben dahin, und so manche sterben, ohne sich im Leben jemals recht Zeit genommen zu haben.« Den Bezug zum Leben – und damit Weisheit – gewinnen wir nur, wenn wir uns für das Wesentliche im Leben auch Zeit nehmen. In der Berufslaufbahn standen sicher Karriere und Gelderwerb im Vordergrund. Aber jetzt können Sie sich auf andere wichtige Werte im Leben besinnen.

Das ist der Vorzug des Alters. Überlegen Sie sich, was Ihnen schon immer wichtig war, und – tun Sie es!

Und da Gedichte und Gesänge für jede Lebenslage gut sind, hier noch der Gesang 33 von Laotse:

Gesang 33
Tao Te King: Vom Weisen

Wer andere kennt ist klug
wer sich selbst kennt ist weise
Wer andere überwindet ist stark
wer sich selbst überwindet ist mächtig
Wer genügsam ist, der ist reich
wer beharrlich ist, der ist ausdauernd
wer seine Mitte nicht verliert, der dauert
Wer stirbt, doch nicht vergeht
lebt in ewiger Gegenwart

Laotse, Neufassung und Nachdichtung von Bodo Kirchner

ESSAY

Ein Beitrag von dem buddhistischen Mönch und Würdenträger Dharma Master Hsin Tao

Dharma Master Hsin Tao wurde 1948 in Myanmar als Sohn chinesischer Eltern geboren. Er ist Begründer und Abt des Wu-sheng-Klosters auf dem Ling-Jiou-Berg in Taiwan. Er ist auch der Begründer des Museums der Weltreligionen in Taipeh und Präsident der bei den UN vertretenen Nichtregierungsorganisation »Global Family for Love and Peace«, die sich dem interreligiösen Dialog verschrieben hat.

Der Weise Dharma Master Hsin Tao äußert sich im folgenden Beitrag über den Lebensabschnitt des Alters und darüber hinaus auch über seine Sicht von Leben und Tod. So ist es für ihn wichtig, gut zu leben und Positives zu tun, da dies unseren »Erinnerungskörper« positiv prägt. Allerdings spricht er nicht explizit über die Weisheit, da ein wirklicher Weiser sich selbst gar nicht als ein solcher empfindet. Aber das, was er über das Altwerden schreibt, ist durchaus als weise zu bezeichnen.

Ich habe Professor Ernst Pöppel auf einer Konferenz über die Religionen kennengelernt, die in Amerang im Sommer 2007 stattfand. Bei dieser Gelegenheit stellte Professor Pöppel viele kritische Fragen an das, was ich über meine Erfahrung mit der Zen-Meditation berichtete. Bei unseren lebhaften Diskussionen konnten wir damals nicht alle Missverständnisse ausräumen, gewannen aber gleichzeitig einen tiefen Eindruck voneinander und wurden zu Freunden. Wenn wir die Dinge auch unterschiedlich sehen, zweifelt keiner von uns an der Kompetenz und dem Verdienst des anderen. Das ist ja vielleicht der Grund, warum Professor Pöppel mich einlud, einen Beitrag zu diesem Buch zu schreiben. Und so möchte ich bei dieser Gelegenheit nicht nur etwas über den Lebensabschnitt des Alters sagen, sondern darüber hinaus auch meine eigene Sicht von Leben und Tod, die auf persönlicher Erfahrung basiert, beitragen.

Leben und Tod folgen aufeinander; sie existieren weder getrennt voneinander, noch haftet ihnen Gut oder Böse an. Doch wir Menschen betrachten für gewöhnlich das Leben als etwas Gutes und hassen den Tod. Obgleich wir nicht wissen, woher das Leben kommt, hängen wir daran. Und obgleich wir nicht wissen, wohin wir nach dem Tod kommen, fürchten wir ihn. Wie können wir wissen, woher das Leben kommt? Und wohin wir nach dem Tod kommen?

Das Leben ist wie auch das ganze Universum von einem Urelement her geformt, das nicht Materie ist, sondern »Leere« oder »Erleuchtungsnatur«. In diesem Urelement sind vielfältige Erinnerungssamen enthalten, die sich gegenseitig beeinflussen, immer wieder neue Verbindungen eingehen und dadurch unterschiedliches Leben, unterschiedliche Erinnerungskörper hervorbringen. In jedem Leben drückt sich nicht nur der ursprüngliche Erinnerungssame aus, sondern ein kontinuierlicher Faden von unterschiedlichen Erinnerungen, die sich ständig aus der Interaktion mit anderen Leben bilden. Jede Erinnerung ist wie eine Bedingung, wobei die Verbindung von unterschiedlichen Erinnerungen unterschiedliches Leben, unterschiedliche Erinnerungskörper herausbildet. Wenn wir das Zusammenwirken der unterschiedlichen Erinnerungen vom Körper her betrachten, dann sehen wir die folgenden Erscheinungen: Geburt, Alter, Krankheit und Tod. Aber wenn wir das Zusammenwirken vom Bewusstsein her betrachten, dann sehen wir das unablässige Wechselspiel von

Gedanken, die aufkommen und vergehen. Der ständige Wandel von Leben und Tod ist nichts anderes als der Wechsel von einem Erinnerungskörper in den nächsten.

Das Urelement ist nicht materiell. Da es »nichts« ist, kann es alle anderen Elemente in sich enthalten. Vergleichsweise ist die Funktion von DNA auch eine Speicherung von Erinnerungen – deren Kombination das Leben hervorbringt. Und dabei ist das, was wir Zeit nennen, in Wirklichkeit nichts anderes als eine Spanne, eine Anhäufung von Erinnerungen.

Kein Leben – kein Erinnerungskörper – kann getrennt oder unabhängig von anderen existieren, sondern ist in sich selbst ein Gebilde von Beziehungen. Genauso ist das ganze Universum ein Gebilde von unendlich vielen Erinnerungskörpern, die alle miteinander verbunden sind. In diesem universalen Gebilde verändern sich die individuellen Erinnerungskörper, sie leben und sterben, bringen neues Leben hervor.

Die Erinnerung ist eine Funktion des Bewusstseins, das Unterscheidungen zwischen Subjekt und Objekt anstellt und dadurch einen subjektiven Erinnerungskörper schafft, der ein vielfältiges Netz der Beziehungen zu anderen schafft. Es ist wichtig, ein positives Netz von Beziehungen aufzubauen, da sich alles gegenseitig beeinflusst. Gutes, das wir tun, schafft positive Erinnerungen, sowohl in uns als in anderen; Schlechtes setzt sich als negative Erinnerung fest. Unser Erinnerungskörper ist wie ein Speicher, der alles aufnimmt und verstaut. Über das, was in diesen Speicher gelangt ist, haben wir dann keine Kontrolle mehr. Daher ist es so wichtig, dass wir uns in unserem Leben darum bemühen, Gutes zu tun und positive Beziehungen zu schaffen.

Unsere religiöse Praxis hat letztendlich das Ziel, uns ganz an den Ursprung zurückkehren zu lassen, an den Ort, an dem wir weder von guten noch schlechten Erinnerungen mehr beeinflusst und behindert werden. Was ist dieser Ort des Ursprungs? Es ist unser Geist. Gibt es denn beim Geist Leben und Tod? Leben und Tod sind nichts anderes als der Wechsel von einem Erinnerungskörper in den nächsten.

Von der Ebene der Phänomene her betrachtet ist der Tod eine physische Veränderung, – einer Wasserblase vergleichbar – sie zerplatzt, dann bildet sich die nächste. Der Tod ist eine Veränderung von karmischen Bedingungen, die bewirken, dass Form zu Formlosem wird und Formloses wieder zu Form. Im Moment des Todes erleben wir, wie sich alle Elemente auflösen: Die Funktionen des Körpers brechen zusammen, er vertrocknet und erkaltet, und schließlich erlischt das Bewusstsein. Gleichzeitig formt sich jedoch im Erinnerungskörper ein neues Bewusstsein, das zum Entstehen eines künftigen Lebens führt. Anders ausgedrückt, in dem Prozess, in dem sich das bisherige Leben auflöst und in die eere zurückkehrt, besteht der Erinnerungskörper weiterhin und geht aufgrund der Neigungen und Gewohnheiten, die wir im vergangenen Leben entwickelt haben, mit anderen »Erinnerungskörpern« eine neue Verbindung ein. Jegliches Leben entsteht durch einen so gestalteten Prozess.

Die lebenslange Praxis der Meditation bedeutet die Bemühung, uns von Anhaften und Gewohnheiten frei zu machen und den Erinnerungskörper zu läutern. Wenn wir uns von den karmischen Einflüssen befreien und in die ursprünglich nicht-dualistische Klarheit des Bewusstseins eintauchen können, dann können wir schon jetzt, in diesem Leben, die Gestalt sehen, die unser nächster Erinnerungskörper annehmen wird. Dies befreit uns von dem Getriebensein im Strom von Leben und Tod.

Unsere Erleuchtungsnatur ist wie ein Zug, bei dem es keine Endstation gibt und der immer weiterfährt, ohne je anzuhalten. Sie besteht immer und ist in keiner Weise von dem Erinnerungskörper begrenzt. Unser Bewusstsein macht ständig Gebrauch von unserer Erleuchtungsnatur und produziert dabei Erinnerung um Erinnerung – gute, schlechte – all das, was das Leben und seine unterschiedlichen Formen ausmacht. Wenn wir jedoch in der Lage sind, den Erinnerungskörper zu transzendieren und die dualistischen Denkprozesse aufzugeben, die die Erinnerungssamen schaffen, dann sind wir nicht mehr länger dem ständigen Prozess von Geburt und Tod unterworfen, sondern existieren in grenzenloser Freiheit.

Professor Pöppel ist ein Denker, der der Wahrheit mit großer Leidenschaft und Integrität auf den Grund zu gehen sucht. Als wir uns zum ersten Mal begegneten, hatten wir nicht genug Zeit, dieses Thema ausführlich zu diskutieren. Das, was ich damals nicht zu Ende bringen konnte, möchte ich mit diesem Beitrag, den ich ihm widme, nachholen. Ich wünsche ihm und allen, die dieses Buch lesen werden, eine gute Gesundheit. Mögen Sie alle schöne und gute Erinnerungen schaffen und schlussendlich Erinnerung transzendieren, um im Licht der ewigen Wahrheit ein Leben, frei von Zeit und Raum, zu finden.

Übersetzt von Maria Reis Habito

ICH WERDE ÄLTER UND BEGINNE ETWAS NEUES

»Und jedem Anfang wohnt ein Zauber inne, der uns beschützt und der uns hilft zu leben«, schreibt Hermann Hesse. Die Hirnforschung bestätigt: Diesen Zauber können Sie in jedem Alter erleben, denn die menschliche Neugierde treibt uns dazu, immer wieder etwas Neues anzufangen, sie ist ein Prinzip der Evolution. Allerdings ist es jetzt wichtig, sich gut auf einen neuen Anfang vorzubereiten und neben der gewohnten Arbeit einen neuen Betätigungsrahmen aufzubauen.

FORSCHUNG –
Von der letzten Vorlesung zum interkulturellen Dialog

Es war fast eine Vorlesung wie jede andere, an diesem Mittwoch im Juli 2008. »Nichts ist im Geiste, was nicht vorher in den Sinnen war. Das ist eine klassische These der Philosophen. Ein Sinnesreiz tritt ins Gehirn ein und ruft drei Wirkungen hervor, reagieren, repräsentieren und reflektieren.« Pöppel warf mit dem Beamer eine Skizze an die Wand:

S → ❑ → 3 R

»S steht für Sinnesreiz, und die 3 R bedeuten reagieren, repräsentieren und reflektieren. Das Quadrat steht für das Gehirn und die geheimnisvollen Vorgänge in ihm. Aber jetzt betrachten Sie bitte dieses Bild.« Es erschien eine Zeichnung mit viermal zwei Bögen, die in jeweils eine Himmelsrichtung zeigten. In der Mitte bildete sich scheinbar ein weißes Viereck. »Wer sieht das weiße Viereck?« Alle Hände gingen hoch. »Und wenn ich Ihnen versichere, dass es nicht da ist? Es ist nur in Ihrem Kopf vorhanden, entstanden aus virtuellen Konturen. Dann müssten wir doch die vorher gezeigte Kette verändern. Sehen Sie hier:«

S ↔ ❑ → 3 R

»Denn was in unserem Gehirn passiert, hat Einfluss auf das, was wir sehen und wie wir sehen. Der Pfeil von S auf das Quadrat muss auch in die andere Richtung zeigen. Das Gehirn wählt aus den Sinnesreizen aus, es ergänzt und es gestaltet. Dies gilt nicht nur für die Wahrnehmungen, sondern auch für unsere Erinnerungen, Gefühle und Absichten. Das Gehirn erschafft sich somit seine eigene Welt; wir sind also den Sinnesreizen nicht ausgeliefert.«

Die Studenten fanden die Vorlesung wie immer spannend. Als Pöppel den Beamer nach zwei Stunden ausknipste, wollten sie schon klopfen und ihre Sachen zusammenpacken. Doch Pöppel machte eine beschwichtigende Bewegung mit seinen Händen. Es war etwas in seinem Ausdruck, was die Studenten noch einmal aufmerken ließ. »Ich halte seit über 30 Jahren Vorlesungen an dieser Fakultät. Anfangs war ich hier der jüngste Professor. Heute bin ich der älteste. Dies war meine letzte Vorlesung. Ich bin emeritiert worden. Ich danke Ihnen.« Die Worte kamen klar, sachlich und nüchtern. Nur wer genau hinhörte, bemerkte eine grammatikalische Besonderheit, die er fortan immer wieder verwenden würde. »Ich bin emeritiert worden«, sagte er in der passiven Form. Und nicht etwa: »Ich bin emeritiert«, also »ich bin von meiner Lehrtätigkeit entpflichtet«, was der Ausdruck bedeutet.

Das Neue entsteht nicht aus dem Nichts

›Es war schließlich eine Zwangsemeritierung‹, dachte er sich wieder einmal, während er sein Notebook einpackte und die breiten Stufen vom Hörsaal hinunter auf die Straße ging. ›Der Staat hat beschlossen, dass es für einen Professor mit spätestens 68 Jahren an der Zeit ist, in den Ruhestand zu gehen. Für mich ist die Arbeit ein wesentlicher Teil des Lebens. Es ist kaum vorstellbar, dass ich zu Hause sitzen und Rosen pflanzen oder den ganzen Tag Golf spielen soll!‹

Pöppel ließ sich selten anmerken, wenn ihn etwas kränkte. In solchen Momenten versuchte er sogar, nach außen besonders korrekt und unangreifbar zu wirken. Zudem war dieser Zeitpunkt absehbar gewesen, und Pöppel hatte gelernt, sich mit dem Unausweichlichen abzufinden. In den letzten Jahren hatte er sich deshalb neben seinen Universitätsaufgaben eine Parallelstruktur aufgebaut. Er wollte sich nicht an seinem letzten Arbeitstag überlegen müssen, was er denn jetzt mit seiner Zeit alles anfangen könnte. Vielmehr hatte er neue Projekte vorbereitet, die er nun endlich mit ganzer Kraft voranbringen wollte.

All dies ging ihm durch den Kopf, während er auf sein Auto im Hof seines Instituts in der Münchner Goethestraße zusteuerte. ›Richtig ist dieser Umgang mit uns alten Wissenschaftlern trotzdem nicht‹, dachte sich Pöppel und stieg in seinen dunkelblauen Honda ein. Aber er fuhr noch nicht los. In den USA gibt es ein Gesetz gegen die Diskriminierung von Hautfarbe, Geschlecht, sexuellen Neigungen, Behinderungen und Alter. Dort wird man also nicht zwangsemeritiert, denn das würde dem Gesetz widersprechen. Man kann ab einem gewissen Alter den Lehrstuhl verlassen, aber man muss nicht. Und so hatte Pöppel bereits viele Einladungen aus verschiedenen Universitäten in den Staaten bekommen, dort eines oder mehrere Gastsemester zu lehren und zu forschen. Viele Menschen, mit denen Pöppel zusammenarbeitete, waren weit über 70 und noch sehr aktiv.

Zum Beispiel in Japan setzt man sich im Alter nicht einfach zur Ruhe. Dort wird man zwar auch als Wissenschaftler »zwangspensioniert«, aber dann sieht das Modell vor, dass man eine neue Karriere beginnen kann.

»Aber hier, Pöppel, hast du immerhin den großen Vorteil der Freiheit«, sagte er im Selbstgespräch. »Du hast den Entschluss gefasst, etwas Neues zu beginnen, und du hast dich darauf vorbereitet. Das Neue entsteht also nicht aus dem Nichts. Du greifst etwas auf, was dich vorher auch schon interessiert hat, und stellst es in einen neuen Rahmen.« Damit schüttelte er weitere unerfreuliche Gedanken von sich, drehte den Schlüssel im Zündschloss um und fuhr los. Aber auch auf dem Heimweg von München nach Pullach, wo er wohnte, war Pöppel noch sehr aufgewühlt, und es gingen ihm zahlreiche Episoden aus der Vergangenheit durch den Kopf, die ihn immer wieder an sein neues, nun auf ihn wartendes Projekt herangeführt hatten.

Kann man sehen, wenn man blind ist?

Das Projekt, dem er sich nun zuwandte, heißt »Art + Science«, »Kunst und Wissenschaft«. Es beruht auf einem Netzwerk von weit über 100 Künstlern und Wissenschaftlern aus der ganzen Welt. Pöppel möchte von den Künstlern lernen, was Kunst ist, und dieses Wissen transparent machen. Denn Künstler haben ein implizites, nicht beschreibbares Wissen davon, was Qualität ist und was sie ausdrücken wollen (mehr zum impliziten Wissen siehe Seite 101). Kunsttheoretiker und andere Wissenschaftler beschäftigen sich hingegen auf eine geisteswissenschaftliche Art mit den Werken der Künstler. Dass daraus eine Interaktion voller Missverständnisse und Spannungen entstehen kann, hat Pöppel 1993 in Berlin erlebt. Der Theaterregisseur Peter Brook hatte für sein Bühnenstück »L'Homme qui« – also: »Der Mann, der« – Einzelfall-Studien von Oliver Sacks und von Ernst Pöppel inszeniert. Es ging um faszinierende Geschichten von Menschen, bei denen Verbindungen im Gehirn unterbrochen waren, ohne dass dies aber die eigentliche Denkfähigkeit störte. »Der Mann, der seine Frau mit einem Hut verwechselte«, ist die bekannteste Geschichte des amerikanischen Neurologen und Schriftstellers Sacks. Es geht darin um einen erfolgreichen Musikwissenschaftler und Sänger, der an visueller Agnosie erkrankt war. Das bedeutet, aufgrund einer winzigen Verletzung in der rechten Gehirnhälfte konnte er die Gegenstände nicht mehr erkennen, die er sah. Er war sozusagen bedeutungsblind und griff statt nach seinem Hut zum Gesicht seiner Frau. Der Patient, den Pöppel in seinem Buch »Lust und Schmerz« beschrieben hatte, konnte hingegen blind sehen. Er hatte nach einem Schlaganfall ein stark eingeschränktes Gesichtsfeld. Das heißt, er konnte mit beiden Augen auf der jeweils rechten Seite nichts mehr sehen. Aber wenn Pöppel ihm im blinden Gesichtsfeld ein Lichtsignal gab und den Patienten bat, dorthin zu schauen, tat er es. Wie konnte er wissen, wo das Licht erschien, wenn er es doch nicht sah? Pöppel hatte entdeckt, dass es möglich ist, etwas zu sehen, ohne dass es ins Bewusstsein kommt. Der Patient konnte das Licht unbewusst sehen und schaute unbewusst immer in die richtige Richtung. Spätere Experimente haben bei anderen Patienten den Effekt bestätigt, der sich noch auf Farben, bestimmte Muster und Buchstaben erweitern ließ. Auch da wusste der Patient beispielsweise nicht, welche Farbe er im blinden Bereich vorgehalten bekam, aber wenn man ihm zwei Farben zur Auswahl nannte, riet er fast immer die richtige. Offenbar kann man etwas wahrnehmen, auch wenn man es nicht sieht, hatte Pöppel damals daraus geschlossen. Diese und weitere Geschichten hatte Peter Brook in seinem Theaterstück auf die Bühne gebracht. Die Uraufführung war 1993 in Paris, von dort aus tourte die Truppe durch die ganze Welt und kam so auch nach Berlin. Dorthin hatte Peter Brook Pöppel eingeladen.

Von der Neugierde getrieben

Und hier führten die beiden Männer in der Hotelbar dann eine lange Diskussion, die sich allerdings eine ganze Zeit im Kreis drehte. Brook erläuterte, dass es ihm bei der Inszenierung der Krankengeschichten nicht um Sensationsheischerei, sondern um Qualität ging. »Aber was ist Qualität in der Kunst?«, fragte Pöppel ihn ganz harmlos. Brook schaute ihn verständnislos an: »Aber das weiß man doch!«, entgegnete er entgeistert. »Wenn man Qualität sieht, dann hat man doch sofort ein bestimmtes Gefühl, dass etwas gut ist.« »Aber wenn Sie die Qualität einmal beschreiben sollten, wie würden Sie das tun?«, fragte Pöppel nach. – »Qualität ist nicht definierbar. Sie ist einfach lebendig vorhanden.« So ging das eine ganze Weile, bis Pöppel begriff. Peter Brook war in eine Welt des impliziten Wissens, des Körperwissens eingetaucht, während er, Pöppel, nach einer expliziten, ausdrückbaren Bestimmung dessen suchte, was Qualität sein könnte. Dabei hatte er sich doch bereits viele Jahre lang mit den biologischen Grundlagen der Künste beschäftigt und sollte eigentlich wissen, dass beispielsweise die Art der Wahrnehmung die Kunst beeinflusst. Dies ist jedoch dem Künstler selbst nicht bewusst. Deshalb gab Pöppel die Fragerei auf, und die Männer wandten sich wieder dem Whiskey zu sowie den beiden Frauen, die sie begleiteten.

Das Gespräch hatte Pöppel in seiner Auffassung bestätigt, dass man mit Fragen nicht hinter das Geheimnis der Künstler kommen kann. »Das Leben ist voll von Gegensätzen, diese halten die Spannung für neue Forschungsprojekte aufrecht.« Und jetzt war es soweit. Er war emeritiert worden, seine Freiheit brachte auch das starke Gefühl der Selbstbestimmung mit sich. Denn bei seinem neuen Projekt »Art + Science« gibt es keinen von außen vorgegebenen Rahmen. Pöppel selbst hat die Idee dazu geboren, das Ziel definiert und muss sich jetzt um die Struktur und die Durchführung kümmern.

Auch in einer anderen Weise ist dieses Projekt etwas Besonderes: Pöppel interessiert sich für etwas, wovon er wenig Fachkenntnisse hat. Er denkt hier gerne an die Zeile von Hermann Hesse: »Und jedem Anfang wohnt ein Zauber inne«. Sich durch das Neue und Unerwartete auch überraschen zu lassen, hat seinen ganz eigenen Reiz. Hier spiegelt sich eine grundsätzliche Tatsache des menschlichen Gehirns wider, die auch bis in das höchste Alter gilt: Menschen sind von Neugier getrieben, das gehört zur menschlichen Grundausstattung. Wenn sie ihre natürliche Neugier nicht unterdrücken, dann können sie bis ins hohe Alter ihre Kreativität nutzen.

Pöppel als Portraitzeichner

Allerdings reichen die Wurzeln eines neuen Karrierezweiges, auch wenn er erst im Alter aussprosst, oft weit bis in die Kindheit oder Jugend zurück. Auch dies ging Pöppel auf der Heimfahrt nach seiner letzten Vorlesung durch den Kopf. So fragte er sich, wo wohl die vielen Porträtzeichnungen gelandet waren, die er noch als Schüler, in seinem letzten Schuljahr – damals »Oberprima« genannt – gemacht hatte. Er hatte vor allem Charakterköpfe von Menschen gezeichnet, die er nicht kannte. Denn an die Gesichter von Menschen, die ihm nahestanden, konnte er sich nur schwer erinnern. Damals hatte er sich darüber gewundert. Heute als Hirnforscher weiß er, dass es im Gehirn einen speziellen Bereich gibt, der sich auf die Erkennung von Gesichtern spezialisiert hat und dass diese Fähigkeit auch verloren gehen oder von vorneherein schlecht ausgeprägt sein kann. ›Und offenbar ist diese Fähigkeit, Gesichter zu erkennen, stark von Emotionen beeinflussbar‹, dachte sich Pöppel, als er sich jetzt auf der Autofahrt nach Pullach an alles fast gleichzeitig erinnerte. Man hat von Menschen, die einem nahestehen, ein inneres emotionales Bild, welches bei manchen die Erinnerung an das äußere Bild hemmt. Und etwas amüsiert dachte er an die gewissen Vorurteile, die Frauen gegenüber den Fähigkeiten von Männern haben. Denn auch wenn Frauen sich darüber mokieren, dass ihre Partner manchmal nicht einmal ihre Augenfarbe wüssten, so ist es doch sehr oft so, dass ein Mann sich umso weniger präzise an die Gesichtszüge einer Frau erinnern kann, desto näher sie ihm steht und desto mehr Emotionen mitschwingen. Die Augenfarbe seiner Partnerin nicht zu wissen, ist dann sogar ein Liebesbeweis!

Doch zurück zu den Bildern. Pöppel hatte damals jedenfalls Fotografien von Menschen abgezeichnet, mit denen er sich zuvor intellektuell auseinandergesetzt hatte. Der Dichter Hermann Hesse war ein beliebtes Motiv von ihm gewesen, denn er hatte sein »Glasperlenspiel« mit Faszination gelesen – aber im Grunde wenig verstanden. Das ist auch eine seiner Eigenschaften, fasziniert zu sein vom Nichtverstehen. An seine Darstellungen der Künstler Marc Chagall, Paul Klee und Pablo Picasso erinnerte er sich jetzt auch plötzlich wieder. Der deutsch-britische Astronom Wilhelm Herschel hatte es ihm ebenfalls angetan, genauso wie das Universalgenie Albert Einstein, denn er hatte sich damals, gegen Ende der Schulzeit, auch sehr für Astronomie begeistert. Immer stand zuerst das Werk dieser Menschen im Vordergrund, aufgrund dessen Pöppel sich auch für deren Leben interessiert hatte. Indem er dann Biografisches nachlas, entstand eine gewisse Ich-Nähe, also eine emotionale Verbundenheit zu den Wissenschaftlern und

Künstlern, diese rief in ihm dann das Bedürfnis hervor, sich in das Äußere dieser Menschen zu vertiefen und aus ihren Gesichtszügen auch Charakterzüge herauszulesen und einen anderen, nicht rationalen Kontakt herzustellen.

Kunstpostkarten statt Pin-up-Girls im Spind

Doch alle diese Bleistift- und Tuschezeichnungen waren nicht mehr auffindbar. Vielleicht waren sie auf einem der vielen Umzüge irgendwo liegen geblieben. Es waren sowieso keine Meisterwerke gewesen, dachte sich Pöppel, möglicherweise sind sie sogar in meinen Erinnerungen viel schöner, als sie in der Realität gewesen waren. Aber er fragte sich schon, warum er sich in seiner Jugend mit solchen Dingen auseinandergesetzt hatte. Möglicherweise waren es Abgrenzungsversuche, um nicht zu sehr von anderen Menschen vereinnahmt zu werden, genauso wie auch das Verfassen von Gedichten. Pöppel versuchte sich an eines davon zu erinnern. Aber es gelang ihm nicht. Kein einziges Gedicht wollte noch in seine Erinnerung kommen, obwohl er einmal jedes einzelne Wort auswendig gewusst hatte. Damals war er schon bei der Marine gewesen. Die Zeit des »Reinschiffs«, also des Deckschrubbens, hatte er sich damit vertrieben, dass er Gedichte auswendig lernte. Und dabei kamen ihm wie von selbst auch eigene Verse in den Sinn. Es ging dabei immer um Politik und um Katastrophen: Die seelischen Grausamkeiten, die sich Menschen gegenseitig zufügten, wollte Pöppel mit dichterischen Worten festhalten. Es ging immer auch um Verlassenheit und um die menschlichen Untiefen. Sogar ein Drama entstand in jenen Jahren. Die Zeitschriften, denen Pöppel seine handschriftlichen Ergüsse schickte, wollten allerdings nichts von ihm wissen.

Der Bezug zum Künstlerischen ist allerdings immer auch mehr als Grenzziehung denn als Selbstbestätigung wichtig. Gedichte zu schreiben verlangt eine besondere Art von Disziplin und Hingabe sowie Zugehörigkeit zu einer Welt. Als sich in der Marinezeit die anderen Matrosen Pin-up-Girls in den Spind geheftet hatten, sammelte Pöppel Kunstpostkarten. Und in seinem ersten eigenen Zimmer, in dem er zur Untermiete wohnte, schmückten Bilder von Paul Klee seine Wände. ›Ich wäre damals gerne ein Künstler geworden‹, denkt sich Pöppel heute – aber es gab dazu einfach keine Möglichkeit. Eine künstlerische Laufbahn hat sich einfach nicht so ergeben, wie er es im Geheimen wollte, und er hatte wohl auch zu wenig Mut, es zu versuchen. ›Aber vielleicht kann ich mich gerade deswegen heute im Alter der Kunst auf eine ganz andere Weise als früher nähern. Nämlich als ein Mensch, der sich mit einer Gehirnhälfte komplett der Wissenschaft verschrieben hat und der mit seiner anderen Gehirnhälfte wie ein Künstler denkt und fühlt?‹

Auch wenn dieser Gedanke von den zwei unterschiedlich orientierten Gehirnhälften nicht exakt seinem neurobiologischen Verständnis entsprach, so gefiel ihm doch die Vorstellung. »Zwei Seelen wohnen, ach, in meinem Hirn«, sagte sich Pöppel und musste über seine eigene Interpretation von Goethes Zitat schmunzeln. »Zwei Seelen wohnen, ach, in meiner Brust«, mit diesen Worten offenbarte Faust dem Famulus Wagner beim Osterspaziergang sein inneres Zerrissensein. Ob Goethe damals schon über die beiden Gehirnhälften und ihre unterschiedlichen Präferenzen nachgedacht haben konnte? Ganz sicher nicht. Und doch hat hier die Kunst auch schon wieder eine wissenschaftliche Erkenntnis vorweggenommen, wie es Pöppel in verschiedenen Bereichen immer wieder beobachtete und was ihn faszinierte.

Das Gegenwartsfenster in der bildenden Kunst

In seiner Jugend hatte Pöppel seine Vorliebe für Kunst als Flucht empfunden. Aber trotzdem kam er nie davon los. Auch während seiner wissenschaftlichen Laufbahn hatte er immer wieder Berührung mit der Kunst gehabt. Sei es die Gründung von »Neuroästhetik« (siehe Seite 242) im Jahr 1979, sei es die Beschäftigung mit vielen Künstlern, denen er im Laufe seines Lebens begegnet war. Zum Beispiel die amerikanische Porträtmalerin Janet Brooks Gerloff, die ihn, wie auch viele andere Persönlichkeiten des öffentlichen Lebens portraitiert hatte, etwa August Everding, Marcel Marceau, Helmut Schmidt, Rainer Barzel. Es war für Pöppel schon eine besondere Situation gewesen, sich zwei Stunden lang anschauen und porträtieren zu lassen. Der Blick von Brooks, wie er sie nannte, hatte etwas Voyeuristisches, sie sah mehr, als man von sich selbst sah. Dabei entstand für diese zwei Stunden auch eine intime Beziehung: Brooks musste sich in die porträtierte Person hineindenken, das tat der Porträtierte auch. ›Ich habe mich nicht als passives Objekt empfunden, das abgemalt wird, so wie ich damals die Fotografien abgemalt hatte. Bei Brooks fühlte ich mich vielmehr als Teil der künstlerischen Inszenierung, als Teil der künstlerischen Hand. Das ist ein Gefühl der Ich-Nähe und einer gewissen Vertraulichkeit, auch einer Grenzüberschreitung, die üblicherweise als Distanz zwischen zwei Menschen notwendig ist‹, sagte sich Pöppel. ›Das erklärt auch, warum sie als Portraitmalerin erfolgreich gewesen ist, weil sie sehr schnell die Ich-Nähe erzeugen konnte.‹

Die Porträtierung, die Zusammenarbeit, war im Nachhinein gesehen bereits Bestandteil von Art + Science, dem Projekt, welches Pöppel jetzt nach seiner Emeritierung vorantreiben will. Janet Brooks Gerloff hatte die Sehnsucht, mit Wissenschaftlern zusammenzuarbeiten, den Wissenschaftlern über die Thematik »Zeit« ins Gehirn hineinzuschauen. Sie wollte die Zeit wissenschaftlich verstehen, um sie künstlerisch umzusetzen. Und Pöppel faszinierte daran, wie eine Künstlerin so etwas Abstraktes wie »Zeit« verbildlichte, wie sie das Konzept der Gegenwart ins Bild setzte. Besonders eindrucksvoll empfand er als Ergebnis eine Mumie, die janusköpfig mit einem Gesicht in die Vergangenheit und mit einem anderen in die Zukunft schaut. Damit verbildlicht die Figur die innere Dynamik der Zeitlichkeit, nämlich das Gegenwartsfenster von drei Sekunden (siehe dazu Kapitel 2). Denn wenn man das Janusköpfige betrachtet, dann sieht man entweder zuerst das Gesicht in die Zukunft schauen, wobei dann automatisch nach drei Sekunden der Blick so kippt, dass es in die Vergangenheit schaut. In diesem Fall hatte die Künstlerin von dem Wissenschaftler das Konzept des Gegenwartsfensters übernommen. Aber in anderen Fällen haben Künstler auch Phänomene erspürt, denen die Wissenschaftler dann auf die Spur kommen können. »Den Mut zu haben, eigene Gedankengänge zu gehen, das unterscheidet wirklich kreative Wissenschaftler und Künstler vom Mainstream«, sagte sich Pöppel laut.

Und was im Laufe des Lebens zu vielen einzelnen Begegnungen und Erkenntnissen geführt hatte, das wollte er nun in seinem neuen Karrierezweig professionell weiterbringen. Vor allem dachte er sich: Künstlerische Werke sind nicht nur Ausdruck von Kunst, sondern sie sind auch Informationen, die wissenschaftlich analysiert werden können. An denen kann man prüfen, ob die Ideen, die man über unser Wahrnehmen und unser ästhetisches Empfinden entwickelt hat, tragfähig sind. Insofern liefert Kunst eine völlig unabhängige Datenquelle für eine diesbezügliche wissenschaftliche Analyse.

Wirkungen zwischen Teilkulturen sind demnach keine Einbahnstraßen. Vielmehr können Künstler etwas von Forschern übernehmen und es kreativ umsetzen, und Forscher können sich durch Künstler angeregt oder sich bestätigt fühlen.

Die Geburtsstunde von Art + Science

Nach einer Sitzung in der Parmenides-Stiftung – diese unterhält ein Zentrum in Pullach bei München, das Fragen des Denkens erforscht und mit den Ergebnissen lehrt und berät – versuchte Pöppel seine Idee einer ebenfalls interessierten, aber durchaus skeptischen Dame zu vermitteln. »Als Laie sieht man manchmal mehr als die Profis. Die sind oft betriebsblind. Ich aber möchte mit sehenden Augen etwas völlig Neues erkennen«, erklärte ihr Pöppel, aber er bemerkte schon an ihrem Blick, dass seine Gesprächspartnerin das noch nicht einleuchtend fand. – »Du bist Hirnforscher, du kennst dich mit dem Denken aus. Und jetzt willst du deinen Kompetenzbereich verlassen und wie Robinson Crusoe ganz ohne Werkzeug auf einem fremden Gebiet neu starten?«, entgegnete die Gesprächspartnerin und potenzielle Mäzenin.

Pöppel hatte nämlich vorgeschlagen, parallel zum »Parmenides Center for the Study of Thinking« ein »Parmenides Center for Art + Science« zu gründen, das die Untersuchung des Denkens ergänzen sollte. Für dieses Vorhaben suchte er Mitstreiter, Bundesgenossen und Mäzene. Und hierfür konnte er sich die kritische, aber doch weltoffene Kuratorin gut vorstellen. »Ich bin ja nicht nackt und ohne Werkzeug. Ex nihilo nihil, aus Nichts entsteht nichts. Aber ich habe im Lauf meines Lebens ein großes Netzwerk über die ganze Welt aufgespannt. Dieses Netzwerk möchte ich nutzen oder zur Wirkung kommen lassen in einem Bereich, von dem ich den Eindruck habe, dass großes Interesse besteht.« – »Wer interessiert sich denn dafür, die Künstler oder die Wissenschaftler, für wen soll das denn eigentlich hilfreich sein?«, fragte seine Gesprächspartnerin skeptisch. – »Die Künstler profitieren von den Wissenschaftlern. Und die Wissenschaftler profitieren von den Künstlern. Insofern interessieren sich beide für das Vorhaben. Für mich steckt darüber hinaus auch ein politisches Interesse dahinter«, entgegnete Pöppel, »ich bin ja auch ein Europäer, und ich glaube, dass eine europäische Identität nur über Kultur und Wissenschaft entstehen kann. Dann muss man die gemeinsame Teilmenge von Kunst und Wissenschaft bestimmen und kann sie nicht gegeneinander ausspielen.« – Sie blieb immer noch zurückhaltend. Pöppel aber redete sich in Fahrt. »Damit ist man gezwungen, sich mit der Geschichte zu befassen, und ich habe gemerkt, dass es oft eine Nähe zwischen künstlerischem Tun und Wissenschaft gegeben hat. Leonardo da Vinci war Maler, Anatom und Ingenieur. Joseph Beuys weist der Kunst und Wissenschaft sogar ein gemeinsames Arbeitsfeld zu. Und die Bilder der Weltraumteleskope oder Elektronenmikroskope sind ebenfalls zwar Wissenschaft, aber durch ihre Schönheit und ihren Interpretationsbedarf auch Kunst. Insofern ist es nichts Neues, aber etwas Neues für mich.« – »Du willst also Wissenschaftler und Künstler europaweit zueinander bringen?« – »Es muss nicht einmal nur in Europa sein. Mein Traum wäre es, den Kampf der Kulturen zu beenden und stattdessen ein Zusammenwirken zu erzielen. Kulturen können sich gegenseitig stark befruchten, wenn sie ihre eigene Individualität bewahren, aber im Sinne von starken Partnern zusammenwirken. Und Partner müssen sich kennen, nur dann entwickelt sich eine Syntopie, eine weltweite Heimat. Auf diese Weise können wir auch darauf hinwirken, dass wir nicht in einer Coca-Cola- und McDonald's-Kultur versinken.«

So langsam schien der Funke der Begeisterung überzuspringen. Und so fragte sie, aufgeschlossener als bisher: »Hast du denn einen Ansatz, wie sich die Kunst und die Wissenschaften gegenseitig stärken können?« – »Meine bisherige Erfahrung hat mir gezeigt, dass dies nur durch kreatives Zuhören in beide Richtungen möglich ist. Mir ist dabei klar, dass ich natürlich Kunst nicht vollständig erklären kann, aber ich kann durch die Kommunikation Brücken zum Leben bringen.« – Und so freute er sich, als sie ihn schließlich verstand und ihm antwortete: »Ich bin von dem Projekt überzeugt, und ich werde es mit meinen Ideen und Kontakten unterstützen.« – Pöppel war einen wichtigen Schritt weiter. Er freute sich, denn für ihn hat dieses Projekt einen hohen gesellschaftlichen Nutzen, und neben der interkulturellen Kommunikation ist es für ihn auch für die Bildung und die Sinnstiftung im Alter wichtig.

Die Künste und ihre biologische Basis

»Art + Science«, Kunst und Wissenschaft, bezieht sich nicht nur, wie man zunächst meinen könnte, auf die bildende Kunst, speziell also die Malerei, sondern auch auf die Dichtkunst, die Musik, das Theater, den Tanz, die Architektur oder Raum- bzw. Landschaftsplanung – und darüber hinaus: Jede Art menschlicher Tätigkeit, die zu weiterer Gestaltung auffordert, trägt in sich die Möglichkeit zu künstlerischer Kreativität, etwa die Mode, die Kochkunst, der Gartenbau und in früheren Zeiten oder in anderen Kulturkreisen wie in Indien auch die Liebeskunst. Alle diese Künste haben immer auch eine biologische Basis, die in den »Kulturwissenschaften« leider oft vernachlässigt wird, denn diese beziehen sich meist auf eine rein geisteswissenschaftliche Tradition. Und gerade um diese Nähe zwischen den Künsten und den Naturwissenschaften geht es Pöppel bei seinem Alterswerk.

Fazit für das Älterwerden

Der ideale Zeitpunkt, um etwas Neues zu beginnen, ist gekommen, wenn man seine Erwerbstätigkeit beendet hat und in den Ruhestand geht. Dann sind wir nicht mehr dem Druck unterworfen, Geld verdienen zu müssen oder eine Karriere einzufädeln und voranzubringen.

Die Neugierde hilft beim Neubeginn, denn sie treibt uns lebenslang dazu an, immer wieder etwas Neues anzufangen. Nun ist es möglich, seiner Neugierde nachzugeben oder sie zu unterdrücken. Ersteres ist der empfehlenswerte Weg, denn auf diese Weise übernimmt man Verantwortung, die davor schützt, im Alter in Depression zu versinken.

Im Alter etwas Neues zu beginnen, ist aber auch noch aus einem anderen Grund notwendig. Denn nach dem Ausscheiden aus dem aktiven Beruf können wir in vielen Dingen noch besser werden. Bis dahin, vor allem wenn man Angestellter war, wird man nämlich stark von anderen Menschen bestimmt. Das führt zu einer Verminderung von Gehirntätigkeit.

Wer nun im Anschluss an seine Berufstätigkeit die gewonnene Zeit nutzt, um neue Aktivitäten zu entwickeln und vielen Interessen nachzugehen, der aktiviert auch sein Gehirn völlig neu. Dies wiederum ist eine Chance für die Kreativität älterer Menschen.

SELBSTREFLEXION – Über die Nähe von Kunst und Wissenschaft

Neben meiner eigentlichen beruflichen Tätigkeit in der Hirnforschung und der Psychologie habe ich mich nebenbei immer auch für die Künste interessiert. Nun, da ich alt bin, wird diese Nebentätigkeit zum Ausgangspunkt einer neuen Aufgabe. Im Englischen spricht man von »retirement«, wenn man sich aus seinem aktiven Beruf zurückzieht oder zurückziehen muss. Man kann das Wort aber auch anders übersetzen: »tire« heißt auch »Reifen« und »re-tire« bedeutet dann, dass man neue Reifen aufzieht – damit man neu starten kann.

Ich wollte immer schon in die Künste hineinschauen, dies aber ohne den professionellen Blick, den Fachleute haben, die in den Zeitungen Kunst kommentieren, Bücher darüber schreiben oder in Galerien bestimmen, wer ein guter Künstler sein soll. Ich wollte zum Beispiel erkennen, wie und warum ein Kunstwerk so viele Menschen erreicht.

Wie gelang es zum Beispiel Leonardo da Vinci, mit seiner »Mona Lisa« eine Ausdrucksform zu finden, die vielen Betrachtern zugänglich ist? Dies zu erkennen, wurde zuerst zum Hobby, und später sind daraus Freundschaften mit Künstlern, aber eben auch eine neue Aufgabe entstanden.

Die folgenden Beispiele zeigen die fruchtbare Wechselwirkung zwischen Künsten und Wissenschaft.

Beauty and the Brain

Vor etwa 30 Jahren initiierte ich eine Studiengruppe zum Thema »Biologische Grundlagen der Künste«: Immer wieder kamen Wissenschaftler und Künstler aus verschiedenen Ländern und Disziplinen zusammen, um Gemeinsamkeiten und Unterschiede in den Künsten und in den Wissenschaften zu erörtern, neue Forschungsprojekte auf den Weg zu bringen und der Kunst vonseiten der Wissenschaft über die Schulter zu schauen. Durch diese Initiative wurde ein neues Forschungsgebiet etabliert, das den Namen »Neuroästhetik« bekommen hat. Ein wesentlicher Ertrag der Studiengruppe war die Publikation des Buches »Beauty and the Brain. Biological Aspects of Aesthetics«.

Hierin enthalten ist auch die Analyse von Zeitstrukturen in Gedichten, für die ich zusammen mit dem Dichter Fred Turner einen Preis der amerikanischen »Poetry Association« erhielt, den Levinson Award. Dichter aller Kulturen scheinen sich an eine »zeitliche Bühne« von nur wenigen Sekunden zu halten, um einen poetischen Gedanken in einer Verszeile festzuhalten. Diese »zeitliche Bühne« wird automatisch vom Gehirn bereitgestellt, und sie ist Grundlage aller geistigen Tätigkeit, wie etwa bei Entscheidungsprozessen oder Denkabläufen. Dichter aller Zeiten und aller Kulturen haben offenbar ein implizites oder intuitives Wissen darüber (»tacit knowledge«), wie ein Gedicht zeitlich strukturiert sein muss, damit der dichterische Gedanke »richtig« ausgedrückt wird (siehe auch Kapitel 2, über das Gegenwartsfenster).

Die Burda-Akademie zum Dritten Jahrtausend

Als Christa Maar und Hubert Burda in den 1990er-Jahren die »Burda-Akademie zum Dritten Jahrtausend« gründeten, war ich als Vorstand im Forschungszentrum Jülich tätig, einem der größten interdisziplinären Forschungszentren Europas. Selbst auch Mitglied der Burda-Akademie, hatte ich die Möglichkeit, Künstler der Avantgarde für einige Zeit in das Forschungszentrum einzuladen, um ihnen dort die Möglichkeit zu geben, Wissenschaft unmittelbar zu erleben und sich damit über die Wirklichkeit der Forschung ein Bild zu machen. Die Künstler wurden von dem Kurator Hans-Ulrich Obrist ausgewählt, der jetzt die Serpentine Gallery in London leitet; ich meinerseits war der wissenschaftliche Betreuer der Künstler. Ein wesentliches Ergebnis dieser Veranstaltung war, dass deutlich wurde, wie nah sich Forscher und Künstler eigentlich sind: Beim Forschen und beim künstlerischen Gestalten befinden sie sich in einem ähnlichen Zustand. Immer ist Kreativität gefordert; die Ergebnisse sind natürlich unterschiedlich.

Auf der Grundlage dieses ungewöhnlichen Zusammentreffens von Künstlern und Wissenschaftlern wurde eine Ausstellungsreihe im Deutschen Museum Bonn, einem Technikmuseum, ins Leben gerufen, die erneut zeigte, wie eng die Welten der Künstler und der Forscher miteinander verbunden sind.

Syntopie – verschiedene Orte kommen zusammen

Seit Beginn der 1990er Jahre arbeite ich mit dem russisch-deutschen Künstler Igor Sacharow-Ross zusammen. Er besitzt ein großartiges Atelier in Köln, seine Werke sind inzwischen überall auf der Welt zu sehen, und er hat von mir den Begriff der »Syntopie« übernommen. Hiermit ist gemeint, dass im kreativen Akt an einem Ort verschiedene Orte und auch symbolisch verschiedene Zeiten zusammenkommen. Eine wissenschaftliche Einsicht, aber auch ein Kunstwerk verlangt, dass Erkenntnisse, Wissen und kreative Akte von verschiedenen Orten – und dies können auch gedachte Orte sein – sich verbinden. Igor Sacharow-Ross versteht sich selbst als »Syntopist«, in dessen Werk, sei es ein Bild oder eine Installation, sich verschiedene Orte (Ort = topos) miteinander (syn-) verknüpfen. Inzwischen gibt es eine junge Gruppe von Künstlern in München, die sich Syntopisten nennen.

Berührungspunkte zwischen Asien und Europa

Dieses Konzept der Syntopie findet interessanterweise seine Entsprechung in dem japanischen Konzept des »Ba«, wie es vor allem von der Kyoto-Schule der japanischen Philosophie, insbesondere durch Kitaro Nishida, entwickelt wurde. Anfang der 1990er-Jahre, als ich den Begriff »Syntopie«geprägt habe, weil ich mit dem Begriff »Interdisziplinarität« nicht mehr so recht einverstanden war, ergab sich zufälligerweise ein Kontakt mit dem japanischen Gelehrten Hiroshi Shimizu. Wir stellten mit Überraschung fest, dass mit den Begriffen »Ba« und »Syntopie« etwas Ähnliches gemeint ist, und wir begannen daraufhin eine Serie von Veranstaltungen sowohl in Japan wie auch in Deutschland zu organisieren, an denen jeweils Wissenschaftler und Künstler aus den verschiedensten Fachrichtungen teilnahmen. Dies bestätigt, dass »Art + Science« nicht auf Europa oder gar auf Deutschland beschränkt bleiben muss, sondern dass es sich in diesem Zusammenhang um allgemeine Prinzipien, um »anthropologische Universalien«, handelt, die alle Menschen teilen und die sich in ähnlicher Weise in künstlerischer Tätigkeit und wissenschaftlicher Arbeit bei Vertretern aller Kulturkreise zeigen.

Brauchen wir Sprache, um Gefühle zu verstehen?

Auf der Grundlage kulturübergreifender Überlegungen habe ich zusammen mit Kollegen der Peking University, nämlich mit Yan Bao und Huisheng Chi, eine Untersuchung begonnen, in der chinesische und deutsche Gedichte hinsichtlich ihres emotionalen Gehalts untersucht werden; seit einigen Jahren bin ich Gastprofessor der Peking University. Die Hypothese ist recht einfach: Wir erwarten, dass bei den Versuchspersonen Freude oder Trauer durch die Art des Sprechens hervorgerufen wird. Die technische Durchführung, um dies zu beweisen, ist allerdings recht komplex. Wir haben chinesische und deutsche Gedichte ausgewählt, die einerseits Trauer, andererseits Freude ausdrücken. Diese Gedichte sind alle recht kurz, nämlich entweder vier oder acht Zeilen lang. Jede Verszeile im Chinesischen und im Deutschen hat etwa die gleiche Dauer. Im Versuch werden diese Gedichte dann in adäquater Intonation vorgetragen und dabei die Hirnaktivität der Versuchspersonen gemessen. Der entscheidende Schritt dieser Experimente ist dann, zu prüfen, wie das Gehirn reagiert, wenn die deutschen Versuchspersonen chinesische und deutsche Gedichte hören und die chinesischen Versuchspersonen deutsche und chinesische Gedichte – die Zuhörer also die Sprache teilweise nicht verstehen, aber vermutlich die Emotion, die vermittelt wird. Gibt es dann die gleichen Muster von Hirnaktivität bei Deutschen und Chinesen, obwohl die einen nur die Intonation wahrnehmen und die anderen auch zusätzlich den Inhalt verstehen? Diese Frage kann ich noch nicht beantworten, aber die notwendigen Studien, die einem solchen Experiment vorausgehen müssen, haben klar gezeigt, dass wir aus der Intonation des Sprechens sehr deutlich die gemeinte Emotion heraushören können. Wenn auch gleiche Hirnmuster für verschiedene Emotionen entdeckt werden, dann wäre das ein Beweis dafür, dass Menschen verschiedener Kulturkreise – sprachenunabhängig – mit ihrem Gehirn in gleicher Weise auf Gefühle reagieren. Dies wäre auch ein wichtiger Baustein zum besseren Verstehen interkultureller Kommunikation. Man könnte für dieses Experiment natürlich auch Sprachlaute oder Telefonbücher nehmen, die emotional vorgetragen werden. Doch wir haben uns für Gedichte entschieden, weil ihnen die Gefühle bereits innewohnen. Insgesamt ist es dennoch ein neues Forschungsprojekt, Forschung hat es an sich, dass man die Ergebnisse nicht kennt. Ich mache nie Experimente, deren Ergebnisse ich schon kenne. Das ist die Herausforderung, man braucht aber auch Mut, muss sich einlassen, etwas zu entdecken, was vielleicht Vorurteile infrage stellt.

»Gefühle sind Tatsachen«

Künstler und Wissenschaftler können in ihrem Denken sehr nah sein, das ist mir durch meine Begegnungen mit Olafur Eliasson, dem isländisch-dänischen Künstler in Berlin, besonders deutlich geworden. Olafur Eliasson interessiert sich für meine Untersuchungen zum menschlichen Sehen, und ich bin von seinen Installationen fasziniert. Im Frühjahr 2010, als ich Vorlesungen an der Peking University hielt, bin ich in sein neues Werk im Pekinger Kunstbezirk »798« eingetaucht. »Eingetaucht« ist das richtige Wort, denn er hat hier mit einem chinesischen Architekten einen Raum gestaltet, in dem es keine Konturen gibt. Man tritt in den Raum, der vollständig vernebelt ist und in dem verschiedene Farben den Nebel konturlos ausleuchten. Man hat keinen visuellen Anhaltspunkt mehr und droht das Gleichgewicht zu verlieren und im Nebel zu versinken. Mit dieser Installation, die zuallererst natürlich ein künstlerisches Werk ist, lernt man als Forscher, dass unser Sehen stets Konturen benötigt, um Gegenstände überhaupt wahrnehmen zu können. Die konturlose Welt führt uns weg vom Gegenständlichen und öffnet einen unmittelbaren Zugang zu unserer Welt der Gefühle. So bezieht sich Olafur Eliasson mit dieser Installation auch auf die These: »Gefühle sind Tatsachen.« Denn Gefühle scheinen zwar nebulös und vergänglich zu sein. Aber näher betrachtet, sind sie sehr handfest, denn wir bauen oft unser Leben darauf auf. Gefühle sind außerdem Tatsachen, weil sie sich nicht mit dem Verstand wegdiskutieren lassen.

Der Kreis schließt sich

Neues entsteht also nicht aus dem Nichts, sondern bahnt sich über lange Zeit hinweg an. Ich entdeckte mein Interesse für Kunst in meiner Jugend und habe während meiner Laufbahn als Wissenschaftler nie den Bezug dazu verloren, weshalb sich mir das Thema auch in den letzten Jahren vor der Emeritierung förmlich aufdrängte und nun im Alter zum Hauptthema geworden ist. Andere Menschen mögen mit einem anderen inneren Auftrag ihr Glück finden. Aber mein Ziel für die nächsten Jahre ist es, das Projekt Art + Science genauso energisch und professionell voranzutreiben, wie ich es bislang mit jedem wichtigen Projekt in meinem Leben getan habe. Und ich bin fest davon überzeugt, dass wir – Künstler und Wissenschaftler – gegenseitig voneinander lernen werden.

TIPPS FÜR DIE LESER Neues rechtzeitig planen

Wenn eine langjährige Arbeit aufhört, kommt viel Neues auf Sie zu. Sie haben keine festgelegten Arbeitszeiten mehr, sondern können Ihren Tag ganz nach Ihrem Geschmack gestalten. Auch wird Ihre Zeit nicht mehr von außen bestimmt, sondern Sie dürfen selbst festlegen, womit Sie sich beschäftigen möchten. Damit diese Zeit gut wird, haben wir noch einmal Tipps für Sie.

☞ Erforschen, wo das Interesse liegt: Nehmen Sie sich Zeit und Ruhe, um in die Vergangenheit zu schauen. Den einen gelingt dies auf einem langen Spaziergang, die anderen brauchen ein paar Tage Auszeit dazu. Vergegenwärtigen Sie sich die Wegkreuzungen Ihres Lebens. An welchen Stellen standen Sie vor Entscheidungen, die Ihr weiteres Leben beeinflusst haben? Schreiben Sie dann die Gebiete auf, die Sie schon immer interessiert haben, die Sie aber nie weiterverfolgen konnten.

☞ Informieren und Augen öffnen: Jetzt, da Sie Ihre Gebiete kennen, geht es um die Frage, wie Sie einsteigen können. Für die einen ist es ein Seniorenstudium, andere möchten etwas aufbauen. Verfahren bei der Suche nach dem Prinzip der drei Prinzen von Serendip (siehe auch Seite 145): Gehen Sie mit offenen Augen durch die Welt und greifen Sie Zufälle auf. Wer weiß, was er möchte, findet auf diese Weise auch die für ihn bestimmten Aufgaben.

☞ Vorab vorbereiten: Optimal ist es, wenn Sie sich schon vor dem Umbruch – Rente, Pensionierung, Auszug der Kinder etc. – gut vorbereiten. Dann geht der Übergang zum Neuen nahtlos vonstatten, und Sie haben einfach keine Zeit dazu, in ein »Depressionsloch« zu fallen. Denken Sie an Plato, der einmal gesagt haben soll: Der Anfang ist die Hälfte des Ganzen. Man muss es nur tun.

☞ Aufgabe statt Hobby: Suchen Sie nicht nur ein Hobby, sondern eine richtige Aufgabe. Denn Sie sind mit Ihrem Wissen und Ihrer Erfahrung eine Bereicherung für das Leben und die Gesellschaft. Von daher haben Sie auch die Freiheit, das gesellschaftliche oder politische Leben mitzugestalten. Gründen Sie eine Bürgerinitiative, beraten Sie mit Ihrem Fachwissen die Politiker, setzen Sie sich für die Bildung von Schülern ein, kämpfen Sie für den Erhalt eines Naturschutzgebietes. Was auch immer Ihnen am Herzen liegt und was immer Sie für sinnvoll erachten: Machen Sie sich kundig und greifen Sie ein.

☞ Sich neu definieren: Achten Sie, wenn Sie etwas Neues beginnen, nicht auf die Kommentare anderer. Denn manchmal ist es den Kindern oder dem Partner suspekt, wenn sie plötzlich eine neue Seite an Ihnen erleben. Erklären Sie ihnen, was Sie vorhaben, aber lassen Sie sich nicht einengen oder abbringen. Es geht um Ihr eigenes Leben, genießen Sie die Freiheit Ihres Tuns.

Und hier nun das vollständige Gedicht von Hermann Hesse, aus dem die eingangs zitierte, berühmte Zeile »Und allem Anfang wohnt ein Zauber inne« stammt:

Stufen

Wie jede Blüte welkt und jede Jugend
Dem Alter weicht, blüht jede Lebensstufe,
Blüht jede Weisheit auch und jede Tugend
Zu ihrer Zeit und darf nicht ewig dauern.
Es muß das Herz bei jedem Lebensrufe
Bereit zum Abschied sein und Neubeginne,
Um sich in Tapferkeit und ohne Trauern
In andre, neue Bindungen zu geben.
Und jedem Anfang wohnt ein Zauber inne,
Der uns beschützt und der uns hilft, zu leben.
Wir sollen heiter Raum um Raum durchschreiten,
An keinem wie an einer Heimat hängen,
Der Weltgeist will nicht fesseln uns und engen,
Er will uns Stuf' um Stufe heben, weiten.
Kaum sind wir heimisch einem Lebenskreise
Und traulich eingewohnt, so droht Erschlaffen,
Nur wer bereit zu Aufbruch ist und Reise,
Mag lähmender Gewöhnung sich entraffen.
Es wird vielleicht auch noch die Todesstunde
Uns neuen Räumen jung entgegen senden,
Des Lebens Ruf an uns wird niemals enden …
Wohlan denn, Herz, nimm Abschied und gesunde!

Hermann Hesse

INTERVIEW MIT

dem Unternehmer Professor Jochen Tschunke

Jochen Tschunke (geb. 1945) ist Unternehmer im Technik- und Computerbereich. Nach mehreren Managementstationen hat er seine Spezialität erkannt: Marktlücken zu finden, entsprechende Unternehmen zu gründen, hochzuziehen und mit Gewinn zu verkaufen. Der größte Erfolg dieser Art war die Computer 2000 AG, die aus einer Garagenfirma entstand und durch Jochen Tschunke zu einem Weltdistributor von Hard- und Software avancierte. Seit 2000 agiert Jochen Tschunke als Business Angel: Er versorgt junge Unternehmer mit Know-how und hilft ihnen, ihre Firmen aufzubauen. Zudem ist er Miteigentümer der Beratungsgesellschaft EQUITYplus GmbH. Für ihn als freiberuflichen Unternehmer hört die Arbeit eigentlich nie auf, sagt Jochen Tschunke.

Sie haben in Ihrem Leben viel erreicht und könnten sich zur Ruhe setzen. Trotzdem haben Sie wieder eine neue Seite Ihrer Karriere aufgeschlagen. Wollen Sie denn nicht endlich Ihre Ruhe genießen?
Eigentlich spielt das Alter für mich keine Rolle. Denn ich kann es mir nicht vorstellen, irgendwann einmal mit dem Arbeiten aufzuhören. Zeitlebens habe ich Firmen gegründet, aufgebaut und verkauft. Den permanenten Wandel – also in neue Geschäfte einzusteigen und zum rechten Zeitpunkt wieder auszusteigen – bin ich gewohnt. Deswegen komme ich auch jetzt gar nicht auf die Idee, mich als Aktionär zur Ruhe zu setzen.

Für kurze Zeit habe ich das einmal probiert. Als ich meine Firma Computer 2000 verkauft habe, ist mir erst einmal eine Last vom

Herzen gefallen. Endlich Freizeit, freute ich mich. Ich widmete mich dem Golfspielen, doch ich bemerkte schnell, dass keiner meiner Freunde auf dem Golfplatz anzutreffen war. Sie alle mussten schließlich arbeiten. Auch merkte ich, dass mir ohne Arbeit etwas im Leben fehlt. Die Freizeit muss man sich verdienen, sonst kann man sie nicht richtig genießen. Zudem ist es meiner Ehe nicht zuträglich, wenn ich viel Zeit zu Hause verbringe, denn man hat sich doch nur dann immer wieder Neues zu erzählen, wenn man auch Neues erlebt. Also habe ich schnell angefangen, wieder unternehmerisch tätig zu werden.

Geht das Älterwerden also spurlos an Ihnen vorüber?
Nein, sicher nicht. Aber das meine ich positiv. So kann ich jetzt mehr Erfahrungen besser als früher in meinen Beruf einbringen. Ich kann das Leben – und dazu zähle ich auch das Arbeitsleben – besser auskosten als früher. Ich habe mehr Freiheiten, weil ich mittlerweile in der Situation bin, nicht mehr für das operative Tagesgeschäft zuständig zu sein. Viele Aufgaben kann ich zum Beispiel auch von unserem Zweitwohnsitz in den Bergen erledigen. Dank der neuen Medien kann ich mir diese Freiheit erlauben, denn ich bin in den Bergen genauso erreichbar wie in der Stadt. Ich nehme mir auch das Privileg heraus, nicht mehr um 8.00 Uhr im Büro zu sitzen, sondern Herr über meine Termine zu sein. Dazu gehört auch, Zeit für Sport, Freizeit und Familie bewusst einzuplanen. Das Leben im Hier und Heute ist ein wichtiger Lebenssinn für mich.

Ein einziges Zugeständnis mache ich vielleicht an das Älterwerden: Ich gehe regelmäßig zu Vorsorgeuntersuchungen, denn es lässt sich ja leider nicht leugnen, dass die Jahre auch vermehrt Krankheitsrisiken mit sich bringen.

Wie geht es weiter?

Die Zukunft ist nicht planbar. Eine Garantie fürs Weiterleben hatte ich mit 30 nicht und auch nicht mit 60. Und so beschäftige ich mich erst gar nicht damit, wie lange ich noch leben könnte. Ich verschönere mir das kommende Ende auch nicht mit dem Glauben an ein Leben nach dem Tod. Wenn was nachkommt, werde ich es erleben, und wenn nichts nachkommt, werde ich es nicht erleben. Es ist wichtig, im Hier und Jetzt zu leben, aber gleichzeitig seine noch möglichen Jahre nicht durch Unüberlegtheit zu verbauen.

DIE REISE INS ALTERN

Essay des Religionswissenschaftlers Professor Michael von Brück

Michael von Brück (geb. 1949) ist ein deutscher evangelischer Theologe. Er hat den Lehrstuhl für Religionswissenschaft an der Ludwig-Maximilians-Universität München inne. Von Brück ist seit langen Jahren Gesprächspartner des 14. Dalai Lama und des Dharma Master Hsin Tao (siehe dazu Kapitel 9). Außerdem ist er Zen- und Yogalehrer auf der Basis von Ausbildungen in Indien und Japan. In einem ausführlichen Essay beschreibt er »Die Reise ins Altern«, auf der sowohl unbekannte Umgebungen als auch wenig bekannte Innenräume erforscht werden.

1. Reisen ist Erfahrung durch Bewegung und Bewegung durch Erfahrung. Das Altern metaphorisch als Reise zu beschreiben bedeutet, dass Altern Bewegung ist, also nicht Stillstand, auch nicht notwendigerweise Verlangsamung, wohl aber Lebens-Navigation mit Achtsamkeit und Umsicht auf Grund gewachsener Erfahrung. Altern ist nicht nur ein biologischer, sondern ein sozialer Prozess. Die Bewusstwerdung des eigenen Alterns beruht oft auf der Reaktion der anderen, die dies aussprechen oder umgekehrt mit dem Hinweis, man habe sich gar nicht verändert, zu verdecken suchen. Altern wird als Beleidigung des Selbstbildes von der eigenen Jugend empfunden, ja als »Parodie des Lebens« (Simone de Beauvoir), wenn der Verfall von Kräften als Gebrechen erlebt wird, wenn mit der Jugend verglichen und dem Alter nicht die

eigene Qualität, die eigene Zeit zugebilligt wird. Bei der »Reise ins Altern« handelt sich um zwei Reisen, oder um eine Reise, die durch zwei Koordinaten gelenkt wird:

2. Einerseits ist es eine Reise in unbekannte Umgebungen. Man wird einsam. Altern wird spürbar dadurch, dass sich Weggefährten des Lebens verabschiedet haben. Reif, aber noch nicht alt, wird man auch dadurch, dass die Generation der Eltern, der Lehrer, der Leitfiguren aus Kindheit und Jugend die Jenseitsreise angetreten hat. Jetzt steht man selbst in vorderster Reihe, an der Grenzlinie der eigenen Entscheidungen zu Handlungen, die wiederum Erfahrungen freisetzen. Man verantwortet sich nun nicht mehr vor unterschiedlichen und ambivalent erlebten Autoritäten, sondern vor einem Ganzen, das die Religionen Gott nennen. Es ergibt sich eine neue Unmittelbarkeit, die einfach da ist, ob man will oder nicht. Das Altern eröffnet damit eine Freiheit, die anders ist als die Freiheiten, die man zuvor erkämpft hat durch Leistungen aller Art. Es ist die geschenkte Freiheit, nicht zu müssen. Die Reise hat nun in einen Raum geführt, in dem viele Ziele, die in der Jugend am Horizont des zu Erreichenden gestanden hatten, nicht mehr begehrenswert erscheinen. Vieles hat sich erledigt, Enttäuschungen haben die Täuschung mancher Leidenschaft aufgedeckt, der innere Befehl, alles anders machen zu wollen als die Altvorderen, ist einer gewissen Milde mit sich selbst, aber auch mit der Welt, gewichen. Kurz, Gelassenheit stellt sich ein. Dies ist zu unterscheiden von Trägheit oder gar Resignation. Beide können sehr wohl die Reise ins Altern aufhalten, sie mögen auch auf gewissen Stationen eine hilfreiche Besinnung einleiten, die ungestümes Tempo auf ein angemessenes Maß drosselt. Aber Gelassenheit ist etwas anderes, sie ist mit Weisheit gekoppelt. Entscheidungen und Verantwortungen werden nun in einen weiteren Rahmen von Kenntnis, von Erfahrung, von Relativierung gesetzt. Die eigene

Person ist dann nicht der Mittelpunkt der Welt, die Dinge nehmen ihren Lauf, und genau dieser weitere Bezug (eine umfassendere Relation) ist das, was Einseitigkeiten, die notwendig waren, um gehört zu werden, nun in einem polyphonen Klang aufgehen lässt, der nicht weniger aufregend ist als der Fanfarenton der Jugend, nun aber gedämpft durch die Struktur der leisen Verknüpfungen. Ist es das, was wir Lebenserfahrung nennen, auch dies keine Tugend, sondern ein Geschenk, das zufällt? Im Altern kann die eigene Geschichte sehr wohl zur Last werden, aber nur dann, wenn dieselbe als Druck empfunden wird, gegen den man sich stemmen müsste. Wer lernt, den Rahmen seiner Vorprägungen als Geschick anzunehmen, das geschickt geordnet werden kann, wird die Summe der Erinnerungen als einen Fundus begreifen. Es gibt nun zwar weniger Möglichkeiten der Gestaltung, denn die Biografie ist nicht umkehrbar, aber es öffnet sich gleichzeitig ein neuer Blick für die Wirklichkeit, die man gestalten will. Das Altern schränkt die Möglichkeiten ein, aber das, was gelebt wird, kann durch willentliche Annahme an Glanz gewinnen. Man muss nicht mehr alles wollen und tun, aber das, was man will, kann durchgesetzt werden. Kurz, Altern bedeutet, vom Müssen zum Wollen zu gelangen. Und eben das ist Freiheit.

Andererseits ist es eine Reise in wenig bekannte Innenräume. Die Freiheit ist zuerst eine Freiheit mit sich selbst. Projekte und Sehnsüchte haben ihre Zeit, im Altern verdichten sie sich. Man hat nicht mehr die unendliche Zeit der Jugend, und auch der Raum der Lebenszirkel wird kleiner. Die Reise ins Altern bedeutet einerseits eine Beschleunigung – die Zeit fliegt dahin –, andererseits eine Verlangsamung, weil Details ausgekostet werden. Die entschleunigte Aufmerksamkeit ist, so scheint mir, die wichtigste Übung, um den Genuss des Alterns zu erleben. Es ist eine Verlagerung von Quantität zu Qualität, und das in allen Lebensbereichen. Hier hat der zartere Sinnengenuss seinen Platz, die sorgsame Ausführung dessen, was man im Grunde schon gedacht hat, die detaillierte Ausführung der Skizzen, die das Leben schon gezeichnet hat. Das hat etwas mit Vollendung zu tun, mit dem »Alterswerk«, das nicht nur bei Künstlern ernsthafte Aufgabe ist, sondern jede Lebensgestaltung auf Wesentliches reduziert und damit »rund« werden lässt. Dabei muss nicht alles Kantige abgeschliffen sein, im Gegenteil, das Eigene gewinnt Konturen im Alter, und oft sind diese nur erträglich mit Humor. Das ist vielleicht der Inbegriff der »Altersmilde«, der Humor sich selbst gegenüber. Während in früheren Jahren die kampfeslustige Ironie ein wunderbarer Antrieb war, hat nun der ergebene Humor das Herz ergriffen, er hat etwas Großmütterliches und Großväterliches, eben Freude am Wollen, weniger am Müssen.

3. Rilke spricht von den »wachsenden Ringen« im Leben, und das ist das Paradox: Während der Radius der äußeren Zirkel von Aktivität abnimmt, können die inneren Zirkel wachsen. Durch Intensität. Achtsamkeit ist das, was nicht nur den Geist stabilisiert, sondern nun auch unabdingbar wird, damit der Körper nicht zu schnell verfällt. Allerdings: Das bisher Gesagte gilt für den gesunden Menschen. Wer in Krankheit dahinsiecht, erlebt auf der Reise ins Altern – vorzeitiger als die Gesunden – das Angewiesensein. Dies kann erhebliche Schmerzen bereiten, physisch wie psychisch. Es kann mit Scham verbunden und von Schuldgefühlen belastet sein, vermag aber auch zu einer vertieften Mitmenschlichkeit zu führen. Die Fähigkeit dazu hängt von der Vorbereitung während der aktiven Lebensjahre ab, vom Freundes- und Bekanntenkreis, von den sozialen Beziehungen überhaupt. Altern wird gefüllt erlebt, wenn man Ziele hat, weniger solche in der äußeren Gestaltung, sondern solche, die mit Liebe, Hingabe, Solidarität zusammenhängen. Wer nur sich selbst bespiegelt und am Verfügen festhält wird einsam, im Alter noch einschneidender als in

früheren Lebensphasen. Im Alter erleben wir das Angewiesensein auf andere Menschen, ähnlich wie in der Kindheit, nun allerdings im vollen Bewusstsein der Aufgabe von Autonomie. Altern ist in diesem Sinne auch Verlust.

4. In manchen Kulturen, wie zum Beispiel in Indien, gilt der Mensch erst mit 60 Jahren als erwachsen. Er hat die Zeit der jugendlichen Reifung und des Lernens (brahmacarya) ebenso wie die Zeit der ökonomischen, sexuellen und sozial-organisatorischen Aktivität, also Familiengründung und Geschäftserfolg (grihastha) hinter sich gelassen. Nun zieht er sich in eine Gemeinschaft von Suchenden zurück, die das Lebensziel nicht mehr in der Hinwendung nach außen, sondern in der Einkehr nach innen zu verwirklichen suchen (ashrama). Wohlgemerkt – man tut dies zunächst in Gemeinschaft, in neuen sozialen Verbindungen, die zu nichts verpflichten als zur wahrhaftigen Suche nach dem, was hinter allem Getriebe der Welt liegt, was »die Welt im innersten zusammenhält«. Dabei vertraut man sich den Erfahrungen von gereiften Persönlichkeiten an, kurz, man begibt sich auf die spirituelle Reise, die mit tiefem Ernst und gelassenem Humor zugleich angetreten wird. Erst am Ende des Lebens, so das Ideal der vier Lebenszeitalter, zieht man sich ganz zurück, entsagt allen sozialen Pflichten und lebt als »Einsiedler« (sannyasa), denn letztlich stirbt jeder für sich allein, wenn auch hoffentlich in einer fürsorgenden Umgebung. Alternde Menschen können lernen, neue soziale Netzwerke zu knüpfen, die gegenseitige Hilfe und wechselseitiges Lernen ermöglichen. Hier kann der Verlust zum Gewinn werden, wie überhaupt Altern im abstrakten Sinn weder Verlust noch Gewinn ist, denn diese Bewertungen sind abhängig von den jeweiligen konkreten Umständen. Notwendig ist in jedem Fall die Rückkopplung der Generationen: Alternde Menschen können aus ihrem Erfahrungsschatz und der ihnen zur Verfügung stehenden

Muße junge Menschen bereichern, und junge Menschen können Alternden Tatkraft verleihen. Wichtig ist die wechselseitige respektvolle Wahrnehmung. Weder der amerikanisch-europäische Jugendkult noch die Tyrannei der Alten, wie sie in manchen asiatischen Kulturen gepflegt wurde, wird der Würde gerecht, die jede Generation in je eigener Weise auszeichnet. Ohnehin wird sich auf Grund der demographischen Entwicklung die soziale und psychische Realität des Alterns dramatisch verändern: Wir werden immer älter und die Älteren werden immer mehr. Auch alternde und alte Menschen werden zur Wertschöpfung in der Gesellschaft beitragen, die bewusste Partizipation am Lernen, an der Gestaltung und der Mitverantwortung für das soziale Leben wird die Lebenszeit, die bisher durch die »Rente« gekennzeichnet war, zunehmend prägen. Was das politisch bedeutet, ist bisher nur in Umrissen abzusehen, psychologisch bedeutet es in jedem Fall eine Aktivierung der über Sechzigjährigen.

5. Die Reise ins Altern endet mit dem Tod. Das gesamte Leben ist gekennzeichnet von Prozessen des Neuwerdens und Sterbens, beides sind zwei Seiten einer Medaille. Und doch kommt dem Alter das besondere Privileg der Vorbereitung auf das Sterben zu. Alle Religionen arbeiten darauf hin, dass das Leben zu einer Kunst des Sterbens werde, dass die »ars moriendi« eine »ars vivendi« sei, und umgekehrt. Für religiöse Menschen ist das Sterben ein Ritual des Übergangs, wie auch immer die damit verbundenen Vorstellungen aussehen mögen. Der Tod selbst ist das Tor in eine Dimension, die wir nicht kennen, sondern erahnen aufgrund der Erfahrungen mit dem Leben. Sind diese Erfahrungen von einer tiefen, letztgültigen Geborgenheit geprägt, wird auch der Tod entsprechend gedeutet; ist das nicht der Fall, erscheint der Tod in anderem Licht. Für eine religiöse wie auch eine nicht-religiöse Deutung des Lebens gilt aber, dass im Leben, in der Qualität

der bewussten Lebensgestaltung die Prozesse des Alterns und des Sterbens eingeübt und geprägt werden. Die Kunst des Alterns wird damit im Loslassen von Gewordenem zu einer Öffnung für das Neue, noch nicht Erfahrene. Altern besteht in einer offenen Weite, die Vollendungen ermöglicht und Raum gewährt, gerade wenn die Zeit drängt.

NACHWORT UND DANKSAGUNG

Älter werden, das ist wie eine Reise. Sie haben nun dieses Buch gelesen (falls Sie nicht mit dem Nachwort begonnen haben, was ja manche Leser tun), und dieses Buch verspricht eine erfolgreiche Reise. Wie für jede Reise so gilt auch für die Reise ins Alter: Man muss sich vorbereiten, eine Reise ist manchmal auch anstrengend, bei einer Reise muss man manchmal einen Umweg gehen, eine Reise verlangt Disziplin. Reisen erfordert Aufmerksamkeit, man muss sich immer wieder konzentrieren. Allerdings: Reisen befriedigt unsere naturgegebene Neugier. Manchmal kommt man aus dem Staunen nicht heraus, was es alles gibt, und was man bisher übersehen hat.

Beim Reisen muss man sich auch selbst vertrauen, und Mut muss man haben sowie Klarheit im Kopf. Natürlich kann man sich manchmal auch gehen lassen und das Faulsein genießen. Für eine Reise kann man nie alles genau planen, auch nicht für die Reise ins Alter. Man muss also auf Überraschungen gefasst sein. Doch vorbereitet sollte man sein, damit man auch das Unerwartete meistert. Und wie ist man am besten vorbereitet? Wenn man möglichst gut über sich selbst Bescheid weiß. Hier kommt ein Wort zur Geltung, das auf den römischen Dichter Horaz zurückgeht und das der Philosoph Immanuel Kant zu einem Leitsatz der Aufklärung erhoben hat: »Sapere aude« – »Wage zu wissen«.

Wir, eine Geisteswissenschaftlerin und Medizinjournalistin (BW) und ein Hirnforscher und Psychologe (EP), haben zusammengetragen, was uns bei dieser Zeitreise in die Zukunft aus der jeweils eigenen Vergangenheit heraus, die für jeden anders ist, wichtig erscheint. Wir haben uns nicht nur an Erkenntnissen der modernen Forschung, besonders der Hirnforschung, orientiert, sondern unsere eigenen Erfahrungen berücksichtigt, vor allem die des älteren Autors (EP), und wir lassen auch andere mit ihren Meinungen zu Wort kommen. Es sind Freunde und Bekannte, nicht nur aus unserem Kulturkreis, und wir sind ihnen dankbar, dass sie uns ihre Auffassungen mitgeteilt haben. Als Leser haben Sie gemerkt, dass manche recht offenherzig mit ihren Bemerkungen waren. Und das ist auch eine positive Eigenschaft der »Generation plus«, wie man die Älteren nennen kann: Man scheut sich weniger, etwas von sich preiszugeben, man gewinnt Ehrlichkeit sich selbst gegenüber.

Ein Wort zur Berücksichtigung von Erkenntnissen aus der Hirnforschung: Wissenschaftliche Befunde lassen sich eigentlich nie eins zu eins in einen neuen Kontext übertragen. Man muss zunächst einmal auswählen, und dann muss man vor allem bewerten, was bestimmte Beobachtungen aus der Forschung in einem neuen Rahmen, eben in jenem des Alterns, bedeuten und wie man diese Beobachtungen anwenden kann.

Dieser Prozess des Auswählens und Bewertens ist notwendigerweise subjektiv. Die »Bringschuld« des Wissenschaftlers, die Politiker oder Vertreter der Medien häufig einfordern, ist nicht damit erledigt, irgendwelche Erkenntnisse einfach zu übertragen, also »irgendwo anders hinzutragen«. Es wird vielmehr noch einmal eine eigene, meist kreative Leistung verlangt, nämlich die Beziehung zwischen Erkenntnissen aus der Forschung und deren möglicher Bedeutung in einem anderen Kontext offenzulegen, manchmal auch erst zu entdecken oder zu gestalten. Es war das besondere Vergnügen der Autoren beim Schreiben dieses Buches, sich Gedanken über diese Beziehung von Ergebnissen der Grundlagenforschung zur Lebenspraxis im Alter zu machen. Insofern sind wir auch dem Gräfe und Unzer Verlag, insbesondere dem Verlagsleiter Ulrich Ehrlenspiel, der Redakteurin Anja Schmidt und der Lektorin Ulrike Auras dankbar dafür, dass wir diese neue

Herausforderung annehmen konnten und im Übrigen vieles auch kritisch widergespiegelt bekommen haben.

Dieses Buch wäre wohl kaum geschrieben worden, wenn nicht vor etwa zehn Jahren, zu Beginn des neuen Jahrtausends, eine Anfrage an Pöppel gerichtet worden wäre, ob er sich nicht intensiver mit Fragen des demografischen Wandels befassen wolle. Er stimmte zu. So entstand im Rahmen der »High-Tech-Offensive« (HTO) Bayern in Bad Tölz das GRP, das »Generation Research Program« der Universität München. Diese Anfrage gab es wohl nur, weil die Universität München sich mit dem Humanwissenschaftlichen Zentrum (HWZ) ein interdisziplinäres und internationales Forum gegeben hatte, und so wurde das GRP ein Projekt des HWZ, das von der mathematischen Physikerin Eva Ruhnau als wissenschaftlicher Geschäftsführerin geleitet wird. Hier gilt es Dank zu sagen den vielen, die das in Deutschland einmalige Vorhaben mit aufgebaut und unterstützt haben. Ohne den ehemaligen Landrat Manfred Nagler und seine visionären Ideen wäre nichts geschehen. Der ehemalige Bürgermeister von Bad Tölz und jetzige Landrat Josef Niedermaier hat das GRP tatkräftig begleitet. Die eigentliche Aufbauarbeit vor Ort hat der Psychologe Marc Wittmann geleistet. Jetzt steht der Arzt und Ingenieur Herbert Plischke an der Spitze, der die vielen Projekte mit den zahlreichen Mitarbeitern kraftvoll gestaltet und koordiniert. Ihnen allen sei herzlich gedankt.

Ohne sogenannte Drittmittel, also finanzielle Unterstützung anderer, kann es keine Forschung geben. Hier ist das GRP außerordentlich erfolgreich gewesen, indem es Projektförderungen akquiriert hat, um die man sich jeweils aktiv bemühen muss, etwa durch die Europäische Union, das Bundesministerium für Bildung und Forschung, die Deutsche Forschungsgemeinschaft, die Samueli-Stiftung in den USA, das Tokyo Institute of Technology in Japan, die Universität München selbst oder die Bayerische

Forschungsstiftung. Und dann gab es private Unterstützung, wie etwa durch den Verleger Hubert Burda, sowie zahlreiche Vorhaben mit der Industrie.

Besonders fruchtbar war die Zusammenarbeit mit dem japanischen Automobilhersteller Honda, und ein spezieller Dank geht hier an den Präsidenten Yasuhisa Maekawa. Er brachte den Roboter Asimo nach Bad Tölz, einen humanoiden Roboter, der bei der Eröffnung des GRP eine entscheidende Rolle spielte. Mit dem Auftritt dieses Roboters, der in Japan speziell auch für die Altenhilfe entwickelt wurde, wird vor allem eines deutlich: Kulturen sind sehr verschieden in der Akzeptanz moderner Technologie; während es für uns nicht vorstellbar ist, dass Roboter, auch wenn sie noch so menschlich aussehen, Aufgaben übernehmen, die üblicherweise von Menschen besorgt werden, ist in Ostasien eine sehr viel höhere Akzeptanz für einen solchen Einsatz von Robotern gegeben.

Manchmal geschehen auch Wunder: Der Architekt Peter Schilffarth ist von dem Vorhaben des GRP so überzeugt, dass er sich als Stifter engagiert. Zusammen mit Nadine Holzer wurde das »Peter-Schilffarth-Institut für Soziotechnologie« gegründet, das neben dem GRP, in dem sich der Mäzen ebenfalls finanziell engagiert, vor allem das Ziel verfolgt, moderne Technologie für die älteren Menschen auch »menschengemäß« einzusetzen. Wir brauchen Technologie, die niemanden überfordert, und hier können die Jüngeren von den Älteren lernen.

Bis Ende September 2009 war Ernst Pöppel geschäftsführender Vorstand des HWZ und in allen seinen Aufgaben tatkräftig und vor allem auch kritisch unterstützt von Susanne Piccone. Sie nimmt in dem neuen Vorhaben eines Zentrums für »Art + Science« eine führende organisatorische Position ein, während der russische Wissenschaftler Evgeny Gutyrchik Ernst Pöppel dabei hilft, die wissenschaftliche Seite des Projekts aufzubauen.

Ohne ein Netzwerk mit Vertretern aus verschiedenen »Teilkulturen«, mit Kompetenzen aus sich ergänzenden Gebieten, ohne Freunde und Bekannte, die aus kritischer Distanz und wohlwollender Aufgeschlossenheit heraus ihre Meinung sagen, Anregungen geben, vor Irrwegen warnen, sind Erfolge in der Forschung wie wohl überhaupt im Leben nicht möglich. Dieses Buch »Je älter, desto besser« sieht das Altern unter einem positiven Blickwinkel. Allen sei nochmals herzlich gedankt, die sich für dieses Thema engagierten und uns in unserer Arbeit unterstützten.

Adressen

Humanwissenschaftliches Zentrum (HWZ) der Universität München, Goethestr. 31, 80336 München. Email: Petra.Carl@hwz.uni-muenchen.de (Das HWZ ist eine interdisziplinäre und internationale Plattform für Forschung, Lehre und Entwicklung mit einem Netzwerk von etwa 100 Wissenschaftlern aus der ganzen Welt, die sich vor allem den Herausforderungen der modernen Gesellschaft widmen.)

Generation Research Program (GRP) und Peter-Schilffarth-Institut für Soziotechnologie (PSI), Prof.-Max-Lange-Platz 11, 83646 Bad Tölz. Email: info@grp.hwz.uni-muenchen.de (Das GRP und das PSI konzentriert sich in Forschung und Entwicklung vor allem auch den Bedürfnissen älterer Menschen. Eine Frage gilt der Entwicklung neuer Technologien, die die Unabhängigkeit vor allem Älterer sicherstellt.)

Parmenides-Stiftung, Kirchplatz 1, 82049 Pullach. Email: contact@parmenides-foundation.org (Im »Parmenides Center for Art and Science« werden die Beziehungen zwischen den Künsten und den Wissenschaften untersucht, wobei eine Frage ist, wie künstlerische Tätigkeit vor allem der älteren Generation Lebensfreude, Lebensqualität und Lebenswürde erhöht.)

Center for Speech Pathology and Neuro-Rehabilitation, Department of Health of the City of Moscow, 107076 Moscow, Poteshnaya st., h 3, Russland, Tel: +74959150112 (Dieses von Professor Victor M. Shklovsky gegründete Zentrum ist wohl das beste weltweit für die Betreuung von Patienten, die einen Schlaganfall erlitten haben.)

Literaturhinweise

Veröffentlichungen, die ergänzende oder auch andere Perspektiven zum Altern eröffnen:

Brück, Michael von: *Ewiges Leben oder Wiedergeburt. Sterben, Tod und Jenseitshoffnung in europäischen und asiatischen Kulturen.* Herder, Freiburg 2007 (Der führende Religionswissenschaftler stellt sich die Frage: Ist mit dem Tod alles aus? Oder reicht die menschliche Bestimmung über den Tod hinaus? Die Vorstellungen vom Tod im christlich-europäischen Raum stehen im Kontrast zur buddhistisch-hinduistischen Lehre, was sich auch in der Lebenspraxis auswirkt.)

Cicero, Marcus Tullius: *Cato maior de senectute. Cato der Ältere über das Alter.* Reclam, Stuttgart 1998 (Ein immer noch lesenswerter Text aus der Antike, der zu den besten von Cicero zählt. Er setzt sich mit vier Problemen auseinander, die mit dem Altern in Verbindung gebracht werden: Zwang zur Untätigkeit, Schwächung der körperlichen Kräfte, Verlust vieler Freuden und Nähe des Todes. Er zeigt, wie man mit diesen Problemen in positiver Weise umgehen kann.)

Dharma Master Hsin Tao: *Weisheit und Barmherzigkeit.* Adyar 2001 (Übersetzt und herausgegeben von Maria Reis Habito mit einer ausführlichen Einleitung *Meine Begegnung mit Shih-fu.* Der Text enthält die wichtigsten Lehrreden und Gespräche zwischen Meister Hsin Tao und seinen Schülern.)

Levi-Montalcini, Rita: *Die Vorzüge des Alters. Leistungsfähigkeit und geistige Aktivität ein Leben lang.* Piper Verlag, München 2005 (Die große Dame der Hirnforschung, die italienische Nobelpreisträgerin, ist 100 Jahre alt und immer noch aktiv. An Beispielen wie Michelangelo, Galilei oder Picasso schildert sie Kreativität im Alter.)

Koch, Marianne: *Körperintelligenz. Was Sie wissen sollten, um jung zu bleiben.* Deutscher Taschenbuch Verlag, München 2003 (Die bekannte Ärztin zeigt, wie wir auch im Alter unsere Lebenslust bewahren können. Wie wir leben, bestimmt unsere Lebensqualität im Alter. Auch typische Tabuthemen werden von ihr offen angesprochen, wie »Sex kennt keine Altersgrenzen«.)

Kocka, Jürgen; Staudinger, Ursula M. (Hrsg.): *Altern in Deutschland.* Band 9: *Gewonnene Jahre.* Nova Acta Leopoldina, Band 107. Wissenschaftliche Verlagsgesellschaft, Stuttgart 2009 (In einer Reihe von 9 Bänden der Nationalen Akademie der Wissenschaften zum Thema »Altern in Deutschland« werden insbesondere die Chancen behandelt, die sich aus dem demografischen Wandel vor allem für Bildung und Arbeit ergeben. In Band 2 wird das Thema »Altern, Bildung und lebenslanges Lernen« behandelt.)

Müller, Petra; Wieland, Rainer: *Die Jahre sind mein Lebensglück. Schriftsteller über das Alter.* Knesebeck, München 2008 (Simone de Beauvoir meint: »Es ist doch angenehm, eine lange Vergangenheit hinter sich zu haben.« Elias Canetti sagt: »Es mag viele Nachteile haben, alt zu sein. Es hat unvergleichlich größere Vorteile. Da ist zum Beispiel das Wagnis der Erinnerung … Es ist ein unendlicher Reichtum an Dingen da, die alle zu erforschen wären.«)

Pöppel, Ernst: *Lust und Schmerz. Über den Ursprung der Welt im Gehirn.* 2. Auflage. Sammlung Siedler, Berlin 1993 (Unser Erleben, unser Denken, Fühlen, Wollen, alles, was uns bewusst wird oder auch unbewusst bleibt, ist eingetaucht in die immer gleichbleibende Frage: Was ist gut für mich? Was ist schlecht für mich? Was wir als Lust und Schmerz empfinden, sind Grunddimensionen unserer Existenz. Diese Koordinaten gelten für alle Lebensphasen, auch für das Alter.)

Pöppel, Ernst: *Grenzen des Bewußtseins. Wie kommen wir zur Zeit und wie entsteht Wirklichkeit?* 3. Auflage. Insel Verlag, Frankfurt 1997 (Wir sind mit unseren Erlebnissen und Erfahrungen an die Welt um uns und auch in uns angepasst. Da wir in der Evolution gewordene Wesen sind, können wir naturgemäß nicht an alles angepasst sein. Wenn wir unsere Grenzen kennen, dann lässt es sich leichter leben. Dies gilt vor allem auch für das Alter.)

Pöppel, Ernst: *Der Rahmen. Ein Blick des Gehirns auf unser Ich.* Hanser Verlag, München 2006. (Dies ist ein sehr persönlicher Bericht über Erkenntnisse der Hirnforschung. Ein Kernthema: Unser Erleben steht immer in einem vorgegebenen Rahmen, und es ist gut, wenn wir diesen kennen. Solche Rahmen sind biologisch notwendig, und man erhält durch das Konzept des »Rahmens« auch eine neue Sicht über Vorurteile, z. B. gegenüber den Alten.)

Pöppel, Ernst: *Zum Entscheiden geboren. Hirnforschung für Manager.* Hanser Verlag, München 2008 (Jeder Mensch ist ein Entscheider und damit auch ein Manager seiner eigenen Lebensreise. Letzten Endes geht es beim Entscheiden immer darum, für sich ein inneres Gleichgewicht zu erlangen und zu erhalten. Um dieses Ziel zu erreichen, sollten wir unser biologisches Erbe kennen, unsere emotionale Einbettung in eine soziale Gemeinschaft pflegen oder die Chance zur Kreativität nutzen, die mit dem Alter nicht erlischt.)

Riemann, Fritz; Kleespies, Wolfgang: *Die Kunst des Alterns. Reifen und Loslassen.* Ernst Reinhardt Verlag, München 2005 (Ein weises Buch, in dem auf die neuen Freiheiten und Chancen im Alter hingewiesen wird. Der bedeutende Psychoanalytiker Riemann ist vor allem auch durch sein Werk *Grundformen der Angst* bekannt geworden.)

Spezielle Literatur zum Thema »Kunst und Wissenschaft«:

Eibl-Eibesfeldt, Irenäus; Sütterlin, Christa: *Weltsprache Kunst. Zur Natur- und Kunstgeschichte bildlicher Kommunikation.* Christian Brandstätter Verlag, Wien 2007 (Der Begründer der Humanethologie, der Verhaltensforschung vom Menschen, Eibl-Eibesfeldt, untersucht zusammen mit der Kunsthistorikerin Sütterlin in diesem großartigen Buch die Beziehungen zwischen Kunst und Wissenschaft.)

Eliasson, Olafur: *Life in Space 3, 09.05.2008* Dornbirn 2008 (Die Dokumentation schildert einen Tag im Atelier des Künstlers, beginnend mit den Vorbereitungen um 8.30 Uhr und endend mit einer Diskussion um 18.30 Uhr.)

Pöppel, Ernst; Kerner, Maximilian: *Zeit und Mensch.* Thouet Verlag, Aachen, 1996 (Die früh verstorbene Künstlerin Janet Brooks Gerloff setzt die Zeit des Menschen und die Zeit überhaupt in genialer Weise ins Bild. In zahlreichen Beiträgen nehmen Künstler und Wissenschaftler zum Thema »Zeit« Stellung.)

Rentschler, Ingo; Herzberger, Barbara; Epstein, David (Hrsg.): *Beauty and the Brain. Biological Aspects of Aesthetics.* Birkhäuser Verlag, Basel 1988 (Dies ist das erste Buch, in dem auf einer breiten Basis neurowissenschaftliche und psychologische Aspekte in Beziehung zu den Künsten gebracht werden.)

Sacharow-Ross, Igor: *Abgebrochene Verbindung.* Verlag für moderne Kunst, Nürnberg 2006 (Der Künstler bringt in jedem seiner Werke verschiedene Orte und verschiedene Zeiten zusammen. Er ist Begründer des modernen Syntopismus, in dem der Mensch wieder ins Zentrum des künstlerischen Schaffens gestellt wird. Er überwindet die Trennung »der Welt in uns« und »der Welt um uns«.)

Schirrmacher, Frank: *Das Methusalem-Komplott.* Karl Blessing Verlag, München 2004 (Der Autor plädiert für ein Komplott der Alten gegen die Jungen. Einfach gesagt: Nehmt euch die Freiheit, euch gegen die Jüngeren zu behaupten, denn ihr seid bald in der Überzahl.)

Witzgall, Susanne: *Kunst nach der Wissenschaft. Zeitgenössische Kunst im Diskurs mit den Naturwissenschaften.* Verlag für moderne Kunst, Nürnberg 2003 (ES gibt immer mehr Ausstellungen, in denen die Beziehungen zwischen Kunst und Wissenschaft betont werden. Die Autorin analysiert diese Beziehungen am Beispiel führender Künstler unserer Zeit.)

Zeki, Semir: *Inner Vision. An Exploration of Art and the Brain.* Oxford University Press, Oxford 1999 (Ein erhellendes Buch darüber, wie man künstlerischen Werken als Hirnforscher entgegentreten kann. Kunstwerke werden in einen Rahmen gestellt, der für manche Kunsthistoriker ungewöhnlich ist.)

REGISTER

A

Alzheimer-Demenz/Alzheimer'sche Erkrankung 84, 155
Anschauungswissen 102
Ästhetik/ästhetisch 88 f., 98 f., 103, 237
  Ästhetisches Prinzip 90, 102 f.
  Neuroästhetik 236, 242
  Siehe auch *Schönheit*
Außersinnliche (paranormale) Phänomene 168 ff.

B

Bewegungsabläufe 41, 54, 101
  B. und Ästhetik 102
  Neue B. lernen im Alter 23
Bewusstsein 49 f., 59, 68 ff., 73 f., 84, 101, 123, 153, 157, 179, 183, 186 f., 207 f., 222 ff., 230, 257
  Bewusstseinsformen 159, 165
  Bewusstseinszustände 159, 171
  Erinnerung ohne B. 74
Biologische Uhr 34, 81
  Siehe auch *Innere Uhr*
Botenstoffe 16, 20

D

Demenz/dement 83, 142, 155
Dendriten 14, 16, 18
Denken 9, 19, 51, 52 f., 57, **61–85,** 152, 159, 161, 166 f., 184, 186, 188, 237 f., 246
  Fähigkeit zu denken im Alter 19
  Magisches D. 170
Denkstörungen 18, 51
Depression(en) 79, 81, 143, 240, 248
  Altersdepression 84
Dopamin 20, 140 f.
Drei-Sekunden-(Gegenwarts-) Fenster 36 f., 38, 51
  Siehe auch *Drei-Sekunden-Takt, Gegenwartsfenster, Rhythmus, Zeitfenster*
Drei-Sekunden-(Zeit-)Takt 39, 42, 46, 50 f., 57
  Siehe auch *Rhythmus, Drei-Sekunden-Fenster*

E · F

Erinnerung(en) 30, 54, 73 f., 97, 102, 113 ff., 119, 121 ff., 125, 126 f., 129, 148, 153, 157, 165, 203, 214, 222 ff., 227, 233 f., 255
  Bildhafte E. 121, 196
  E. ohne Bewusstsein 74
  Erinnerungsbilder 114
  Erinnerungsstücke 117
  Implizite E. 73
  Memory books 129
Erinnerungsvermögen 74
Erkenntnis(e)
  Das Schöne als Prinzip der E. 98
  E. bewahren/weitergeben 129, 151
  E. ins Leben integrieren 8
  Für neue E. öffnen 171
  Intuitive E. 67 f.
  Übertragung von wissenschaftlichen E. in einen neuen Kontext 261
  Wissenschaftliche E. und Kunst 235, 243
Erleben/Erlebnis 38, 53 f., 76, 124, 128 f., 154, 158, 166, 195, 201
  Déjà-vu-E. 158, 164
  Erlebniseinheiten 69
  Erlebte Zeit 33
  Ich-nahes E. 155 f., 185, 189
  Mystisches E. 155, 157 f.
  Naturerlebnis 159

Proust'sches E. 113 f.
Religiöses E. 175
Traumatisches E. 145, 206
Verdrängte Erlebnisse 122 f.
Frustration 20, 144, 147

G · H

Gedächtnis 69, 114, 124, 127, 128
Episodisches (autobiographisches) G. 97, 102, 112, 120 ff., 125 f., 130, 180
Gedächtnissysteme 127
Ich-nahe Gedächtnisinhalte 193
Implizites G. 74
Zeitgedächtnis 37
Siehe auch *Kurzgedächtnis, Ultrakurzzeitgedächtnis, Langzeitgedächtnis*
Gedicht 21, 26, 40, 52, 58, 82, 129 f., 149, 171, 211, 219 f., 242, 234, 245 f., 249
Gedichte richtig lernen 21 f., 24 ff.
Gegenwart 9, **30–60,** 63, 77, 167, 211, 218, 220, 236 f.
Siehe auch *Gegenwartsfenster*
Gegenwartsfenster 30, **37–60,** 69, 327
G. bei Kindern 52
G. und bildende Kunst 235
G. und Musik 51 f.
Siehe auch *Zeitfenster*
Gehirn
Gehirndurchblutung 57
Gehirnhälfte 13, 235
Gehirnstruktur 162
Gehirntraining 10–26, 128
Gehirntrauma 16
Grundrhythmus/Rhythmus des G. 56 ff., 59, 64, 69, 81
Reaktion des G. auf Musik 192
»Swingen« des G. 38 f., 48, 50
Verbindung zwischen G. und Außenwelt 158, 164
Verletzung am G. 59 f., 230
Siehe auch *Hirnbereich, Großhirnrinde*
Gelassenheit/gelassen sein oder werden 74, 83 f., 166, 186, 213, 254
Generation(en) 113, 115, 120, 128, 150, 151, 218, 254, 257 f., 261
Generation Research Program 176, 262
Geruch/Geruchssinn 97, 107, 113 f., 186
Gesichtsfeld 12 ff., 230
Glaube(n) 158 ff., 163, 166, 178
G. an ein Leben nach dem Tod 252
Gleichzeitig wissen und glauben 159 f., 264 f.
Gleichzeitigkeit/gleichzeitig 68 ff., 76 f.
Als g. wahrnehmen/erkennen 68, 70, 76 f.
Mehrere Ziele g. verfolgen 147
Großhirnrinde 13, 49, 71 ff., 114.
Gründlichkeit/gründlich 9, 61, 75 f., 79, 81, 83
Grundrhythmus siehe *Rhythmus*
Hirnbereich 14, 17 f., 189
Humor/humorvoll 26, 144 f., 149, 194, 208, 212, 256 f.

I

Ich-Nähe 21, 41, 46, 55 f., 100, 121, 124, 155 f., **179–202,** 206, 214, 233, 236
Informationen
Aufnahme von (neuen) I. 49, 90, 114, 182, 188
Herstellung von Beziehungen zwischen gespeicherten I. 101
I. als zusammengehörig begreifen 69
Optische I. 139
Übertragung von I. 15
Unnötige von wichtigen I. trennen 75

Verarbeitung von I.
13, 15, 74, 79, 114
Verteilung von I. auf Zeitblöcke 55
Innere Uhr(en) 32, 64, 77 f., 80
Siehe auch *Biologische Uhr*
Interkulturelle Kommunikation/
interkultureller Dialog
226, 240, 245
Siehe auch *Kulturen*
Internet-Kontaktnetzwerke 148
Intuition/intuitiv 67, 101
Intuitive Erkenntnis 67 f.
Intuitives Wissen 101, 103, 242

K

Kleidung 89, 93 f., 103 ff.
Kontakt
In K. zu anderen treten 148
K. an neuen Orten 126
K. durch das Gegenwartsfenster 55
K. mit Menschen 194
K. zu Menschen in anderen
Kulturen 128
K. zur Welt 55
Nicht rationaler K. 234
Kontaktstörung 50
Konzentration/Konzentrations-
fähigkeit 18 f., 30, 32, 56 f.
Konzentration
(auf eine Sache) 188, 196
Kreativität 18, 184, 196 f., 232, 240 ff.
Kulturen/Kulturkreise
22, 127 f., 184 f., 217, 239 f.,
242, 244 f., 261, 263
Altwerden in andern
Kulturen 83 ff., 257 f.
Kulturabhängige Schönheits-
ideale 89, 95
Siehe auch *Interkulturelle
Kommunikation, Teilkulturen*
Kunst/Künste/Künstler
28, 42 f., 98, 188, **229–247,** 256
Künste und ihre biologische
Basis 240
Künstlerische Tätigkeiten und
Ich-Nähe 187
Nähe von Kunst und
Wissenschaft 241
Qualität in der K. 231
Kurz(zeit)gedächtnis 40, 52
Siehe auch *Ultrakurzzeitgedächtnis*

L

Langzeitgedächtnis 90, 120, 125, 180
Siehe auch *Gedächtnis/
Episodisches Gedächtnis*
Lebenssinn 241
Siehe auch *Sinn*
Lernen 8 f., **10–29,** 53, 63, 100, 257 f.
Gedichte richtig lernen 21 f., 24 ff.
L. neuer Bewegungsabläufe
im Erwachsenenalter/hohen
Alter 23
L. und Medikamente 20
L. und Schlaf 24
Lerngeschwindigkeit 18
Motivation zum L. 20, 22
Zielgerichtetes/zielorientiertes
L. 19 f.

M

Magisches Denken 170
Medikamente
Einsatz von M. zur Förderung der
Wachheit des Gehirns 20
Meer 46 ff., 58, 155, 179, 183, 185, 198
Motivation 20, 22, 114
Musik 27 f., 40, 46, 51, 52, 101,
171, 192 f., 240
Musizieren zur Festigung des
Grundrhythmus im Gehirn 57
Training des Zeitfensters durch
Musik 52

N · O

Nerven
Rhythmus der Sensitivität der N. 43
Nervenbotenstoffe 16

Nervenzellen 14, 16 f., 19, 70, 72, 81
Aufbau neuer Verbindungen zwischen N. 17
Siehe auch *Neuronen*
Neuronen/neuronal 11, 15, 17, 39, 48 ff., 68, 70, 74, 76, 114, 120, 143
Neuronentraining 15, 19
Siehe auch *Nervenzellen*
Neuro-Rehabilitation 13, 15 ff., 59 f.
Oszillation (en) 67 ff., 72 ff., 79 ff.
Siehe auch *Schwingung*

P

Parallelaktion/Prinzip der P. 133, 136, 140, 143 f., 196
Paranormale Phänomene siehe *Außersinnliche Phänomene*
Parmenides-Stiftung 181, 237

R

Reafferenzprinzip 137 ff.
Reaktionszeit 51, 56, 66 ff.
Religion/Religiosität 152, 161 ff., 166 f., 173, 204 f., 206 f., 221, 254, 258
Interreligiöser Dialog 221
Religionsgründer/-stifter 166, 216
Rhythmus/Rhythmen/rhythmisch 44, 55, 57
24-Stunden-R. 81
30-ms-R. 67, 72
Circadianer R. 80
Circannualer R. 81
Drei-Sekunden-R. 43, 46 ff., 54, 56 ff., 182, 183
Grundrhythmus des Lebens 48
Grundrhythmus des Gehirns 56, 58, 64, 69
Innere Rhythmen stärken 80
Körpereigene Rhythmen 62
Natürlicher R. 52, 54, 63 f.
R. der Sprache 54
Schnellerer R. im Gehirn 81
Sich auf den R. des anderen einswingen 51
Sich rhythmisch verhalten 52
Sprachrhythmus/Sprachrhythmik 21, 25
Tagesrhythmus/tagesperiodischer Rhythmus/tagesrhythmisch 32, 65, 78

S

Scheitern 9, **133–151**
Schlaf 73, 81, 85
S. im Alter 77 f.
Schlaflosigkeit 187
S. und intuitive Erkenntnis 68
S. und Lernen 24
Tiefschlaf 24
Schlaganfall 12 ff., 59, 84, 230
Schönheit/schön 75, **86–111**, 158, 187, 234, 239
Schwingung (en) 61, 67 f., 76 f., 79, 189
S. und Komplexität 79
Siehe auch *Oszillation*
Sehbehinderung siehe *Sehstörungen*
Sehrinde 14, 66
Sehstörungen 12, 13, 17
Sinn
S. als Voraussetzung des Lernens 19, 24
S. des Lebens/Lebenssinn 167, 214, 241, 251
Sinnkrisen 151
Sinnstiftung im Alter 240
S. und religiöse Erziehung 163
Spiritualität 152, 160 f., 164 ff., 168, 171, 213
Staunen 9, 152, 154, 158, 163, 165 ff., 172 f.
Sterben 85, 111, 153, 157, 173 f., 220, 223, 258 f.
Siehe auch *Tod*
Synapse 14
Synaptische Kontakte 16

T

Teilkulturen 146, 237
Tod 11, 42, 73, 85, 112, 131, 143, 160, 165, 169, 175, 177, 221 ff., 252, 258
Siehe auch *Sterben*
Training/Trainieren 15 ff.
Sehtraining 17, 24
T. des Denkvermögens durch körperliche Fitnessübungen 24
T. des Gegenwartsfensters/ Zeitfensters 52 f., 54, 56, 57
T. des Gehirns 13, 128
T. des Prinzips der Parallelaktion 196
Siehe auch *Gehirn/Gehirntraining; Neuronen/Neuronentraining; Übung*

U

Übung/üben 15 f., 27, 57
Meditationsübungen 207
Ü. des Perspektivwechsels 217
Siehe auch *Training*
Ultrakurzzeitgedächtnis 66, 76
Unbewusstes/unbewusst 50, 55, 69, 180, 190, 230
Inhalte des Unbewussten 122
Intuitive Erkenntnis als u. Vorgang 68, 76
U. Erleben 53 f.
Siehe auch *Bewusstsein*
Unterbewusstsein 180
Siehe auch *Unbewusstes*

V

Verdrängung/verdrängen/ Verdrängtes 122 ff., 214
Vergessen 25, 100, 143, 203, 213 f.
V. als kreativer Akt 203, 212

W

Weisheit/weise sein/weise werden 9, 74, 83, **203–225**
Wissen
Abstrahierendes/abstraktes W. 21, 102, 156
Anreicherung von W. 18, 20
Anschauungswissen 102
Bildliches (bildhaftes) W. 102 f., 120, 180
Episodisches W. 102
Erinnerungswissen 102
Erweitern des W. 21
Explizites (Wort-)W. 100 ff., 180 f.
Fachwissen 248
Formen des W. 100 ff., 120, 125, 180
Glauben und W. 160
Ich-fernes W. 21, 180
Ich-nahes W. 156, 180, 193
Implizites (Handlungs-)W. 100 f., 180 f., 193, 229, 231, 242
Intuitives W. 101, 103, 242
Körperliches W./Körperwissen 101, 180, 193, 231
Schönheit des W. 95
Sprachliche/nichtsprachliche Repräsentation von W. 169
W. als Kapital des Alters 248
W. aufnehmen in jedem Alter 17
Wissensverankerung und ästhetisches Prinzip 90
W. um (künstlerische) Qualität 229
W. und intuitive Erkenntnis 67 f.
W. und Weisheit 211
Zahlenwissen 169

Z

Zeitfenster 37, 41, 50 ff., 55 ff.
Z. der Gegenwart 30
Siehe auch *Drei-Sekunden-Fenster*
Zeitgefühl 35
Siehe auch *Zeitwahrnehmung*
Zeitlose Zonen 67 ff., 76
Zeitwahrnehmung 33 ff., 40, 51
Zufriedenheit 20, 140 f.